高等农业院校"十二五"规划教材

高等农业院校

兽医专业实习指南

Guidebook of Veterinary Professional Practice for Agricultural College Students

第 2 版
Second Edition

李锦春　主编

Chief Editor　Dr. Jinchun Li

中国农业大学出版社

China Agricultural University Press

·北京·

内 容 简 介(Brief introduction)

本教材是专为高等农业院校兽医专业本科学生实习所编写的教材,是在第 1 版(2004 年)基础上修订的第 2 版。

本教材包括 8 章内容:概述,兽医专业实习的基本要素,兽医专业实习的培养目标与要求,兽医临床常见综合征鉴别诊断思路,兽医临床常见症状及危症的诊断与处理,猪、禽常见病理变化,兽医临床基本技术,兽医学写作。书末附有兽医临床常用检验项目及其正常值、常用生物制剂及免疫程序、兽医临床常用药物、犬猫慎用/禁用药物及其不良反应和药物配伍禁忌。

本教材可供高等农业院校兽医专业参加教学实习、临床实习和毕业实习的学生学习和指导教师参考,对从事兽医临床工作的人员也有比较实用的参考价值。

图书在版编目(CIP)数据

高等农业院校兽医专业实习指南/李锦春主编. —2 版. —北京:中国农业大学出版社,2016.2
ISBN 978-7-5655-1505-7

Ⅰ.①高… Ⅱ.①李… Ⅲ.①兽医学-实习-农业院校-教学参考资料 Ⅳ.①S85-45

中国版本图书馆 CIP 数据核字(2016)第 025171 号

书 名 高等农业院校兽医专业实习指南 第 2 版		
作 者 李锦春 主编		
策划编辑 姚慧敏 王笃利	**责任编辑** 王艳欣	
封面设计 郑 川	**责任校对** 王晓凤	
出版发行 中国农业大学出版社		
社 址 北京市海淀区圆明园西路 2 号	**邮政编码** 100193	
电 话 发行部 010-62818525,8625	**读者服务部** 010-62732336	
编辑部 010-62732617,2618	**出 版 部** 010-62733440	
网 址 http://www.cau.edu.cn/caup	**E-mail** cbsszs @ cau.edu.cn	
经 销 新华书店		
印 刷 涿州市星河印刷有限公司		
版 次 2016 年 3 月第 2 版 2016 年 3 月第 1 次印刷		
规 格 787×1 092 16 开本 15.25 印张 380 千字 插页 1		
定 价 35.00 元		

编审人员
Contributors

主　编　李锦春　安徽农业大学

副主编　张乃生　吉林大学

　　　　吴金节　安徽农业大学

　　　　李槿年　安徽农业大学

参　编　（以姓氏笔画为序）

　　　　卞建春　扬州大学

　　　　王希春　安徽农业大学

　　　　王　凯　佛山科学技术学院

　　　　冯士彬　安徽农业大学

　　　　朱连勤　青岛农业大学

　　　　刘　亚　安徽农业大学

　　　　刘翠艳　安徽农业大学

　　　　刘建柱　山东农业大学

　　　　刘国文　吉林大学

　　　　孙卫东　南京农业大学

　　　　向瑞平　河南牧业经济学院

　　　　李　琳　安徽农业大学

　　　　李　林　沈阳农业大学

　　　　李升和　安徽科技学院

　　　　李文平　湖南农业大学

　　　　李　玉　安徽农业大学

　　　　苏旭功　乌兰察布职业学院

　　　　胡国良　江西农业大学

　　　　赵洪进　上海市动物疫病预防控制中心

郭定宗　华中农业大学

秦顺义　天津农学院

韩　敏　内蒙古农业大学

韩　博　中国农业大学

谭　勋　浙江大学

潘家强　华南农业大学

主　审　张德群　安徽农业大学　教授

王小龙　南京农业大学　教授

余为一　安徽农业大学　教授

第2版前言

Foreword for second edition

　　本教材是全国高等农业院校兽医专业临床学科全国统编第一本实践教学教材。本教材2004年第1版出版后，全国12所院校兽医专业应用于专业实习和毕业实习，广大师生对该教材在教学系统上的创新性、技术知识的可操作性、教学内容的实践性等方面反映良好。教材建设是一项长远的任务，随着我国畜牧业的发展和兽医临床诊疗技术的迅速发展，本科生实习的场所、诊疗的动物种类和诊疗手段等都发生了变化，教材内容必须及时更新并进一步提高质量，为了更好地适应我国高等农业院校专业实习和毕业实习需要，中国农业大学出版社将其列入高等农业院校"十二五"规划教材，予以修订再版。

　　经过研讨，此次修订在保留第1版基本框架的基础上，对各章节内容进行了删减或更新补充。增加了实践性的内容和反映新进展的内容；删减了写作方面的内容、重复其他教材内容以及已少见的疾病，如删去了第八章"兽医学科学研究基础"，删掉了营养衰竭，还大幅度压缩了"禽常见病理变化"及附录3（兽医临床常用药物）。根据当前犬猫疾病在兽医门诊所占比例越来越高的实际情况，增加部分犬病的症状鉴别以及犬猫慎用/禁用药物及其不良反应的附录。鉴于当前动物医院先进医疗设备越来越多的现状，在第七章"兽医临床基本技术"中增加了特殊诊疗技术、麻醉技术等内容。

　　本教材的第1版主编和第2版主审 张德群 教授在修订期间，不幸因病谢世，在此表示深切悼念，在重病期间他仍为教材操心。他的敬业和奉献精神值得我们学习。

　　本教材的编写人员均从事兽医临床实践和理论的教学工作，有较高的学术水平和丰富的兽医临床经验，并具有地域和院校代表性。本教材主审 张德群 教授、王小龙教授和余为一教授对教材内容进行认真细致的审阅，并提出宝贵的意见和建议。在本教材的编写过程中，还得到了中国农业大学出版社，安徽农业大学教材中心，审稿专家和各位编者所在单位以及有关人员的大力支持和协助，在此再次表示衷心的感谢。

　　由于本教材涉及的领域较广，各学科发展迅速，加之我们编写经验不足，书中不足或缺点仍在所难免，请各院校师生和兽医临床工作者批评指正。

编者

2015 年 5 月

本书有关用药的说明

　　兽医临床诊疗中必须遵守标准用药安全注意事项,但随着兽医科学研究的发展和临床经验的积累,知识也不断更新,因此,畜禽疾病的治疗方法和用药也有必要进行相应的调整。建议读者根据自己的临床经验和患病动物的具体情况选择最佳的治疗方案,在使用每一种药物之前,参阅厂家提供的产品说明及药物手册等书籍以确认药物的用法和用量及配伍禁忌等,出版社和作者对任何在治疗中所发生的对患病动物和/或财产所造成的伤害不承担责任。

敬读者知

中国农业大学出版社

目 录
Contents

第一章 概 述

【本章导读】

本章对兽医专业实习的概念与意义,实习的类型、内涵、任务及保障措施做了简要的表述。

第一节 兽医专业实习的概念与意义

兽医专业实习是本科教育的实践教学,包括兽医专业理论课程的教学实习,以及兽医临床实习和毕业实习,后两种实习是在临床兽医师和教师指导下,集中一定时间,到兽医临床第一线,进行动物各类疾病的调查、诊疗和防治的临床训练,以巩固所学的专业理论知识,提高发现问题和解决问题的实践能力。所以,作为实践教学的兽医专业实习,在本科教学过程中具有与理论教学同等重要的地位。深刻认识兽医专业实习的重要性是高质量完成实习的基础,将有助于学生向兽医专业技术人员的身份转变,有利于本科教育质量的提高和专业培养目标的实现。

传授知识、培养能力、提高素质是教育的三个要点。兽医专业本科教育的目的在于培养具有扎实的基础理论知识,较强的实践能力,良好的综合素质和创新精神,德智体全面发展,适应社会发展需要的高级兽医专门人才。兽医专业实习是学生将所学到的理论知识与技术正确应用于实践,在实践过程中进行验证、巩固、深化的环节;也是获得和掌握各种专业技能,增强动手能力的途径;更是经受社会实践环境中的各种锻炼,培养良好的思想作风、医疗作风和兽医医德等的机会。

第二节 兽医专业实习的分类与要求

一、教学实习与要求

教学实习是针对一门课程或相近的几门课程,在学习理论知识的基础上,组织学生在校内外的实习场地进行的实习活动。其特点是目的明确、针对性强,且时间短、规模小。如学完畜禽解剖学课程后,集中一定时间进行主要家畜家禽系统解剖实习,让学生亲自操作,以巩固和拓展课堂教学效果。为配合病理学教学,可组织学生深入禽病诊断室、小动物病理诊断室等,学习动物尸体剖检技术,掌握常见病变的组织和细胞的识别,提高病理诊断能力。为提高学生防治动物群体发病的能力,在每年春秋季动物群发病易发季节,集中一定时间进行畜禽流行病学综合实习,开展流行病学调查,学习各种实验室检测技术、诊断技术、防治技术等。教学实习与课程教学紧密相连,往往在理论教学结束后进行,也可根据课程特点采用按日、按周与理论教学交叉进行。在组织实施时,必须有理想的现场,足够的病例或实习动物,在教师与教学辅助人员的全程指导下,让学生获得亲自操作机会。

二、临床实习与要求

兽医临床实习是学生在系统学习专业基础课后,到各级畜牧兽医站、兽医院、小动物医院、规模养殖场等场所进行的专业实习活动。实习期间在实习单位兽医技术人员和校内教师的指导下,学生应用所学的专业理论知识,尤其是疾病诊断与治疗技术,直接参与动物疾病的诊疗工作。

在兽医临床实习中,要求实习者:第一,病例见习,获得感性知识。因在学习解剖学、生理学、病理学、药理学、微生物学及临床诊断等专业基础课期间,学生没有直接接触病例,在临床实习中,实习者有机会多接触病畜,多见习病例,丰富对病症的感性知识,为后期临床课程的学习奠定基础。第二,参与诊疗,学习和熟悉基本的操作技巧。如病畜保定法,病史调查法,病畜、禽的一般检查与系统检查法,临床常规项目化验法,各种注射、穿刺与给药方法等。第三,转变角色,了解社会,熟悉兽医工作环境,学习畜禽防疫检疫等有关行政法规等。

三、毕业实习与要求

毕业实习是学生修完专业教学计划规定的全部必修课和选修课后所进行的一种生产实践活动,是兽医专业本科学习过程中最后一个教学环节。毕业实习的目的是让学生走向社会,深入生产第一线,应用所学的专业知识,独立完成疾病诊断和防治工作,使之具有发现并独立解决问题的能力;学习并总结临床实践中涌现出的新经验、新成果;推广与应用适合于动物疾病诊疗和防治实践需要的新技术。

毕业实习是教学实践与社会实践相统一的过程。在组织毕业实习时,首先要注意其实践性,即实习的目的要通过实践活动来实现,实习效果要依据实践活动的质量进行检验。要组织学生深入兽医临床实践,真正把毕业实习纳入服务于社会发展建设的轨道。其次,要注意其综合性。毕业实习是多学科专业知识系统的综合应用与训练。因为此过程中,学生接触的领域很广,如动物疫病防治,防疫检验,专业行政管理,科学研究与新技术推广应用,以及兽药研发等。面对社会和生产需求,应"补缺与补弱",以提高毕业生质量。同时,毕业实习也是对学生的知识、素质、能力的综合性训练,除了增强学生发现问题、分析问题、解决问题的能力与创造性思维能力外,还能促进学生树立正确的人生观、价值观等,提高学生的社会适应能力和竞争力。第三,要注意其独立性。在实习过程中虽然有专业技术人员与教师的指导,但以实习者出现于生产第一线,必须主动开展独立的动物疾病诊疗工作,有利于个性发展。

第三节　兽医专业实习与素质教育和能力培养

一、兽医专业实习是进行素质教育，实现培养目标的重要保证

素质指的是人们在实践中把知识和能力内化而形成的品格。素质与知识、能力既有联系又有区别，素质一般包括思想道德素质、文化素质、身体心理素质、专业技术素质诸多方面。一个高素质高级兽医人才，必须具有社会主义觉悟，具有良好的兽医医德和医风，具有较高的疾病诊疗能力以及健康的心理和体质。由于良好的思想素质和兽医医德医风等的形成，是一个教育的过程，也是一个养成的过程，所以，兽医临床实习是服务、学习、服务的过程，通过实习提高其临床工作的实践能力，树立关爱病畜、全心全意为畜主服务的思想；逐步养成急畜主之所急、想畜主之所想的优良品质和医德医风；兽医临床实习的过程还是学生走出课堂，走上社会，了解社会的过程。总之，通过在生产第一线的实践与锻炼，可增强动手能力，提高为人民服务的本领。

二、兽医专业实习是理论联系实际，培养实践能力的重要途径

理论联系实际是现代大学教育的基本原则之一。课堂教学往往以传授理论知识为主，兽医科学是应用性学科，只有重视与加强实践教学，坚持贯彻理论联系实际的原则，才能培养具有实践能力的学生。大学生尤其是高年级学生，不仅要在课堂上学习前人已总结过的知识，而且要在实践中验证、巩固与综合应用这些知识，尤其要能够应用这些知识在实践中发现问题、分析问题和解决问题。只有加强专业实习，提供充分的实践机会，强化实践教学管理，才能促进素质教育和能力培养，增强学生毕业后的职业竞争力和社会适应能力。因此，根据专业培养目标与教学内容的要求，加强实践教学环节，组织学生参加各种实践活动，是教学过程的客观规律，也是人类认识规律在教学活动中的体现。

三、加强兽医专业实习是改革兽医学教育的重要措施

兽医科学有两个特点。其一是实践性强。兽医科学的目的是诊断、治疗、预防、控制动物疾病，维护和增进动物健康，为人类提供安全、卫生的动物性食品服务，还为伴侣动物、野生动物提供有效优质的诊疗服务。作为应用学科，决定了兽医教育更应重视实践教学，包括临床实习、教学实习和毕业实习。其二是研究对象复杂。兽医科学研究的对象是动物，其种类繁多，由于种类不同以及遗传因素、饲养环境、营养状况的差异，决定了动物在疾病的发生、发展、临床症状和治疗方法上的不同，一本教科书难以涵盖动物所患的所有疾病，只能归纳、总结动物疾病诊断与治疗等过程中的基本规律和常见情况。因此，要成为一名合格的兽医人员，在动物疾病诊疗实践中，除了要掌握相应的动物疾病发生发展的一般规律，具备动物疾病诊疗的基本技术方法外，还要具备相当的临床经验，要能够依据患病动物种类、个体、病程、病情的不同，做出准确的诊断，并制定出有针对性的治疗方法。这些临床经验，必须在临床实践中，通过具体疾病的诊疗工作不断地学习积累才能形成。

目前传统的教学模式尚未发生根本性的转变，"填鸭式"教学普遍存在，学生习惯于"上课记笔记，下课对笔记，考试背笔记"的机械学习，理论与实践、基础医学与临床实际脱节。培养的学生往往缺乏解决临床问题的能力，尤其是收集、总结临床资料以及实践能力薄弱，缺乏创新意识与继续学习能力，不能适应从事动物疾病诊疗防治的实际要求。这就需要彻底改变兽医学教育的传统教学模式，加强不同教学阶段的专业实习，不断提高专业实习质量。

（李锦春）

【本章小结】

兽医专业实习是兽医专业教学最重要的实践教学环节。兽医专业实习包括教学实习、临床实习和毕业实习，这些实习都是在教师等指导下，通过学生独立操作，实现将理论知识与实际工作结合、增强实践能力的重要途径。

第二章　兽医专业实习的基本要素

【本章导读】

　　本章对兽医专业实习的目的、任务和要求做了具体说明,并明确提出了在各类实习中必须注意的实习纪律、兽医医德和兽医防护内容。

第一节　实习的目的、任务与要求

一、实习的目的

　　尽管不同类型的实习的任务与要求不同,但其目的基本一致。兽医专业实习的目的是通过实习活动验证与巩固课堂理论教学的基本概念、基本理论和基本技术,应用这些知识与技术分析临床现象、解决各类疾病的诊疗防控问题,并在实践中充实与拓展理论教学内容;锻炼和增强实际动手能力和独立工作能力,在"实践"的条件下和氛围中激发学生的实践意识和创新精神,培养与树立动物福利的观念;培养良好的医疗作风、医疗道德和严谨求实的科学态度,以良好的作风与态度对待服务对象,在实习中体验并逐渐树立正确的人生观、价值观和苦乐观。

　　明确实习目的,端正实习态度,是保证实习质量的前提。兽医专业实习是学生在校期间重要的实践教学环节,其组织者、指导者和实习学生,必须提高认识予以重视。

二、实习的任务

　　兽医专业本科教育的目标是培养合格的兽医,为此要完成三大领域的教学任务。第一,指导学生系统学习兽医科学知识和技能,包括基本概念、专业术语、原理、规律、方法,以及对概念、原理的理解,对规律、方法、技术的应用;第二,增强学生学习能力和实践能力,包括观察与检查病畜的能力、实验室检测与分析的能力、对临床资料的抽象思维能力、防治疫病的能力等;第三,培养学生的世界观、人生观、价值观、医疗道德品质、科学的态度和工作作风。

　　教学任务是通过整个兽医教学过程完成的,除了理论教学和实验课程,各类型专业实习,特别是兽医临床实习和毕业实习对于完成这些任务起着极其重要的作用。兽医专业实习任务具体可归纳为三个方面:第一,巩固和提高在校所学的兽医学基本知识与技能;第二,培养实际工作能力;第三,训练与培养良好的思想道德素质、心理身体素质、科学研究素质等,完成由学生向兽医师的过渡。

三、实习的要求

为了强化实践环节教学,保证实习质量,要求各类专业实习做到:第一,领导重视。实习前要对学生进行动员,组建强有力的指导教师队伍,加大实习经费投入,建立领导巡视制度。第二,确立实践第一的观点。组织学生深入临床、深入基层、深入养殖业生产第一线,让学生置身于"实践"的环境,在生产实践中经受锻炼,增长才干。第三,坚持理论知识密切联系临床实际。以具体病例的诊断治疗活动为载体,把在校所学的各学科的纵向"知识线"加以联结和沟通,形成"纵横交错的知识网络",用以阐明某个或某几个患病器官(解剖学)病变部位的机能或器质性异常(生理学与病理学),疾病发生发展规律(微生物学、营养学、生物化学等),进行诊断与防治(诊断学、药理学、各临床学科)。通过临床实践,加强理论知识理解并掌握实践技能。第四,加强实践训练。通过实习熟练地掌握基本诊疗技术等临床实际工作能力。临床实际工作能力包括三个方面:临床分析综合能力,也就是应用知识的能力;动手能力,包括诊疗操作与外科手术水平;人际交往能力,是指兽医与畜主关系、兽医师与护理人员之间关系、同事之间关系的处理能力。

第二节 实习纪律、兽医医德和兽医防护

一、实习纪律

实习纪律是教学规范的内容之一。良好的实习纪律是实习顺利实施和实习质量的保证,也是一个学校校风的体现。可根据实习内容和实习种类的不同提出具体的要求。实习的一般要求和纪律应包括以下内容:

1. 教学实习

a. 遵守实验室或实验教室管理规定;b. 服从教员指导,认真按操作规程作业;c. 爱护器材,如有损坏及时报告;d. 爱护实验动物,尽可能减少和降低实验给动物带来的痛苦和伤害,保护动物的福利;e. 团结友爱,互助互让;f. 自觉清理器材,打扫卫生;g. 及时上交实习报告。

2. 临床实习

a. 遵守实验室、研究室、动物医院的规章制度;b. 服从指导教师和临床兽医的指导;c. 严格遵守操作规程,未经允许不得私自动用仪器设备;d. 尊重畜主,关心病畜;e. 病畜的诊疗应在指导教师或临床兽医的指导下进行,诊断建议和处方要经指导教师或临床兽医签字;f. 不从事与实习无关的事情,不与畜主攀拉关系,不接受畜主请送;g. 遵守作息时间,认真完成指导教师布置的实习任务;h. 教学实习结束上交实习报告。

3. 毕业实习

a. 遵纪守法,遵守实习单位的规章制度;b. 服从指导教师和实习单位人员的指导;c. 自觉接受实习小组组长的领导,共同把实习工作搞好;d. 认真履行实习岗位职责,严格遵守操作规程;e. 虚心向生产一线人员学习,勇于实践,不怕脏、不怕累,敢于吃苦;f. 临床治疗措施和预防方案应征得实习单位的同意,不得擅自处理;g. 开展毕业论文实验,应事先与实习单位沟通,

不得擅做主张；h.实习中遇到问题时,通过指导教师与实习单位沟通,不得擅做主张；i.不得擅自外出或离开实习地点,注意人身和财产安全,防止事故发生；j.注意搞好同学之间以及与实习单位的团结,努力完成实习任务；k.按照兽医法规依法行医。

二、兽医医德

1.兽医医德的含义

兽医医德是社会道德的一部分,是兽医人员在整个兽医职业活动中应遵循的行为规范的总和,它规定了兽医人员与畜主之间、兽医人员与患病动物之间、兽医人员之间的基本行为准则,包括了兽医人员在工作中应该具有的专业技能、道德品质、思想意识、态度作风、言谈举止等行为规范和准则。

2.兽医医德规范

尽管目前我国兽医行业尚未制定兽医医德规范,根据各行业开展的职业道德教育和职业道德准则,结合兽医工作的具体实际,我们认为兽医医德规范应包括以下内容:a.遵守法律、法规,遵守技术操作规程。认真学习畜禽养殖管理、动物防疫管理、兽药管理、饲料和饲料添加剂管理、畜牧兽医标准化管理、实验动物与实验室生物安全、畜牧兽医法律法规的检索、畜牧兽医行政执法、畜牧兽医行政司法和畜牧兽医行政诉讼、国家法定禽病、一类禽病检疫技术规程、二类禽病诊断技术、三类禽病诊断技术、OIE(世界动物卫生组织,Office International Des Epizooties)法定禽病诊断技术、OIE法定禽病补遗诊断技术、国际贸易禽病诊断试验方法等内容；认真学习和执行与兽医相关的法律法规,如《中华人民共和国传染病防治法》、《中华人民共和国动物防疫法》、《中华人民共和国进出境动植物检疫法》等。b.爱岗敬业,刻苦钻研,尊重科学,勇于创新。c.关心农民,同情畜主,爱护病畜,尽职尽责。d.道德高尚,诚实信用,廉洁自律,珍惜职业声誉。e.尊重同行,同业互助,公平竞争。f.文明礼貌,举止端庄,作风严谨。

3.兽医医德教育

(1)结合政治教育培养兽医医德意识。兽医医德是由世界观、人生观和价值观决定的。有什么样的世界观、人生观和价值观就会有什么样的兽医医德。因此,只有树立正确的世界观、人生观和价值观,才能从不自觉到自觉地感知、理解、接受兽医医德规范和准则,懂得什么是高尚的,什么是低俗的,哪些应该做,哪些不应该做,提高自己的兽医医德判断能力,从而增强践行社会主义兽医医德规范和准则的自觉性。

(2)结合专业训练培养兽医医德情感。兽医医德情感指的是兽医人员对客观事物的态度。它具有独特的主观体验的形式和外部表现形式,是兽医人员内心世界对客观事物和周围人群喜怒哀乐的体验,是兽医人员对外界刺激的肯定与否定的心理反应。在专业训练中,要培养学生对畜主和患畜产生深厚的情感,对畜主的愿望、要求、利益和患畜的病痛有强烈的同情心,关注患畜的动物福利(animal welfare),对于畜主遗弃患畜或损害患畜动物福利的行为予以劝导。

(3)结合生产实践锻炼兽医医德意志。兽医医德意志指的是兽医人员在政治上、道德上的坚定性。通常指的是兽医人员的志气、气节、骨气,在道德中起着坚强的"骨骼"作用,使兽医人员自觉地克服履行兽医医德规范中所遇到的困难和障碍。有了这种兽医医德意志,才能坚持兽医医德规范,矢志不渝。如结合课堂实习、教学实习及毕业生产实习,有意识地锻炼学生不怕患畜脏、不怕工作累、不怕基层苦的吃苦耐劳的品质。

(4)结合先进典型增强兽医医德信念。兽医医德信念是由医德意识、情感、意志而确立起来的,是推动兽医人员产生兽医医德行为的动力,也是促使兽医人员医德意识转化为兽医医德行为的重要因素,一旦牢固地确定,就能够自觉地、坚定不移地依照自己确立的信念来鉴定自己行为和他人行为。兽医医德信念又是构成兽医医德良心的要素。良心是外部的义务要求转化为内心的道德要求和个人品德的结果。主要是适时抓住先进典型,把讲人、讲事、讲技术和讲思想结合起来,以情动人,以理服人,情理交融。

4.兽医医德的养成

兽医医德的养成是兽医人员在兽医医疗实践中按照兽医医德原则和规范,在自我意识的基础上,不断进行自我教育、自我分析、自我检查、自我评价的过程。兽医医德修养只有建立在高度自觉性的基础上才有意义,没有自觉性,就根本谈不上医德修养。医德信念的形成,医德情感的培养,医德意志的锻炼,医德习惯的养成,是一个长期而艰巨的实践过程,必须要有一个持之以恒、坚持不懈的长期自律过程才能实现。

(1)树立正确的世界观、人生观和价值观。现代意识的人生观和价值观强调人生存的权利和尊严,更强调人生存的价值,而这些又必须和个体对社会尽责、奉献联系在一起。一个兽医人员有了正确的人生观,才能明确人为什么活着,怎样生活才有意义,才能身体力行去遵循兽医医德规范的要求。

(2)坚持慎独、内省和自律。慎独是道德修养所要达到的一种极高的境界。人们不仅要在有人监督的场合进行道德修养,更要在无人监督的时候进行道德修养。内省就是自我反省,经常反躬自问。在兽医医疗活动中不断克服错误的道德观念,树立正确的道德观念,是一个自我净化灵魂的过程。道德的本质是自律,是自我约束。不因善小而不为,不因恶小而为之。通过自律和内省达到慎独的最高道德境界。

(3)努力践行,不断完善自我。兽医医德修养离不开生产实践活动,只有在实践中,在同畜主、患畜、兽医人员的相互关系中才能发生行为的善恶,才能做出医德的判断。离开兽医医疗实践,离开兽医与畜主、病畜的关系,兽医人员就不可能正确地认识主观世界并进行有效的改造,兽医医德修养便成了一句空话。在这个过程中,要勇于自我批评,善于接受别人的意见,严于解剖自己,时时注意纠正不符合兽医医德规范的行为,不断追求完美的兽医道德规范。

三、兽医防护

兽医防护是指兽医工作人员在医疗、教学、科研等活动中对所接触的物理、化学、生物等有害因素所采取的自身卫生防护和应对措施,以保障自身的健康和生命安全。

1.一般性防护

(1)兽医人员在诊疗、检验、检疫、教学、科研等活动中,应着工作服;从事手术操作、直肠检查、妊娠检查、助产等操作时,应戴长臂手套;动物尸体剖检时,须着工作服、戴胶皮手套和穿胶靴等,条件不具备时,可在手臂上涂抹凡士林或其他油类,以防感染;进行动物病原性微生物及有害物质操作时,须着工作服或生物防护服,戴手套和口罩,必要时戴防护眼镜。

（2）兽医人员在诊疗、检验、检疫、教学、科研等活动后，应及时洗手和消毒；从事手术操作、直肠检查、妊娠检查、助产、尸体剖检等操作后，应进行手臂消毒和周身淋浴；进行动物病原性微生物及有害物质操作后，须及时清洗和消毒。

（3）诊疗室、常规实验室及研究室应经常打扫，保持清洁，定期或不定期消毒；进行动物病原性微生物及有害物质操作的实验室和研究室，须每天消毒。

（4）兽医人员在诊疗中被犬、猫等动物咬伤或抓伤，或剖检中不慎割伤手指或其他部位时，应迅速用自来水、肥皂水或去污剂清洗伤口，然后用70%酒精、3%碘酊涂擦伤口，并妥善包扎。如血液或其他渗出物溅入眼内，应用2%硼酸水洗眼。对被狂犬病患犬或疑似狂犬病的动物咬伤时，除迅速做局部处理外，须及时接种狂犬病疫苗。对创口较深的，应考虑注射抗生素或破伤风血清。

（5）保存、使用、运输动物源性致病微生物、毒物，应当遵守国家规定的管理制度和操作规程，严防泄漏。对用于动物疫病研究的实验动物严格管理，防止动物病原的传播。

2. 生物安全

（1）诊疗、检验、检疫、教学、科研等活动的污物要妥善处理，尸体焚烧或掩埋；被动物源性致病微生物、毒物沾染的污水、污物、粪便应进行严格消毒，尸体焚烧；被疑似传染病的病畜或动物性产品沾染的污水、污物、粪便应进行严格消毒，尸体焚烧。

（2）疑似烈性传染病如炭疽病等的死亡的动物尸体不得擅自剖检，应就地焚烧或深埋。

（3）保存和使用易燃、易爆及腐蚀性药物、试剂，应远离火源，妥善保管，严格遵守操作规程，严防泄漏。

（4）从事高危人兽共患病[如炭疽、布鲁氏菌病、结核病、日本脑炎、狂犬病、重症急性呼吸综合征（SARS）、禽流感]工作的人员，须提前做好疫苗预防接种；对少数烈性人兽共患病还应备好高免血清，以供紧急时使用；尽可能避免与可疑病例、携带病毒的动物（如果子狸、鸡、鸭、骆驼等）接触。

（5）所有涉及病原微生物的操作，必须依据其危险级别，执行国家有关规定，在生物安全柜或 P3 实验室，乃至 P4 实验室内进行。

3. X 射线的防护

（1）时间防护。从事 X 射线专业的技术人员，要不断提高和熟练透视技术，缩短透视观察时间，不做无必要的延时观察，以减少照射时间。

（2）距离防护。X 射线室的面积不得小于 $50 m^2$，高度不得低于 3.5 m，以减少 X 射线强度。

（3）屏蔽防护。控制台须安装在隔离式操作间内，或在摄影曝光时利用铅屏风，透视须充分利用防护椅、铅围裙、铅手套等防护设施和装备。

（4）体检保护。根据工作量每月、每季度或每年进行一次体检，尤其是血象检查。当有异常时，应根据情况采取减少接触、短期脱离、疗养或调离等措施。

（5）劳保措施。执行卫生部门有关专业 X 射线工作人员的营养保健、休假、日工作量等劳动保护措施。

（李锦春）

【本章小结】

　　兽医专业实习的目的是加深对理论知识的认识和提高动手能力；实习的任务是应用理论知识，提高专业技能和兽医专业人才的素质。为了保证实习质量，教育管理部门必须重视，指导教师和学生需要坚持实践第一和理论联系实际的观念。兽医实习还必须严守实习纪律、培养兽医医德、切实做好各类安全防护，认真履行兽医法规。

第三章　兽医专业实习的培养目标与要求

【本章导读】

本章对兽医专业实习中的临床实习,以及不同内容的毕业实习的培养目标与要求做了具体翔实的说明。

第一节　临床实习的培养目标与要求

兽医学是对家畜、家禽、实验动物、伴侣动物、野生动物、观赏动物以及外来动物等进行疾病诊疗、疫病防控的一门综合性学科,是一门理论性和实践性极强的学科,因此,临床实习是兽医学整个教学过程中必不可少且极其重要的一个环节。

1. 培养目标

临床实习的目标旨在使学生将所学理论与实践相结合,培养兽医专业学生在动物临床疾病信息的获取、分析与处理、诊断与治疗、病历书写及与畜主沟通等方面的能力。同时,增强学生的社会服务责任感、敬业精神和兽医医德医风修养等。

2. 基本要求

学生在学习相对完整的专业基础课之后,到各级畜牧兽医站、兽医院、规模养殖场等场所进行专业的临床实习活动;掌握诊疗疾病的操作技术,如病畜保定法,病史调查法,病畜的一般检查与系统检查法,临床常规项目化验法,各种注射、穿刺与给药方法等;多看病,多见习病例,丰富临床经验;多了解社会,接触养殖户,了解社会与行业发展动态,熟悉兽医工作环境,学习畜禽防疫检疫等有关行政法规等。

第二节　毕业实习的培养目标与要求

一、牛、羊疾病诊疗实习的培养目标与要求

1.培养目标

通过毕业实习,培养学生独立诊疗和预防牛、羊常见疾病的能力,使其具备从事执业兽医师(牛、羊疾病诊疗)、兽医管理及其相关工作的素质和技能。

2. 基本要求

(1)掌握牛、羊个体及群体临床常用检查方法。

(2)掌握牛、羊常见病病例的血常规、尿常规、尿沉渣、电解质分析、血气分析技术,典型疾病的 X 线摄片、B 超图像、心电图解读技术。

(3)掌握牛、羊常用保定、胃管投入、注射、穿刺、绷带固定、石膏固定、麻醉、止血、缝合、清创术及炎症治疗等临床诊疗技术。

(4)掌握牛、羊副鼻窦圆锯术、气管切开术、食道切开术、腹腔探查术、瘤胃切开术、皱胃变位整复术、瓣胃冲洗术、阉割术等常用手术操作。

(5)掌握牛、羊消化、呼吸系统常见疾病(食管阻塞、前胃弛缓、瘤胃积食、瘤胃臌气、瘤胃酸中毒、创伤性网胃腹膜炎、瓣胃阻塞、皱胃变位、卡他性肺炎、纤维素性肺炎等)及代谢病(酮病、生产瘫痪、佝偻病、骨软症、维生素缺乏、矿物质缺乏)、中毒病(黄曲霉毒素、赤霉烯酮、镉、铅、有机磷农药、有机氟农药、亚硝酸盐、食盐及棉籽饼等中毒)等群发性普通疾病的诊断及鉴别诊断要点、治疗及预防技术。

(6)掌握牛、羊心血管系统常见危症(心力衰竭、过敏性休克、急性失血性休克)的诊断要点及抢救技术。

(7)掌握牛、羊常见肢蹄病(关节扭伤、挫伤、透创、脱位、关节周围炎、骨关节炎、神经麻痹、蹄叶炎、腐蹄病等)的诊断与治疗技术。

(8)掌握牛、羊重要传染病和人兽共患传染病(狂犬病、结核及副结核病、布鲁氏菌病、牛黏膜病、口蹄疫、羊梭菌性疾病、蓝舌病等)的诊断要领、实验室诊断技术及防治原则和措施。

(9)掌握制定牛、羊重要传染病防疫措施和方法。

(10)掌握牛、羊主要寄生虫病和人兽共患寄生虫病(胃虫病、旋毛虫病、肝片吸虫病、日本血吸虫病、裸头绦虫病、棘球蚴病、皮蝇蛆病、伊氏锥虫病、巴贝斯虫病、泰勒虫病等)的诊疗技术,虫体、虫卵检查技术,综合防治办法及常用驱虫技术。

(11)掌握牛、羊妊娠诊断及助产方法。

(12)掌握牛、羊常见产科疾病(流产、阴道脱出、孕畜截瘫、子宫扭转、子宫套叠、子宫脱出、胎衣不下、子宫内膜炎、卵巢机能减退、乳房炎等)的诊断及防治措施。

(13)了解牛、羊产品卫生与质量检验技术。

二、猪病诊疗实习的培养目标与要求

1. 培养目标

通过实习,能较好地运用兽医学方面的基本理论、基本知识和基本技能,根据猪的解剖、生理特点,生物学特性,以及不同生理阶段群发病、多发病的特点,应用正确的临床诊断方法,搜集临床症状与资料,掌握重要猪病发生、发展、变化规律,独立开展常见猪病的防治工作。了解养猪生产和管理、防疫检疫流程,了解兽医公共卫生的相关法规。

2. 基本要求

(1)掌握和运用猪的形态、结构、生理、生化、病理、药理、微生物和免疫等基本理论和实验技术。了解和学习猪主要疾病防治技术的现状和最新进展,尤其是急性、烈性传染病,人、猪共患病,腹泻疾病,生殖道病,呼吸道病,寄生虫病,营养代谢病,中毒病,疑难杂症及其他疾病的防治经验。重点掌握当前对养猪业危害严重的疾病如猪瘟，口蹄疫，猪繁殖与呼吸综合征，伪狂犬病，乙型脑炎，细小病毒病，猪支原体肺炎，传染性胸膜肺炎，链球菌病，弓形虫病，附红细胞体病，真菌毒素中毒等病的免疫程序及综合防制措施。

(2)学习猪场管理、饲养管理等技术，熟悉国家关于猪生产发展规划、兽医防疫检疫、环境保护、动物进出口检疫等的方针、政策和法规等。

三、禽病诊疗实习的培养目标与要求

1.培养目标

运用学过的专业理论知识和基本技能，准确识别家禽常见疾病的临床症状和病理变化，掌握家禽剖检技术、病原学和血清学诊断技术及合理应用药物的技术，掌握禽病诊断的基本思路，基本具备独立从事禽病门诊的能力。

2.基本要求

运用学过的家禽解剖学、家禽病理学、兽医药理学、兽医临床诊断学、家禽普通病学、家禽寄生虫病学和家禽传染病学等理论知识和基本技能，从事禽病临床实践。了解家禽种类、生活习性、饲养管理方法；了解禽病的流行病学特点；熟练运用禽病症状学基本知识和家禽剖检技术，正确识别禽病的症状和病理变化特征；掌握病原学、血清学等常规实验室诊断技术及诊断疾病的判断标准；学会运用临床思维和理论思维的方法，掌握禽病诊断的基本思路；熟悉家禽用药的种类、药理作用、应用范围、使用方法与剂量，合理应用药物；掌握疫苗、血清、细胞因子等生物制剂的种类、应用范围、使用方法与剂量，能够制定科学合理的免疫接种程序。

四、马和伴侣动物疾病诊疗实习的培养目标与要求

1.培养目标

熟悉马和常见伴侣动物的生活习性、生理活动和常用生理指标；掌握马和伴侣动物的接触及保定常用方法，常见疫病的诊断技术、治疗方法、免疫程序、人畜共患病的防制措施，达到独立诊疗疫病的水平。

2.基本要求

通过实习，要求学生学会马和伴侣动物的保定方法，掌握常见疫病的种类及其诊疗技术（如静脉注射、皮下注射、肌肉注射、口服给药、直肠给药、消毒、麻醉、常见手术、免疫接种等），掌握免疫程序和驱虫计划制定的原则、程序及方法。

了解和初步掌握某些实验室及特殊诊断技术，如血液、尿、粪的检验及分析，B超的图形分析，X线的摄片和读片方法。

了解马和伴侣动物常用药品的种类、剂量和用途。

此外，还应初步了解马和常见伴侣动物行为学、动物比较心理学知识，建立热爱动物，保护动物的意识。

五、动物园动物疾病诊疗实习的培养目标与要求

野生动物在维持自然界生态平衡方面有着极其重要的作用，动物园作为野生动物世界的

一个缩影,比较集中地饲养着来自世界各地的珍禽异兽,这对保护珍稀动物和拯救濒临灭绝的动物起到了积极的作用。随着人工饲养、繁殖技术的不断发展,已经使某些动物的繁殖种群不断扩大,繁殖幼兽的出售和动物之间的相互交换,既产生了积极的社会效益,又有较好的经济效益。但是动物园动物疾病的防治仍是保障动物园动物和人类健康的重要环节,因此对于到动物园实习的学生来说,掌握必要的动物园动物疾病的基本知识和实践技能是十分重要的。

1. 培养目标

通过诊疗实习,使学生了解动物园设计、建筑的概况,常见动物园动物的分类;熟悉动物园动物的接近及保定方法;掌握动物园动物的一些基本生物学特性,常见疾病、特有疾病、新发疾病的发生规律、临床症状、诊断和治疗方法,为今后从事动物园动物的繁(养)殖及疾病的防治工作,普及动物园动物的科学知识奠定坚实的基础。

2. 基本要求

(1)基本知识。

①了解动物园笼舍建筑的要求。动物笼舍必须尽量适合于各类动物原栖息地环境和繁殖条件;笼舍要牢固、安全、实用、美观和便于饲养管理;做好笼舍内外的绿化工作,营造动物适宜的生活环境和适合游人观赏的氛围。

②了解常见动物园动物的分类:一般动物园的动物可按两栖纲、爬行纲、鸟纲、哺乳纲进行分类。

③掌握常见动物园动物的生物学特征:生活习性;营养标准和饲养管理要点;繁殖特点。

④掌握动物园动物群发性疾病、人兽共患病的流行特点、发生规律及综合防制措施。

(2)基本技能。

①熟悉动物园动物的接近方法。动物园动物的野性一般都非常强,因此接近该类动物时要先向饲养管理人员请教,了解动物的习性,随时保持高度警惕,确保人、兽安全。

②熟悉动物园动物的各种保定方法,尤其是化学保定方法,应使保定达到牢固、确实、安全的目的。在进行化学保定时,应熟悉常用化学药物的特点、剂量、使用方法及使用范围。

③掌握动物园动物疾病的诊断方法,包括基本的临床检查方法、特殊检查方法、实验室的检查(验)方法。

④掌握动物园动物疾病的防治方法,根据动物园动物的疫病特点进行疫苗的预防接种,根据动物园动物的生理特点进行药物防治等。

六、动物防疫检疫实习的培养目标与要求

1. 培养目标

掌握动物防疫与检疫的基础理论、基本知识和基本技能,培养学生独立防疫检疫动物疫病的能力及严格执行动物防疫、检疫法律法规的意识。

2. 基本要求

(1)掌握《中华人民共和国动物防疫法》、《中华人民共和国进出境动植物检疫法》、《中华人民共和国进出境动植物检疫法实施条例》等与动物防疫、检疫工作有关的法规。

(2)掌握重要动物疫病疫情预警、预报和监测技术。

(3)掌握制定动物疫病防疫措施的方法和内容。

(4)掌握制定重要动物疫病免疫程序的基本原理和方法以及免疫监测技术。

(5)掌握产地检疫、市场检疫、运输检疫和屠宰检疫方法与处理方法。

(6)掌握动物疫病病料的采取、保存和送检方法。

(7)掌握动物疫病的临床检查、病理剖检、病原分离鉴定、免疫学与分子生物学检测等方法。

(8)掌握动物疫病的控制和扑灭措施,包括划定疫点、疫区和受威胁区,采集病料,调查疫源,上报疫情,实施封锁、隔离、扑杀、销毁、消毒、紧急免疫接种等。

(9)掌握动物和动物产品的检疫管理办法和行业标准、检疫对象。

(10)掌握进出境动物及其产品和运输工具检疫技术。

(11)了解境外动物疫病疫情及防疫检疫新技术。

(12)了解境外动物新发疫病。

(13)了解世界卫生组织和世界贸易组织(WTO)制定的有关动物及食品安全的规则和协议。

七、动物性食品卫生检验实习的培养目标与要求

1.培养目标

掌握有关动物性食品卫生检验与监督的基础理论、基本知识和基本技能,培养学生具备良好的职业道德和创业精神,能够独立从事动物性食品卫生检验工作。

2.基本要求

(1)掌握《中华人民共和国食品卫生法》、《中华人民共和国动物防疫法》、《肉品卫生检验试行规程》、《乳品质量安全监督管理条例》、《畜禽屠宰卫生检疫规范》、《中国兽医卫生监督实施办法》等与动物性食品卫生检验监督有关的法规及行政管理规定。

(2)掌握各类肉用动物宰前检验、屠宰加工过程中的卫生监督以及宰后检验技术。

(3)掌握屠宰畜禽常见疫病、肿瘤病、常见代谢病及其他疾病的宰后鉴定与处理技术。

(4)掌握动物性食品的生物性污染与非生物性污染的种类、来源、危害及防控措施。

(5)学会动物性食品的加工卫生及其制品的感官、理化及微生物检验技术。

(6)学会动物废弃物的无害化处理和加工场所、用具的消毒方法。

(7)掌握动物性食品加工、贮存、运输、消费过程中的兽医卫生监督(职责、程序、行政处理与处罚、行政复议等)及卫生评价。

(8)了解屠宰加工企业的布局与设施的卫生要求。

(9)了解肉的种类鉴别技术。

(10)了解动物进境、出境、过境检疫,携带、邮寄物检疫及运输工具检疫技术。

八、都市生态养殖场诊疗实习的培养目标与要求

1.培养目标

掌握都市生态养殖场建设的设计、布局、规划以及饲养管理、生物安全控制措施;掌握

HACCP(hazard analysis critical control point)体系在动物性产品生产环节的施行情况,掌握在养殖过程中保证动物性食品安全的关键技术,包括如何保证饲料、饮水的安全,如何保证生产的动物产品中无药物残留、无病原体的超标等关键技术;掌握保障动物福利的操作规程;掌握集约化饲养动物的疾病监控、治疗和预防的技术;掌握紧急疫情的处置方法;具备独立从事畜禽疾病防疫和诊疗工作的能力。

2. 基本要求

在生态养殖场实习过程中,要具有不怕苦、不怕脏、不怕累的精神,勤奋扎实、一丝不苟地开展工作。要遵守生态养殖的管理规章和工作程序,严格执行养殖场制定的生物安全措施。要养成独立发现问题、分析问题和解决问题的能力,能够独立解决养殖生产中发现的问题。要求学生掌握生态养殖各个环节的关键技术,善于向技术人员请教,通过实践锻炼,掌握现代生态养殖场构造及基本原理,掌握生态养殖场的饲养管理技术、畜禽疾病生态防治技术、绿色无公害防治技术,确保动物健康和产品质量安全。掌握发酵床零排放养猪技术、畜禽粪便无害化处理以及粪便循环利用技术,确保生态环境安全。在思想修养、职业道德、业务水平和工作能力上得到全面锻炼,为从事生态养殖业打下坚实的基础。

九、兽医药学实习的培养目标与要求

1. 培养目标

掌握药理学与毒理学的重要理论知识,同时学习并了解药理学与毒理学的研究方法,如实验药理学方法、临床药理学方法;掌握兽药质量检测及兽药残留分析的基本技能;掌握兽医药剂学的知识与技能。

2. 基本要求

要求学生在实习前重视对实习指导的预习,了解实习的目的、要求、方法和步骤;在实习时积极参与实验操作,客观地记录和整理实验结果;掌握小白鼠、家兔等常用实验动物的捉持、保定和灌药方法;掌握常用注射技术;学会药物血浓度的半衰期、表观分布容积和清除率等三种药代动力学参数的测定方法;掌握兽药质量控制的基本原则和检测方法,动物组织中兽药残留分析原理与技术;了解与熟悉常用兽药制剂的制备、复方制剂的研制及药剂学的基本方法。

(郭定宗,朱连勤,孙卫东,李槿年,李文平,胡国良)

【本章小结】

兽医临床实习是专业课程学习后有针对性地进行的临床诊疗训练,要求掌握相关技能;而毕业实习则具有广泛的内容,包括牛、羊、猪、禽、马、伴侣动物、动物园动物疾病的诊疗、动物防疫检疫、动物性食品卫生检验以及都市生态养殖场和兽医药学实习,要求相对系统地掌握相关知识和技能。

第四章　兽医临床常见综合征鉴别诊断思路

【本章导读】

　　兽医临床症状鉴别诊断是应用辩证唯物主义的方法论,根据患病动物的临床表现,以主要症状或病征为线索,结合众多的相关疾病,形成诊断树,然后再分门别类,逐一分析,最后确立诊断。这是古今中外、中西医(包括兽医)都在沿用的一种鉴别诊断法。在实习中应用兽医临床症状鉴别诊断旨在培养学生认识问题、分析问题、解决问题的综合判断能力和实践工作能力,为日后开展兽医临床工作奠定基础。通过本章学习,要求学生掌握常见临床综合征的病因学归类、相关疾病的临床特征、症状鉴别诊断思路等。

第一节　动物疾病一般诊断方法与程序

一、散发性疾病诊断方法与程序

　　请参照兽医临床诊断学的相关教材。

二、群发性疾病诊断方法与程序

　　动物群发性疾病指的是畜群中部分乃至全部动物同时或相继发生的、在临床表现和剖检变化上基本相同或相似的一大类疾病。

(一)动物群发性疾病的分类及特征

　　动物群发性疾病有上千种之多,可按其病性和病因分为:传染病、侵袭病、遗传病、中毒病和营养代谢病等五大类。

　　1.动物传染病

　　各种病原微生物所致发的一大类群发性疾病。按其病原可分为细菌病、立克次体病、支原体病、衣原体病和病毒病;按其病程可分为最急性、急性、亚急性和慢性型。

　　动物传染病的基本特征是:群体发病;有传染性,可在同种动物内、不同种动物间乃至人与动物间,呈水平传播;有病原微生物存在;有免疫反应性,能产生保护性抗体和反应性抗体,可以检出。

　　2.动物侵袭病

　　各种寄生虫所致发的一大类群发性疾病。按其病原,可分为蠕虫病、昆虫蜱螨病和原虫

— 17 —

病。按其病程,可分为急性、亚急性、慢性和隐袭型。

动物侵袭病的基本特征是:群体发病;病畜体内或体表有足够数量的寄生虫侵袭;除原虫类需用光镜检查外,其他各种寄生虫用肉眼或借助放大镜均可见到;一般取慢性病程,不伴有发热,但原虫病多取急性病程,且多伴有发热。

3.动物遗传病

基因突变或染色体畸变所致发的一大类群发性疾病。包括以下遗传性疾病:代谢病、血液病、免疫病、神经-肌肉疾病、心脏血管病、内分泌腺病等。

动物遗传病的基本特征是:群体发病;无传染性;垂直传播,呈家族式分布;具一定的遗传类型,常染色体遗传或性染色体遗传,隐性遗传或显性遗传,符合孟德尔定律;需掌握和运用分子生物学技术,才能发现和确定突变的基因和/或畸变的染色体。

4.动物中毒病

各种有毒物质所致发的一大类群发性疾病。国内报道的动物中毒病已超过 200 种,包括饲料中毒、农药中毒、矿物质中毒、有毒植物中毒、真菌毒素中毒、动物毒中毒等。

动物中毒病的基本特征是:群体发病;无传染性,即同居感染不发病;有毒物接触史;体内能找到毒物或其降解物;一般取急性病程,不伴有发热,但真菌毒素中毒病多取慢性病程而急性发作,且有发热(真菌毒素病)。

5.动物营养代谢病

是因营养物质摄入不足和/或需求增加,或吸收、利用和代谢异常造成的代谢障碍病。动物营养代谢病的基本特征是:群体发病,常地方流行;无传染性;起病慢、病程长;主症为营养不良、生产性能低下和繁殖障碍;常涉及多种营养物质。

(二)动物群发性疾病的诊断方略

动物群发性疾病的诊断,分四个层次,包括大类归属诊断、症状鉴别诊断、病变鉴别诊断和病性论证(确认)诊断。

1.动物群发性疾病大类归属诊断

动物群发性疾病分为五大类,即动物传染病、动物侵袭病、动物遗传病、动物中毒病和动物营养代谢病。首先,要推测是其中的哪一类群发性疾病,进行大类归属诊断。

动物群发性疾病归属诊断的依据主要是:传播方式是水平传播、垂直传播还是不能传播;是起病急、病程短,还是起病缓、病程长;是有热还是无热;有无足够数量的肉眼可见的寄生虫存在(图 4.1)。

2.动物群发性疾病症状鉴别诊断

症状鉴别诊断,就是从临床表现出发,以主要症状或病征为线索,将一类相关疾病联系起来,形成诊断树,而后再逐步把它们区分开来。常用于动物疾病鉴别诊断的综合征至少有 20～30 个,如多血综合征、出血综合征、贫血综合征、溶血综合征、红尿综合征、黄疸综合征、紫绀综合征、水肿综合征、气喘综合征、腹水综合征、感光过敏综合征、共济失调综合征、皮下气肿综合征、流涎综合征、腹痛综合征、草食动物胃肠弛缓综合征、腹泻综合征、腰荐及后躯运动障碍综合征、流产综合征、难产综合征、不孕综合征以及猝死综合征等。

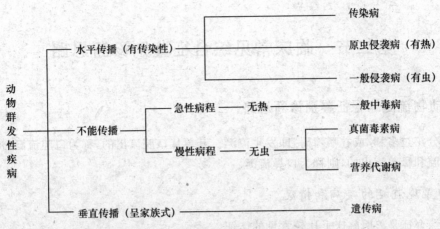

图 4.1　动物群发性疾病归属诊断思路

3.动物群发性疾病病变鉴别诊断

从剖检变化出发,以基本病变为线索,将若干相关疾病串在一起,再逐步把它们区分开来,这就是病变鉴别诊断法。病变鉴别诊断法和症状鉴别诊断法相辅相成。常用于动物群发性疾病鉴别诊断的病变至少有 30 种,如脑炎、脑水肿、脑软化、脑海绵样变、肝变性、肝硬变、皮炎、肌变性、淋巴结肿、甲状腺肥大、营养性骨病、腹膜腔积液等。

4.动物群发性疾病病性论证诊断

动物群发性疾病,在经过大类归属诊断、症状鉴别诊断和病变鉴别诊断之后,还必须完成诊断方略的终末程序——病性论证诊断,加以认定。

(1)动物传染病病性认定。a.有对应的临床表现;b.有对应的病理变化;c.有对应的检验所见;d.有传染性,同居感染,水平传播;e.有对应的病原微生物检出,动物回归发病。

(2)动物侵袭病病性认定。a.有对应的临床表现;b.有对应的病理变化;c.有对应的检验所见;d.有对应的寄生虫侵袭;e.有对应的驱虫杀虫防治效果。

(3)动物遗传病病性认定。a.有对应的临床表现;b.有对应的病理变化;c.有对应的检验所见;d.家族式分布,有特定的遗传类型;e.染色体上能找到突变的基因位点。

(4)动物中毒病病性认定。a.有对应的临床表现;b.有对应的病理变化;c.有对应的检验所见;d.有对应的毒物接触史;e.能找到对应的毒物或其降解物,动物发病试验成功。

(5)动物营养缺乏病病性认定。a.有对应的临床表现;b.有对应的病理变化;c.有对应的检验所见;d.有对应的营养缺乏证据:体液、组织等内环境中特定营养物质含量低下,饲料、饮水、土壤、植被等体外环境中相应营养物质含量不足;e.有对应的防治效果:补给所缺营养物,则多数病畜相继康复,该群发性疾病随即平息。

(6)动物营养代谢障碍病性认定。a.有对应的临床表现;b.有对应的病理变化;c.有对应的检验所见;d.有对应的代谢障碍证据:特定代谢过程所需酶类的含量不足或活性低下;该酶促反应的底物蓄积;该酶促反应的产物匮乏;e.有对应的防治效果:提供所需的酶类,疏导蓄积的底物或补给匮乏的产物,可使多数病畜的病情得以缓解;纠正缺陷的酶类,则该群发性疾病得以平息。

(张乃生)

第二节　临床常见综合征鉴别诊断思路

一、动物流涎综合征鉴别诊断思路

唾液分泌过多和/或吞咽障碍，即发生流涎。其单从口腔流出的，称为口腔流涎（流口涎）；其兼从口腔和鼻腔流出的，则称为口鼻流涎。

（一）显现流涎的疾病和情况

流涎综合征是兽医临床上比较常见的体征。

显现流涎综合征的疾病有：a.口腔疾病，包括各类型口炎以及舌伤、舌麻痹、舌放线菌病、牙齿磨灭不正、齿槽骨膜炎等。b.唾液腺疾病，包括腮腺炎、颌下腺炎、舌下腺炎等。c.咽部疾病，包括咽炎、咽麻痹、咽肿瘤、咽阻塞（马胃蝇幼虫、蚂蟥、异物）及马腺疫等伴有咽部侵袭、累及吞咽功能的各种传染病等。d.食管疾病，包括食管阻塞、食管炎、食管痉挛、食管麻痹、食管狭窄、食管扩张（憩室）等。

显现流涎综合征的，还有可刺激唾液分泌的各种因素：a.拟胆碱药物如毛果芸香碱、槟榔碱等的应用。b.呈副交感神经兴奋效应的真菌毒素中毒如流涎素中毒，有毒植物中毒，有机磷农药中毒以及沙林、索曼等军用毒剂中毒等。c.由唾液腺排泄的某些毒物的中毒，如汞中毒和砷中毒等。

（二）流涎综合征病因学分类

流涎的病因在于唾液分泌过多和/或吞咽障碍。因此，流涎综合征可按病因分为两大类（图4.2）。

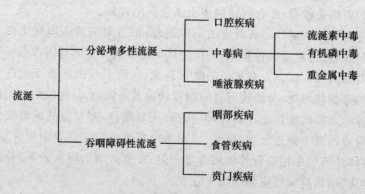

图4.2　流涎综合征病因学分类

（1）分泌增多性流涎。包括各种口腔疾病、唾液腺疾病和可促进唾液腺分泌的一些疾病和因素，如有机磷毒剂和农药中毒，砷、汞等重金属中毒，呈副交感神经兴奋效应的某些植物中毒、真菌毒素中毒以及各种拟胆碱药物的使用等。

（2）吞咽障碍性流涎。包括咽部疾病、食管疾病、贲门括约肌失弛缓及肉毒梭菌毒素中毒等可妨碍吞咽活动的各种疾病。

(三)流涎综合征症状学分类

流涎综合征,可按涎液流出的部位和状态分为两大类,即口腔流涎和口鼻流涎(图4.3)。

(1)口腔流涎。包括各种口腔疾病、唾液腺疾病以及能使唾液腺分泌增多的各种中毒病。

(2)口鼻流涎。包括各种咽部疾病、食管疾病和贲门疾病。

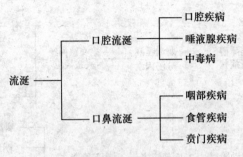

图4.3 流涎综合征症状学分类

(四)流涎综合征症状鉴别诊断

临床上遇到流涎的病畜,可按下列思路分层逐个地加以鉴别(图4.4)。

首先要观察并区分是口腔流涎还是口鼻流涎。这是流涎综合征第一层鉴别指标和要点。

口腔流涎,提示是唾液分泌增多所致,应着重考虑口腔疾病、唾液腺疾病或者可促进唾液腺分泌增多的某些疾病和因素。

口鼻流涎,则提示是吞咽障碍所致,应着重考虑咽部疾病、食管疾病或者可障碍吞咽活动的其他一些疾病。

1. 口腔流涎

对流口涎的病畜,要注意观察有无采食和咀嚼障碍以及全身症状的轻重。这是流涎综合征第二层鉴别指标和要点。

(1)采食咀嚼障碍而全身症状轻微,常指示是口腔或者唾液腺疾病。

①口炎。口腔黏膜潮红、增温、肿胀、疼痛,并有水疱、脓疱、溃疡、糜烂、坏死灶等示病症状。群发性口炎应考虑:维生素 B_2、维生素 C、锌等营养缺乏症;口蹄疫、坏死杆菌病、钩端螺旋体病、牛黏膜病、猪水疱病、羊痘、犬瘟热、鸡新城疫、泰勒虫病等特殊病原疾病。可分别依据全身症状、病理变化、病原学检查、营养成分测定以及防治效果等进行鉴别。

②舌病。见有舌伤、舌麻痹、舌放线菌病等各自的示病症状。

③齿病。可认波状齿、阶状齿、锐齿、剪状齿等不正齿形和齿列,以及齿龈炎、齿槽骨膜炎等各自的示病症状。

④唾液腺炎。在腮腺部、颌下腺部、舌下腺部,可见温热、疼痛、肿胀等各自的示病症状。

(2)采食咀嚼正常而全身症状明显,常指示是某些可促进唾液腺分泌的疾病或因素。应详细询问用药史,并做全身的系统检查。有副交感神经兴奋效应的,应考虑:a. 毛果芸香碱、毒扁豆碱、比赛可灵等拟胆碱药物或者各种交感神经阻断剂的使用;b. 敌百虫、1605、1509、乐果等

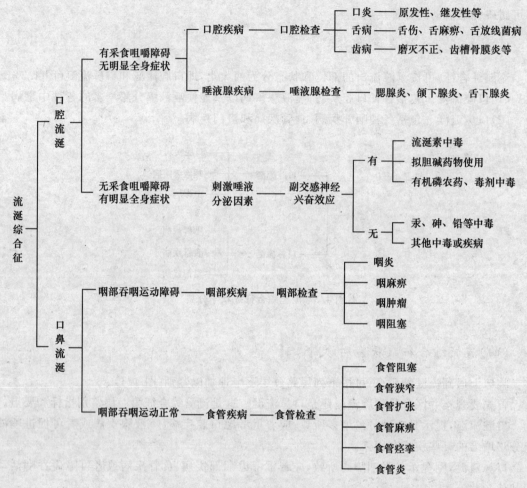

图 4.4 流涎综合征症状鉴别诊断思路

有机磷农药中毒;c.沙林、索曼等有机磷军用神经毒剂中毒;d.某些有毒植物和真菌毒素(如豆类丝核菌产物流涎素)所致的中毒以及橘青霉素和棕曲霉素所致的霉菌毒素性肾病。对其中无全身性副交感神经兴奋效应的,则应考虑砷中毒和汞、铅等重金属中毒以及其他中毒或疾病。

2.口鼻流涎

对口鼻流涎的病畜,要注意观察有无咽部吞咽运动障碍,这也是流涎综合征第二层鉴别指标。

(1)其有咽部吞咽运动障碍的,常指示是咽部疾病。应通过咽部视诊、触诊及 X 线检查确诊。

①咽炎。头颈伸展,吞咽和触诊咽部时有摇头、呛咳等疼痛表现,常伴发喉炎而呈吸气性呼吸困难。多数动物群发咽炎,应考虑腺疫、流感、炭疽、巴氏杆菌病、口蹄疫、犬瘟热、恶性卡他热等传染病。

②咽麻痹。无吞咽动作,触诊咽部不疼痛,手摸咽腔不紧缩。

③咽肿瘤。慢性病程,吞咽障碍渐进增重,X 线检查有肿块存在。

— 22 —

④咽阻塞。多突然或顿然起病,常伴有呼吸困难以至窒息危象,胃管探诊通不过咽部,X线检查可发现阻塞的异物。

(2)其无咽部吞咽运动障碍的,常指示是食管疾病。应通过食管的视诊、触诊、探诊以及 X线检查确诊。

①食管阻塞。顿然起病,频频吞咽和呃逆。通过食管视诊、触诊、探诊和 X线检查,可确认阻塞的部位。反刍兽还伴有瘤胃臌气。

②食管痉挛。呈阵发性。发作时食管如硬索状,缓解期探诊可通过。解痉剂效果良好。

③食管麻痹。无食管吞咽波和呃逆动作。胃管插入感到松弛。常继发食管阻塞。其伴有舌麻痹和咽麻痹等神经脱失症状的,概为肉毒中毒所致的延髓性麻痹。

④食管狭窄。慢性经过;食物和粗管不通,饮水和细管可通;常继发食管扩张和阻塞;X线造影可显示狭窄的部位。

⑤食管扩张。慢性经过,渐进增重;探管时通时不通;每次采食后继发食管阻塞;X线造影可显示扩张的部位(颈部食管或胸部食管)和类型(呈圆柱形、纺锤形的食管膨胀或囊状、袋状扩大的食管憩室)。

⑥食管炎。急性经过;食管触诊和探诊表现疼痛;吞咽带疼;流涎的程度较轻,但涎液内混有炎性产物。

(3)伴有口炎和咽炎的,系上部消化道炎症,常为滚烫的饲料或误服氨水、盐酸、酒石酸锑钾等腐蚀性物质所致,要注意鉴别。

(4)伴有全消化道和泛泌尿系炎症的,为采食斑蝥所致的斑蝥素中毒。

二、反刍动物前胃弛缓症状鉴别诊断思路

前胃弛缓,是瘤胃、网胃、瓣胃神经肌肉装置感受性降低,平滑肌自动运动性减弱,内容物运转迟滞所致发的反刍动物消化障碍综合征。其临床特征是食欲减损,反刍障碍,前胃运动微弱乃至停止。

前胃尤其瘤胃的消化运动状态,常被看作是反刍动物是否健康的一面镜子。因此,兽医临床工作者往往习惯于从前胃弛缓这一消化不良综合征入手,对反刍动物的各种胃肠疾病以至相关的各类群体性疾病进行症状鉴别诊断。

(一)前胃弛缓的病理类型

反刍动物胃肠道内食物的正常运转,都需要两个基本条件:整个胃肠道的通畅;胃肠平滑肌固有的自动运动性(舒缩性)。而决定食物能否正常运转的这两大方面,都是由胃肠神经机制(交感与副交感)、体液机制(肠神经肽、血钙、血钾)以及胃肠内环境尤其酸碱环境刺激,通过内脏-内脏反射进行调控的。

因此,前胃弛缓可按主要发病环节分为以下五种病理类型(图 4.5)。

(1)酸碱性前胃弛缓。前胃内容物的酸碱度对前胃平滑肌固有的自动运动性和纤毛虫的活力有直接影响,前胃内容物的酸碱度在 pH 6.5~7.0 的范围内时,前胃平滑肌的自动运动性和纤毛虫的活力正常。如果超出此范围,不论过酸或过碱,则前胃平滑肌自动运动性减弱,纤毛虫活力降低,而发生前胃弛缓。过食谷类等高糖饲料,常引起酸性前胃弛缓;过食高蛋白或高氮饲料,常引起碱性前胃弛缓。

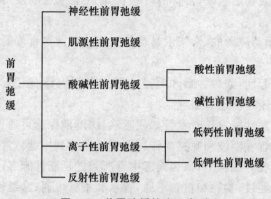

图 4.5　前胃弛缓的病理类型

（2）神经性前胃弛缓。创伤性网胃腹膜炎时因损伤迷走神经腹支和胸支所引发的迷走神经性消化不良是典型例证。应激性前胃弛缓亦属此类。

（3）肌源性前胃弛缓。包括瘤胃、网胃、瓣胃的溃疡、出血和坏死性炎症所引发的前胃弛缓。

（4）离子性前胃弛缓。包括生产瘫痪、泌乳搐搦、运输搐搦、妊娠后期血钙过低或血钾过低所引发的前胃弛缓。

（5）反射性前胃弛缓。包括创伤性网胃炎、瓣胃阻塞、真胃变位、真胃阻塞、肠便秘等胃肠疾病经过中，是通过内脏-内脏反射的抑制作用所继发的症状性前胃弛缓。

（二）前胃弛缓的病因类型及其临床特征

前胃弛缓按病因和病程，有原发和继发之分（图 4.6）。

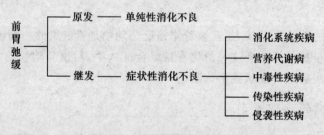

图 4.6　前胃弛缓病因分类

（1）原发性前胃弛缓。系饲料过粗过细或霉败变质、饲草与精料比例不当、矿物质与维生素不足、环境条件突然变换等所致发的前胃弛缓。

此类前胃弛缓的临床特征：只表现食欲减损、反刍障碍和瘤胃运动微弱等前胃弛缓的基本症状；多取急性病程；用一般助消化促反刍药剂均能在 3～5 d 内痊愈。

（2）继发性前胃弛缓。见于下列各类疾病的经过之中。

①消化系统疾病。口、舌、咽、食管等上部消化道疾病以及创伤性网胃腹膜炎、肝脓肿等肝胆、腹膜疾病经过中，通过对前胃运动的反射性抑制作用或因损伤迷走神经胸支和腹支所致；瘤胃积食、瓣胃阻塞、真胃阻塞、真胃溃疡、真胃变位、肠便秘、盲肠弛缓并扩张等胃肠疾病经过

中,由于胃肠内环境尤其酸碱环境的影响以及内脏-内脏反射作用所致。

此类继发性前胃弛缓的特征:单发或散发;无传染性;消化器官病征突出。

②营养代谢病。包括牛生产瘫痪、酮血病、骨软症、运输搐搦、泌乳搐搦、青草搐搦、低钾血症、低磷酸盐血症性产后血红蛋白尿病、硫胺素缺乏症以及锌、硒、铜、钴等微量元素缺乏症。

此类继发性前胃弛缓的特征:群体发生;无传染性;有特定营养代谢病的示病症状、证病病变和检验所见。

③中毒性疾病。包括霉稻草中毒、黄曲霉毒素中毒、杂色曲霉毒素中毒、棕曲霉毒素中毒、霉麦芽根中毒等真菌毒素中毒;白苏中毒、萱草根中毒、栎树叶中毒、蕨中毒等植物中毒;棉籽饼中毒、亚硝酸盐中毒、酒糟中毒、生豆粕中毒等饲料中毒;有机氯、五氯酚钠等农药中毒。

此类继发性前胃弛缓的特征:群体发生;无传染性;有毒物接触史;有特定中毒病的示病症状和证病病变;组织器官和/或排泄物中可检出特定的毒物或其降解物。

④传染性疾病。如流感、黏膜病、结核、副结核、牛肺疫、布鲁氏菌病等。

此类继发性前胃弛缓的特征:群体发生;有传染性,有特定的临床表现和病理变化;能检出特定的病原体及其抗体;动物回归感染发病。

⑤侵袭性疾病。如前后盘吸虫病、肝片吸虫病、细颈囊尾蚴病、血矛线虫病、泰勒焦虫病、锥虫病等。

此类继发性前胃弛缓的特征:群体发生;无传染性;有特定寄生虫固有的病征和病变;能检出大量相关的寄生虫。

(三)前胃弛缓的症状鉴别诊断

前胃弛缓是反刍动物最常见多发的一种消化障碍综合征,有多种病因、病程和病理类型,广泛显现或伴随于几乎所有消化系统疾病以及众多动物群体性疾病的经过中。因此,前胃弛缓的诊断应按以下程序逐步展开(图4.7)。

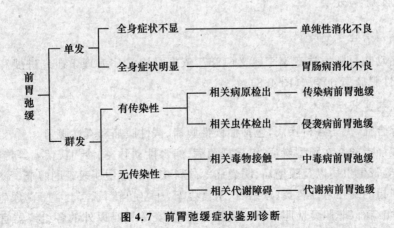

图 4.7 前胃弛缓症状鉴别诊断

(1)第一步:前胃弛缓的确认。

确认前胃弛缓的依据十分明确,包括食欲减退、反刍障碍以及前胃(主要是瘤胃和瓣胃)运动减弱。在乳畜,还有泌乳量突然下降。

(2)第二步:区分原发性和继发性前胃弛缓。

其仅表现前胃弛缓基本症状,而全身状态相对良好,体温、脉搏、呼吸等生命指标无大改变,且在改善饲养管理并给予一般健胃促反刍处置后短期(48~72 h)内即趋向康复的,为原发性前胃弛缓。再依据瘤胃液 pH、总酸度、挥发性脂肪酸含量以及纤毛虫数目、大小、活力和漂浮沉降时间等瘤胃液性状的检验结果,确定是酸性前胃弛缓还是碱性前胃弛缓。最后分别用碳酸盐缓冲合剂或醋酸盐缓冲合剂,有针对性地实施治疗,效果卓著。

其除前胃弛缓基本症状外,体温、脉搏、呼吸等生命指标亦有明显改变,且在改善饲养管理并给予常规健胃促反刍处置后数日病情仍继续恶化的,为继发性前胃弛缓。

(3)第三步:区分继发性前胃弛缓的原发病是消化器官疾病还是群发性疾病。

凡零散发生,主要表现消化病征的,应考虑各种消化系统病,包括瘤胃食滞、创伤性网胃炎、瓣胃阻塞、瓣胃炎、真胃阻塞、真胃变位、真胃溃疡、真胃炎、盲肠弛缓并扩张、迷走神经性消化不良等,可进一步依据各自的示病症状、特征性检验所见和证病性病变,加以鉴别和论证。

凡群体发生的,要着重考虑各类群发性疾病,包括各种传染病、侵袭病、中毒病和营养代谢病,可依据有无传染性、有无相关虫体大量寄生、有无相关毒物接触史以及酮体、血钙、血钾等相关病原学和病理学检验结果,按类、分层、逐步加以鉴别和论证。

三、马属动物腹痛症状鉴别诊断思路

腹痛即疝痛,中兽医统称"起卧症",泛指动物腹腔和盆腔各组织器官内感受器对疼痛性刺激发生反应所表现的综合征。腹痛综合征并非独立的疾病,而是许多疾病的一种临床表现。伴有腹痛综合征的一些疾病,病情重剧,病程短急,且多具危象,故又称急腹症或腹危象。

(一)马腹痛病分类

1.马腹痛病病理学分类

我国著名动物胃肠病学专家李毓义(1987)依据马腹痛病病理学研究进展和临床实践体验,提出马真性腹痛病分类法(图 4.8)。

2.马腹痛病症状学分类

马腹痛综合征,见于各科疾病,包括症候性腹痛、假性腹痛和真性腹痛。

症候性腹痛指的是在肠型炭疽、巴氏杆菌病、病毒性动脉炎、沙门氏菌病等传染病,马圆线虫病、蛔虫病等寄生虫病以及腹壁疝、阴囊疝等外科疾病经过中所表现的腹痛。

假性腹痛指的是在急性肾炎、尿结石、子宫痉挛、子宫扭转、子宫套叠等泌尿生殖器官疾病乃至肝破裂、胆结石(非胆囊性胆结石)、胰腺炎、胸膜炎等胃肠以外的各组织器官疾病经过中所表现的腹痛。

真性腹痛指的是在急性胃扩张、慢性胃扩张、肠痉挛、肠臌胀、肠便秘、肠变位、肠结石、肠积沙、肠系膜动脉血栓-栓塞等胃肠疾病经过中所表现的腹痛,故又称胃肠性腹痛病。

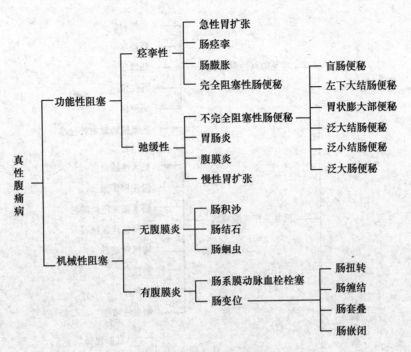

图 4.8　马真性腹痛病分类

李毓义(1981)从临床诊断的角度出发,按临床表现和发生频度,提出马腹痛病的症状鉴别诊断分类(图 4.9)。

(二)马腹痛病诊断项目及程序

诊断急腹症病马,贵在迅速而准确。吉林大学动物医学院在这方面积累了丰富的实践经验,形成了比较独特的腹痛病诊断程序。

1. 问诊

(1)力求简明扼要,有的放矢,必问的包括以下五项:a. 发病时间;b. 起病情况;c. 腹痛表现;d. 排粪排尿;e. 食欲饮欲。

(2)依据病情,相机询问以下五项:a. 治疗情况;b. 腹围膨大与腹痛出现顺序;c. 有无常腹痛的病史;d. 有无吃沙土或麸皮史;e. 是否妊娠及妊娠时间,用药。(详见李毓义,张乃生主编的《动物群体病症状鉴别诊断学》)

2. 临床检查

马腹痛病的一般检查,包括体温、脉搏、呼吸、结膜色泽、口腔变化、腹围大小、腹痛表现以及听取心音、肠音、胃音或食管逆蠕动音等 10 项。作者将其概括为一测(体温)、二数(脉搏数和呼吸数)、三听(心音、肠音、胃音或食管逆蠕动音)及四看(腹痛表现、腹围大小、结膜色泽以及舌色、干湿度、齿龈黏膜血管再充盈时间等口症)。

3. 特殊检查

腹痛病的特殊检查,包括胃管插入、腹腔穿刺、直肠检查、血液检验等四大项,可依据病情,灵活运用。

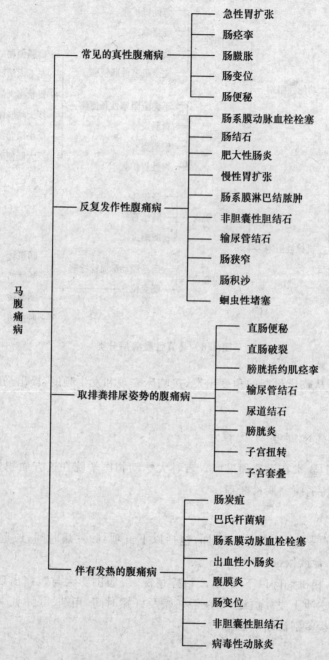

图4.9 马腹痛病症状鉴别诊断分类

（1）胃管插入。判断有无急慢性胃扩张及其类型，并实施导胃减压或洗胃治疗。

（2）腹腔穿刺。可依据腹腔穿刺液的性状，辅助确定腹痛病的类型。详见第五章第一节"七、腹水"。

（3）直肠检查。通过直肠检查，不仅能确定肠便秘的部位，结粪块的大小、形状、硬度以及肠变位的类型和肠段，还能确定有无胃扩张、肠结石、肠积沙、肠系膜动脉瘤、肠狭窄以及输尿管结石、膀胱括约肌痉挛（尿潴留）、子宫扭转、子宫套叠等假性腹痛病。

(4)血液检验。对预后判定意义较大。可检验与脱水、酸碱失衡、内毒素血症有关的指标。

(三)马腹痛病症状鉴别诊断思路

1.常见的五大真性腹痛病鉴别要点

急性胃扩张、肠痉挛、肠臌气、肠变位和肠便秘,是常见多发的胃肠(真性)腹痛病,而且常相互继发或伴发,遇到腹痛病马时一般首先考虑这五种腹痛病。

(1)呈间歇性腹痛,肠音连绵高朗,排稀软粪便,口腔湿润,耳鼻发凉或不发凉,而呼吸、脉搏和体温无大改变的,可诊断为肠痉挛。

(2)采食后短时间内发生腹痛,或在其他腹痛病经过中腹痛加剧,腹围不大而呼吸迫促,口腔黏滑、酸臭,间有嗳气,并听到食管逆蠕动音或有时听到胃蠕动音的,可初步诊断为急性胃扩张。插入胃管并作胃排空试验,进一步鉴别积气、积食、积液性胃扩张。详见兽医内科学教材相关内容。

(3)腹痛剧烈、腹围膨大而肷窝平满乃至突出的,即可诊断为肠臌气。腹围膨大与腹痛出现的时间大体一致,为原发性;腹痛数小时后腹围膨大的,是继发性肠臌气。

(4)腹痛由剧烈狂暴转为沉重稳静,口腔干燥,肠音减弱或消失,排粪停止,全身症状重剧,腹腔穿刺液混血,且继发胃扩张和/或肠臌气的,应怀疑肠变位。其继发胃扩张的,可能是小肠变位;其继发肠臌气的,则可能是大肠变位。须通过直肠检查或剖腹探查加以确诊。

(5)呈各种程度腹痛,肠音沉衰或消失,口腔干燥,排粪迟滞或停止,全身症状逐渐增重的,应考虑肠便秘。详见兽医内科学教材相关内容。

2.反复发作性腹痛病鉴别要点

在长时间(数周、数月或数年)内,不定期地反复发作腹痛,要考虑到反复发作性腹痛病类,可按以下要点进行鉴别。

(1)肠系膜动脉血栓栓塞。轻症多误诊为肠痉挛;重症易误诊为肠变位或出血性肠炎。其特点为:轻热、中热乃至高热,全身症状重剧;直检肠系膜前动脉或其分支(主要是回盲结肠动脉)可摸到动脉瘤,且其搏动微弱而感有颤动;直检发现有触摸不感疼痛的局限性气肠(空肠、盲肠或结肠);腹腔穿刺液深黄、微红、黄红、樱桃红乃至暗红色,镜检有大量红细胞;粪便内混血(多为潜血)。

(2)肠结石。不全堵塞时,多误诊为肠痉挛;完全堵塞时,易误诊为肠便秘。其特点为:有慢性消化不良的病史;有长期饲喂麸皮等富含磷酸镁饲料的生活史;直检可摸到肠结石;腹腔穿刺液无明显改变。

(3)肠积沙。多为不全堵塞,易误诊为不全阻塞性肠便秘。其特点为:有啃食泥沙或煤渣的生活史;淘洗所排粪便含沙质多;直检时,手臂常沾有沙粒,且可于十二指肠第二弯曲部、胃状膨大部、左下大结肠或骨盆曲摸到黏硬的沙包。

(4)慢性胃扩张。采食后有轻度腹痛乃至中等度腹痛;平时呼吸困难,胸式呼吸为主,饲喂之后尤甚;导胃有气体及一定量食糜排出;直检可摸到极度膨满的胃壁,触压有黏硬感。

(5)蛔虫性堵塞。多见于1~3岁的幼驹,除反复发作性腹痛外,往往伴有明显的黄疸;可继发积液性胃扩张;腹痛剧烈而肠音强盛;直肠检查有时可摸到虫积的肉样小肠肠段;粪便检查发现有大量蛔虫卵,有时随粪便排出蛔虫。

(6)肥大性肠炎。一种病因未明的慢性病,经过数月乃至数年,最终多死于肠破裂。因反复发作中等度腹痛,肠音增强,粪便干、细、小,而易误诊为卡他性肠痉挛;又因每于采食后继发胃扩张而易误诊为慢性胃扩张。其特点为:直检小肠(主要是空肠)肥厚粗韧,如胃导管状。

(7)肠系膜淋巴结脓肿。常见于6岁以内的马、骡,有腺疫病史。直检前肠系膜根部可摸到铅球、排球乃至篮球大的肿物,通过直肠进行腹内穿刺,常能抽取到脓汁;必要时剖腹探查并摘除之。

(8)非胆囊性胆结石。多发生于老龄马,结石常堵塞于接近十二指肠开口处的肝胆管内。其特点为:每次发作时腹痛或轻或重,伴有发热,黄疸明显,肝脏肿大,肝功能有明显改变。胆色素代谢试验结果符合阻塞性黄疸和肝性黄疸。扇形超声扫描检查可发现肝胆管内的结石。必要时,可剖腹探查并取出结石。

3.取排粪排尿姿势的腹痛病鉴别要点

有些腹痛病马,表现拱腰举尾,不断努责,取排粪排尿姿势,应考虑到直肠便秘、直肠破裂、膀胱括约肌痉挛、输尿管结石、尿道结石、膀胱炎以及子宫扭转、子宫套叠等腹痛性产科病。

(1)直肠便秘。手伸入直肠狭窄部,即可摸到秘结的粪块。

(2)直肠破裂。入手即知。

(3)膀胱括约肌痉挛。起病突然,腹痛剧烈,全身大汗,频作排尿姿势而排不出尿液。直检膀胱高度膨满,触压亦不排尿。导尿管插入膀胱颈口部受阻,给予解痉药则排尿,症状随即消失。

(4)膀胱炎。腹痛隐微,痛性尿淋漓,膀胱多空虚,触压有痛,尿液检查有蛋白、脓球、血块、黏液、膀胱上皮和磷酸铵镁结晶。

(5)输尿管结石。有反复发作性腹痛的病史,腹痛剧烈,伴有血尿,有时通过直检可摸到输尿管内的结石。必要时作静脉尿路造影而确定诊断。

(6)尿道结石。排尿带痛,血尿淋漓,慢性病程急性发作,插入尿道探管即可确诊。

(7)子宫扭转。发生于妊娠末期或分娩过程中,腹痛剧烈,频频阵缩而不见胎衣,不流胎水。扭转于子宫颈之后的,阴道检查可发现膣腔几乎变成管腔,越向内越窄,顶端有螺旋状皱褶;扭转在子宫颈之前的,则直肠检查可触到子宫体上的扭转部。

(8)子宫套叠。发生于产后的24 h之内。呈中等度或轻度腹痛。产道检查可摸到子宫角尖端套入子宫体或阴道内。

4.伴有发热的腹痛病鉴别要点

腹痛而伴有高热的,鉴别如下。

(1)高热起病,腹痛剧烈,呼吸促迫,结膜发绀,全身症状明显或重剧的,要考虑肠炭疽、巴氏杆菌病、出血性小肠炎等。

①肠炭疽。皮肤浮肿,脾脏肿大,病程短急,死前数小时耳尖末梢血涂片染色可见炭疽杆菌;死后天然孔出血;炭疽沉淀反应阳性。

②巴氏杆菌病。病马大面积皮肤浮肿,病程短急,但脾脏不肿大。血液细菌学检查(镜检或培养)可见两极着染的巴氏杆菌。

③出血性小肠炎。继发积液性胃扩张,胃内液体呈黄红色,腹腔穿刺液可能混血,直检不见肠阻塞(小肠便秘和小肠变位)。注意不要误诊为十二指肠前段便秘而贸然决定剖腹探查。

(2)高热起病,腹痛沉重而外观稳静,肚腹紧缩,背腰拱起,站立不动或细步轻移的,要怀疑急性弥漫性腹膜炎;可依据触压腹壁敏感和腹腔穿刺液为渗出液而确定。

(3)伴有轻热、中热或高热,并有反复发作性腹痛病史的,要考虑肠系膜动脉血栓-栓塞和非胆囊性胆结石。两者鉴别见前。

(4)在腹痛病经过的中后期体温逐渐升高的,要考虑继发了肠炎、腹膜炎或肠变位。

四、动物黄疸症状鉴别诊断思路

黄疸,指的是血液内胆红素浓度(正常为1～8 mg/L)因胆色素代谢紊乱而增高(>20 mg/L)所表现的巩膜、黏膜及皮肤黄染。黄疸不是独立的疾病而是伴随或显现于上百种疾病经过中的一种常见综合征。

血液内胆红素业已增高而临床上尚未显现黄染体征的,称为隐性黄疸。其显现于传染病、侵袭病、遗传病、中毒病、代谢病等群体性疾病经过中的黄疸综合征,特称群体黄疸症,在兽医临床上具有特别重要的意义。

(一)胆色素正常代谢过程

正常衰老、受损的或有先天内在缺陷的红细胞,在网状内皮系统为吞噬细胞所吞噬和破坏,释出血红蛋白(hemoglobin,haemoglobin;Hb),进而分解为血红素,再经水解除去铁质,即成为胆红素。

胆红素按理化性质分为两类:一类是未经肝细胞处理、附着有类脂质和蛋白质,存在于正常血流中的胆红素,称为血胆红素、胶体胆红素或间接胆红素。其相对分子质量较大,不易通过肾小球滤膜而进入尿液内,且因属胶体物质,故不易通过血管壁而浸染组织。另一类为经肝细胞处理而与蛋白质分离的胆红素,称为游离胆红素、肝胆红素、胆胆红素、晶体胆红素或直接胆红素。因其相对分子质量较小,且多为钠盐晶体,易通过肾小球滤膜而进入尿液内;易通过血管壁而浸染组织。

经肝细胞处理的胆红素(肝胆红素),随胆汁(胆胆红素)进入肠道,被肠道内细菌所还原,成为无色的尿胆原或称粪胆原。再被氧化成为棕色的粪胆素,随粪便排出,使正常粪便显棕黄色。

肠内的尿胆原,一部分被肠壁吸收而进入门脉系统。其大部分由肝细胞处理后转变成胆红素,排泄于胆汁内,再进入肠道(胆红素的肝肠循环或胆红素-尿胆原循环);另一小部分则原样通过肝脏而进入体循环,并经肾脏随尿排出,故正常血液及尿液内含少量的尿胆原。尿液内的尿胆原,经日光、细菌等氧化后,即成为尿胆素(图4.10)。

(二)黄疸综合征病理类型及特征

黄疸综合征,可依据致病因素和发病环节分为四大类型,即溶血性黄疸、肝源性黄疸、阻塞性黄疸和混合性黄疸(图4.11)。

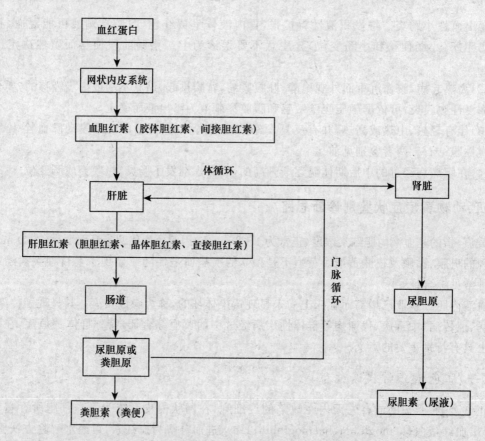

图 4.10　胆色素正常代谢过程(含胆色素肝肠循环)

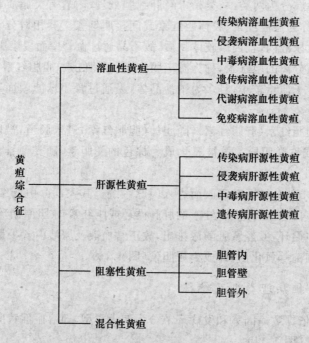

图 4.11　黄疸综合征病理类型

1.溶血性黄疸

又称滞留性黄疸,是红细胞在血管内和/或网状内皮系统内过多过快地破坏,游离出大量Hb,生成大量血胆红素,超过肝脏的转化和排泄能力而滞留于血液内所致发的黄疸。

溶血性黄疸兼具溶血性贫血和滞留性黄疸的特点,包括:a.可视黏膜苍白、黄染,脾肿大,血红蛋白血症、血红蛋白尿症;b.红细胞参数(红细胞RBC,血红蛋白Hb,红细胞压积PCV)减少,骨髓再生反应活跃,红细胞膜稳定性降低等溶血性贫血的过筛检验改变;c.黄疸指数增高,血清游离胆红素增高,樊登白试验间接反应强阳性,尿中无胆红素,血、尿、粪内尿胆原均明显增多等滞留性黄疸的胆色素代谢过筛检验改变。

溶血性黄疸有六种病因:传染病、侵袭病、中毒病、遗传病、代谢病及免疫病。

(1)传染病溶血性黄疸。病原微生物感染所致。包括:各种动物的溶血性链球菌病和葡萄球菌病、出血黄疸型钩端螺旋体病、牛羊溶血性梭菌病、羔羊产气荚膜梭菌病、犬埃利希体病、血巴尔通体病、附红细胞体病、无定形体病、马传染性贫血、鸡传染性贫血等。

(2)侵袭病溶血性黄疸。寄生原虫侵袭所致。包括各种动物的梨形虫病、泰勒虫病、锥虫病,禽住白细胞虫病和禽疟疾等。

(3)中毒病溶血性黄疸。毒物所致。包括:化学毒中毒,如酚噻嗪类、美蓝、醋氨酚(退热净)、非那吡唑啶、皂素、煤焦油衍生物、铜、铅等中毒;植物毒中毒,如十字花科植物、葱、洋葱、野洋葱、黑麦草、甘蓝、蓖麻素、金雀花、毛茛、栎树枝芽、冻坏的萝卜等中毒;动物毒中毒,如蛇毒中毒等。

(4)遗传病溶血性黄疸。基因突变所致。包括:可造成血管内溶血急性发作的遗传性铜累积病(Wilson氏病)以及可造成慢性网状内皮系统溶血的各类型红细胞先天内在缺陷,如遗传性丙酮酸激酶缺乏症、遗传性葡萄糖-6-磷酸脱氢酶缺乏症、遗传性磷酸果糖激酶缺乏症、遗传性谷胱甘肽缺乏症、遗传性谷胱甘肽还原酶缺乏症等红细胞酶病;家族性球红细胞增多症、家族性口形细胞增多症、家族性椭圆形细胞增多症等红细胞形态先天异常;小鼠α-海洋性贫血、β-海洋性贫血等血红蛋白分子病;牛、猪、犬等动物的红细胞生成性卟啉病和原卟啉病等先天性卟啉代谢病。

(5)代谢病溶血性黄疸。与红细胞膜稳定性有关营养物质代谢紊乱所致发的一类溶血性黄疸。除前述各类型红细胞先天内在缺陷应归属此类外,还包括牛低磷酸盐血症性血红蛋白尿病以及犊牛水中毒。

(6)免疫病溶血性黄疸。免疫反应所致。包括:新生畜同族免疫性溶血性贫血、犬猫等动物的自体免疫性溶血性贫血、疫苗接种以及不相合血输注等。

2.肝源性黄疸

又称实质性黄疸或肝细胞性黄疸,简称肝性黄疸,是肝脏受到损伤,肝细胞变性、坏死,制造和排泄胆汁的功能减退所致发的黄疸。

肝性黄疸的发病环节有二:一是受损伤肝细胞处理、转化血胆红素的能力低下,以致部分血胆红素在血液内滞留,形成滞留性黄疸。一是肿胀的肝细胞索、门静脉隙细胞浸润及水肿压迫胆小管,胆汁在肝内的排泄途径不畅(肝内胆道堵塞),部分胆胆红素渗漏至组织间隙,经淋巴系统反流入体循环;或者直接通过弥散作用进入血管窦,经肝静脉、后腔静脉进入体循环,形成回逆(反流)性黄疸。

（1）肝源性黄疸过筛检验改变。

a.肝脏肿大、变性、坏死、萎缩所致门静脉高压及腹水等病变和体征；b.肝脏功能异常；c.黄疸指数增高,血液内血胆红素和肝胆红素均增高,樊登白试验呈双相或直接反应,尿中有多量胆红素,血液和尿液内尿胆原增加,粪便内尿胆原含量不定等肝性黄疸的胆色素代谢过筛检验改变（滞留性黄疸＋回逆性黄疸）。

（2）肝源性黄疸病因。

①传染病肝源性黄疸。犬传染性肝炎、鸭病毒性肝炎、马传染性脑脊髓炎、肝结核等。

②侵袭病肝源性黄疸。血吸虫病、牛羊肝片吸虫病、肝棘球蚴病等。

③中毒病肝源性黄疸。猪屎豆、野百合、杂种车轴草等植物中毒；汞、砷、铅、铜、镉、四氯化碳、四氯乙烯、痢特灵（呋喃唑酮）、酒精、酒糟等化学物中毒；黄曲霉毒素、拟茎点霉素A（羽扇豆）、杂色曲霉毒素等真菌毒素中毒。

④遗传病肝源性黄疸。遗传性肝硬变,即铜累积病、家族性肝内动-静脉瘘以及Gunn突变大鼠、考利代绵羊、玻利维亚松鼠猴的家族性慢性特发性黄疸即先天性高胆红素血症。

3.阻塞性黄疸

又称机械性黄疸或胆道梗阻性黄疸,是由外力压迫胆管,使胆道狭窄以至阻断,梗阻前侧胆压不断增高,所有胆管渐次扩大,最后造成胆小管破裂,胆汁直接或经由淋巴系统反流至体循环所致发的黄疸（反流性或回逆性黄疸）。

（1）阻塞性黄疸过筛检验改变。

a.可视黏膜重度黄染,尿色深黄,粪便黏土色即亮（脂状）灰白色,皮肤瘙痒等体征；b.胆道梗阻的特殊体检所见；c.黄疸指数显著增高,血液内血胆红素及肝胆红素增加,樊登白试验直接反应阳性,尿液内出现多量胆红素和胆盐等胆汁成分而缺乏尿胆原,粪便内胆红素及粪胆原明显减少等阻塞性黄疸（反流性黄疸、回逆性黄疸）的胆色素代谢过筛检验改变。

（2）阻塞性黄疸病因。

a.胆管内,胆结石、蛔虫和吸虫阻塞；b.胆管壁,胆管炎、胆管癌、胆管狭窄、先天性胆管闭锁、乏特氏壶腹癌、乏特氏壶腹溃疡、俄狄（Oddi）氏括约肌痉挛；c.胆管外,如临近器官恶性肿瘤,特别是胰头癌、肝癌、胆总管周围恶性肿瘤或淋巴结肿大、慢性胰腺炎、胆总管周围有粘连物。

4.混合性黄疸

多种发病环节综合作用致发的黄疸。例如,阻塞性黄疸,常导致肝细胞病变而继发肝性黄疸；溶血性黄疸,因贫血、缺氧和红细胞崩解产物的毒性作用,肝细胞受损而继发肝性黄疸,同时因胆汁黏度增加及大量胆红素的排泄,形成胆色素结石而继发阻塞性黄疸；肝炎时除发生肝性黄疸外,常伴有胆小管损伤、梗阻及破裂而继发阻塞性黄疸。

（三）群体黄疸症病因类别及特征

发生黄疸体征的动物群发性疾病有近百种之多,通常按致病因素分为五大类（图4.12）。

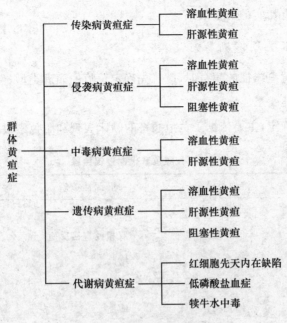

图 4.12　群体黄疸症病因类别

1. 传染病黄疸症

病原微生物所致发的一类黄疸病症。主要包括:传染病溶血性黄疸和传染病肝源性黄疸。临床特征:群体发病;有黄疸体征;胆色素代谢过筛检验有一定的改变;有传染性,能水平传播;多伴有发热;可检出特定的病原微生物、反应性或保护性抗体;动物回归感染发病。

2. 侵袭病黄疸症

寄生虫大量侵袭所致发的一类黄疸病症。主要包括:侵袭病溶血性黄疸、侵袭病肝源性黄疸和侵袭病阻塞性黄疸。临床特征:群体发病;有黄疸体征;胆色素代谢过筛检验有一定的改变;可检出大量相关的寄生虫;针对性驱虫杀虫剂防治有效。

3. 中毒病黄疸症

各种有毒物质所致发的一类黄疸病症。主要包括:中毒病溶血性黄疸和中毒病肝源性黄疸。临床特征:群体发病;有黄疸体征;胆色素代谢过筛检验有一定的改变;无传染性,不能传播;一般不发热;有相关的毒物接触史;体内或排泄物内可检出相关的毒物或其降解物;动物中毒试验发病。

4. 遗传病黄疸症

基因突变所致发的一类先天性黄疸病症。主要包括:遗传病溶血性黄疸、遗传病肝源性黄疸和遗传病阻塞性黄疸。临床特征:群体发病;有黄疸体征;胆色素代谢过筛检验有一定的改变;无传染性;家族式分布;可在某染色体上找到突变的基因位点。

5. 代谢病黄疸症

见 33 页"(5)代谢病溶血性黄疸"。临床特征:群体发病;有黄疸体征;胆色素代谢过筛检验有一定的改变;无传染性;体内找不到可致发黄疸的寄生虫;一般不发热;常地方流行;补给所缺营养物或代谢酶有切实的防治效果。

（四）黄疸综合征鉴别诊断程序

临床上遇到显现黄疸体征的病畜时,应首先确定黄疸的病理类型,然后查清其具体病因。

1.确定黄疸的病理类型

黄疸病理类型的确定,主要依据于黄疸病畜的临床表现和胆色素过筛检验改变（表 4.1）。

表 4.1　胆色素代谢过筛检验

项目	溶血性黄疸	肝源性黄疸	阻塞性黄疸
黄疸指数	增高	增高	增高
樊登白试验	间接反应	双相或直接反应	直接反应
血内胆红素	增高	增高	增高
尿内胆红素	无	增多	特多
尿内尿胆原	增加	增加	无
粪内尿胆原	增加	不定	无

（1）临床表现。

①其可视黏膜苍白并黄染,伴有脾肿大,血红蛋白血症,血红蛋白尿症,RBC、Hb、PCV 减少,骨髓再生反应活跃等急慢性溶血体征和检验所见的,应考虑是溶血性黄疸。

②其可视黏膜黄染并潮红,伴有肝肿大、腹水、肝功能改变等肝病体征和检验所见的,应考虑是肝源性黄疸,即实质性黄疸。

③其可视黏膜深黄,伴有腹痛、黏土粪、皮肤瘙痒、心动徐缓、尿色深黄等胆管阻塞体征和检验所见的,应考虑是阻塞性黄疸。

（2）胆色素代谢过筛检验改变。

①其黄疸指数增高,樊登白试验呈间接反应,血内胆红素增高,尿内无胆红素,尿和粪内尿胆原均增加的,可确认为溶血性黄疸（滞留性黄疸）。

②其黄疸指数增高,樊登白试验呈双相反应,血内胆红素增高,尿内胆红素增多,尿内尿胆原增加而粪内尿胆原不定的,可确认为实质性黄疸（滞留性黄疸＋反流性黄疸）。

③其黄疸指数增高,樊登白试验呈直接反应,血内胆红素增高,尿内胆红素特多,尿和粪内无尿胆原的,可确认为阻塞性黄疸（反流性黄疸）。

2.确定黄疸的病因类型

黄疸病理类型确定以后,应进一步确定病因类别。见本节四、“（二）黄疸综合征病理类型及特征”。

3.确定黄疸的原发病

黄疸病理类型和病因类别确定之后,应弄清其原发病,依据具体原发病各自的示病症状、证病病变和特殊检验所见进行论证诊断,最后加以确认。

（五）群体黄疸症鉴别诊断程序

当畜群大批发生黄疸综合征时，应考虑群体黄疸症，可按下列两条线路分层逐个进行鉴别诊断：a.先确定群体黄疸症类别，再区分黄疸综合征病理病因类型，最后论证黄疸病症的具体病因，确认其原发病。b.先确定群体黄疸症的病理学类别，然后再依次确定病因类型和具体病因。

1.先确定群体黄疸症类别的鉴别线路

在通常情况下，首先要依据群体黄疸症的传播情况，将水平传播的传染性黄疸症和侵袭性黄疸症、垂直传播的遗传性黄疸症同不能传播的中毒性黄疸症、代谢性黄疸症鉴别开来。然后再依据有无毒物接触史、溶血体征，将后两种群体黄疸症鉴别开来。最后依据各自的临床特征、病理变化以及检验所见，逐个论证诊断具体病因，确认其原发病（图4.13）。

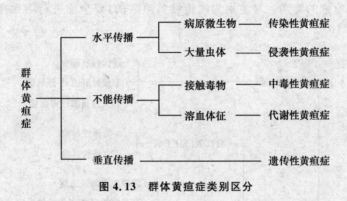

图4.13　群体黄疸症类别区分

（1）传染性黄疸症的鉴别。对鉴别为传染性黄疸症的，要着重进行溶血象检验和肝脏体检（图4.14）。

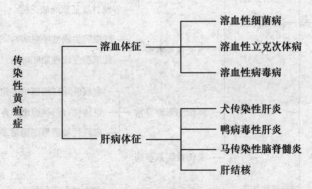

图4.14　传染性黄疸症鉴别

其溶血体征突出且溶血象检验有明显改变的，应考虑传染性溶血性黄疸，最后依据相应的病原学检查结果，确定原发病；其肝病体征突出且肝功能检验有明显改变的，应考虑传染性肝源性黄疸，最后依据相应的病原学检查结果，确定原发病。

（2）侵袭性黄疸症的鉴别。对鉴别为侵袭性黄疸症的，要注意进行溶血象检验、肝脏体检和胆道体检（图4.15）。

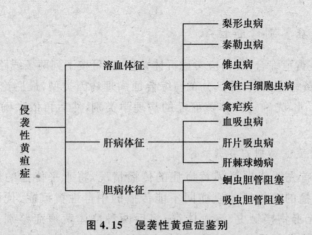

图 4.15　侵袭性黄疸症鉴别

(3)遗传性黄疸症的鉴别。对鉴别为遗传性黄疸症的,要全面进行溶血象检验、肝脏体检和胆管检验(图 4.16)。

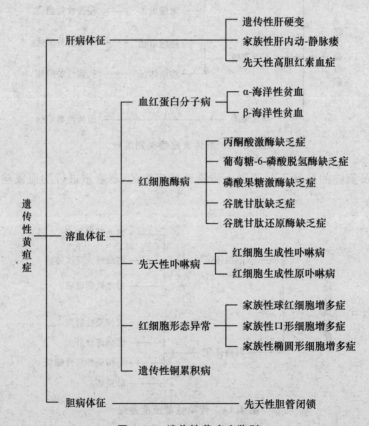

图 4.16　遗传性黄疸症鉴别

①其溶血体征突出且溶血象检验有明显改变的,应考虑遗传性溶血性黄疸,然后分别通过检测体内:铜、红细胞酶活性、红细胞形态学及框架蛋白系列、Hb 分子及卟啉代谢系统,确定具体的原发病因,最后依据相应的分子生物学检查,找到突变的基因位点,确定具体的遗传病。

②其肝病体征突出且肝功能试验有明显改变的,应考虑遗传性肝源性黄疸。分别依据体

内铜状态测定、肝脏胆色素代谢功能试验以及肝内血管造影结果,确定原发病。

③其胆病体征突出的,只考虑先天性胆管闭锁(唯一的遗传性阻塞性黄疸症),依据胆管造影结果确定诊断。

(4)中毒性黄疸症的鉴别。对鉴别为中毒性黄疸的,要着重进行溶血象检验和肝脏体检(图 4.17)。

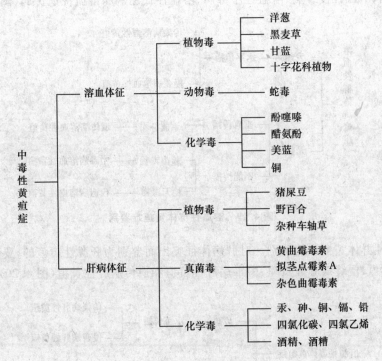

图 4.17　中毒性黄疸症鉴别

其溶血体征突出并有明显的溶血象检验改变的,应考虑中毒性溶血性黄疸。其肝病体征突出并有肝功能试验明显改变的,应考虑中毒性肝源性黄疸。

(5)代谢性黄疸症的鉴别。对鉴别为代谢性黄疸的,因在确定群体黄疸症类别时已排除呈家族发生的各种遗传性营养代谢性黄疸症,通常只考虑两个病,一是犊牛水中毒,即暴饮引发的低渗性血管内溶血和溶血性黄疸;一是呈地区性发生的牛血红蛋白尿病,即低磷酸盐血症引发的血管内溶血和溶血性黄疸。然后再依据各自的发生特点、临床表现和剖检变化确定诊断(图 4.18)。

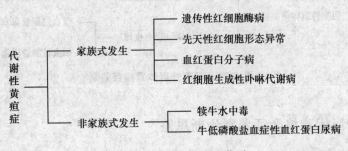

图 4.18　代谢性黄疸症鉴别

2.先确定黄疸病理类型的鉴别线路

在传播状况一时难以断定的情况下,通常要先确定群体黄疸症的病理类型,然后再依次确定其病因类型和具体病因,论证原发病。

(1)溶血性群体黄疸症的鉴别。对溶血体征突出而鉴别为溶血性黄疸的,要考虑前述各种溶血性传染病、溶血性侵袭病、溶血性中毒病、溶血性代谢病和溶血性遗传病(图 4.19)。

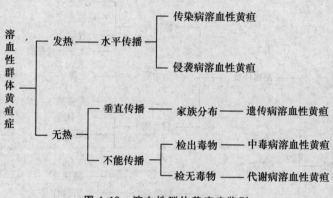

图 4.19　溶血性群体黄疸症鉴别

(2)肝源性群体黄疸症的鉴别。对肝病体征突出而鉴别为肝源性黄疸的,要考虑前述各种传染病肝性黄疸、侵袭病肝性黄疸、中毒病肝性黄疸和遗传病肝性黄疸(图 4.20)。

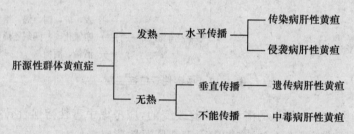

图 4.20　肝源性群体黄疸症鉴别

(3)阻塞性群体黄疸症的鉴别。对胆病体征突出而鉴别为阻塞性黄疸的,要考虑的群体黄疸症为数甚少。一是垂直传播、呈家族性发生的先天性胆管闭锁;一是水平传播、查有虫体的蛔虫或吸虫胆管阻塞(图 4.21)。

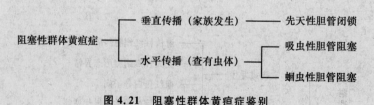

图 4.21　阻塞性群体黄疸症鉴别

五、动物呼吸困难综合征鉴别诊断思路

气喘,即呼吸困难,又称呼吸窘迫综合征,是一种以呼吸用力和窘迫为基本临床特征的症候群。气喘不是独立的疾病而是一种临床常见多发的综合征。

呼吸困难,表现为呼吸强度、频度、节律和方式的改变。按呼吸频度和强度的改变,分为吸气性呼吸困难、呼气性呼吸困难和混合性呼吸困难;按呼吸节律的改变,分为断续性呼吸、潮式呼吸即陈-施二氏呼吸、间歇呼吸即毕奥托氏呼吸以及深长大呼吸即库斯莫尔氏呼吸;按呼吸方式的改变,分为胸式呼吸和腹式呼吸。

(一)呼吸困难病因学分类

哺乳动物正常的呼吸过程包括三大环节:外呼吸(肺呼吸),吸入 O_2,呼出 CO_2;中间运载(血液呼吸),输入 O_2,输出 CO_2;内呼吸(组织呼吸),摄入、利用 O_2,生成、排出 CO_2。上述呼吸过程各环节,均受呼吸中枢等神经体液机制的调节和控制。因此,呼吸困难综合征,可按呼吸功能障碍的病因和主要发病环节,分类如下(图4.22)。

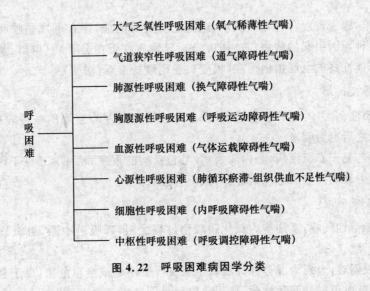

图4.22 呼吸困难病因学分类

1. 大气乏氧性呼吸困难

是大气内氧气贫乏所致的呼吸困难,如各种动物的高山不适应症以及牛的胸病,表现混合性呼吸困难。

2. 气道狭窄性呼吸困难

即通气障碍性气喘,包括鼻腔、喉腔、气管腔等上呼吸道狭窄所致的吸气性呼吸困难,还包括细小支气管肿胀、痉挛等下呼吸道狭窄所致的呼气性呼吸困难。

3. 肺源性呼吸困难

即换气障碍性气喘,包括非炎性肺病和炎性肺病时因肺换气功能障碍所致的呼吸困难。除慢性肺泡气肿和马的慢性阻塞性肺病为呼气性呼吸困难外,概为混合性呼吸困难。

(1)属于非炎性肺病的,有肺充血、肺水肿、肺出血、肺不张、急慢性肺泡气肿、间质性肺气肿,还有以肺水肿、肺出血、急性肺泡气肿和间质性肺气肿为病理学基础的黑斑病甘薯中毒、白苏中毒、再生草热(变应性肺炎)、安妥中毒等中毒性疾病。

(2)属于炎性肺病的,有卡他性肺炎、纤维素性肺炎、出血性肺炎、化脓性肺炎、坏疽性肺炎、硬结性肺炎,还有以这些肺炎作为病理学基础的霉菌性肺炎、细菌性肺炎、病毒性肺炎、支原体肺炎、丝虫性肺炎、钩虫性肺炎、原虫性肺炎等各种传染病和侵袭病。

4.胸腹源性呼吸困难

即呼吸运动障碍性气喘,是胸、肋、腹、膈疾病时因呼吸运动发生障碍所致的呼吸困难。

(1)胸源性呼吸困难。表现为腹式混合性呼吸困难,系胸、肋疾病如胸膜炎、胸腔积液、胸腔积气、肋骨骨折等所致。

(2)腹源性呼吸困难。表现为胸式混合性呼吸困难,系腹、膈疾病如急性弥漫性腹膜炎、胃肠臌胀、腹腔积液、膈肌病、膈疝、膈痉挛、膈麻痹等所致。

5.血源性呼吸困难

即气体运载障碍性气喘,系红细胞、Hb 数量减少和/或 Hb 性质改变,载 O_2、释 O_2 障碍所致。

血源性气喘,概表现混合性呼吸困难,运动之后更为明显,伴有可视黏膜和血液颜色的一定改变,见于各种原因引起的贫血(苍白、黄染)、异常血红蛋白分子病(鲜红、红色、发绀)、CO中毒(鲜红)、家族性高铁血红蛋白血症(褐变)、亚硝酸盐中毒(褐变)等。

6.心源性呼吸困难

即肺循环瘀滞-组织供血不足性气喘,系心力衰竭尤其左心衰竭的一种表现,概为混合性呼吸困难,运动之后更为明显。

心源性气喘,见于心肌疾病、心内膜疾病、心包疾病的重症和后期,还见于许多疾病的危重濒死期,伴有心力衰竭固有的心区病征和/或全身症状。

7.细胞性呼吸困难

即内呼吸障碍性气喘,系细胞内氧化磷酸化过程受阻,呼吸链中断,组织氧供应不足或失利用(内窒息)所致。

细胞性呼吸困难,表现为混合性高度以至极度呼吸困难或窒息危象,见于氢氰酸或 CO 中毒等,特点是静脉血色鲜红而动脉化,病程急促而呈闪电式。

8.中枢性呼吸困难

即呼吸调控障碍性气喘,起因于脑炎、脑膜炎、脑水肿、脑出血、脑肿瘤时的颅内压增高以及高热、酸中毒、尿毒症、巴比妥和吗啡等药物中毒时呼吸中枢的抑制和麻痹。除一般脑症状明显和灶症状突出外,常表现伴有呼吸节律改变的混合性呼吸困难。

(二)呼吸困难症状学分类

呼吸困难,可按呼吸频度和强度的改变,分为三大类别,即吸气性呼吸困难、呼气性呼吸困难和混合性呼吸困难(图 4.23)。

1.吸气困难的疾病

表现吸气性呼吸困难的疾病较多,主要涉及鼻、副鼻窦、喉、气管、主支气管等上呼吸道疾病。

(1)其双侧鼻孔流黏液脓性鼻液的,有各种鼻炎。

(2)其单侧鼻孔流腐败性鼻液的,有颌窦炎、额窦炎等副鼻窦炎和喉囊炎。

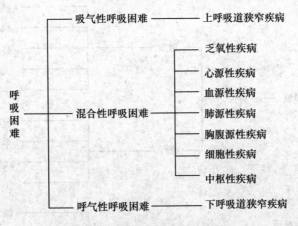

图 4.23　呼吸困难症状学分类

(3)其不流鼻液或只流少量浆液性鼻液的,有鼻腔肿瘤、息肉、异物、羊鼻蝇蛆以及马纤维性骨营养不良等造成的鼻腔狭窄;喉炎、喉水肿、喉偏瘫、喉肿瘤等造成的喉腔狭窄;气管塌陷、气管水肿即气管黏膜及黏膜下水肿所致围栏肥育牛喇叭声综合征以及甲状腺肿、食管憩室、淋巴肉瘤、脓肿等压迫造成的气管腔狭窄或主支气管腔狭窄。

2.呼气困难的疾病

表现呼气性呼吸困难的疾病很少,主要涉及下呼吸道狭窄即细支气管的通气障碍和肺泡组织的弹性减退。其急性病程的,有弥漫性支气管炎和毛细支气管炎;其慢性病程的,有慢性肺泡气肿和马慢性阻塞性肺病。

3.混合性呼吸困难的疾病

表现混合性呼吸困难的疾病很多,包括:

(1)除慢性肺泡气肿而外的所有肺和胸膜的疾病(肺源性和胸源性呼吸困难)。

(2)腹膜炎、胃肠臌胀、遗传性膈肌病(膈肥大)、膈疝等障碍膈运动的疾病(腹源性呼吸困难)。

(3)心力衰竭以及贫血、血红蛋白异常等障碍血气中间运载的疾病(心源性和血源性呼吸困难)。

(4)氢氰酸中毒、CO中毒等障碍组织呼吸的疾病(细胞性呼吸困难)。

(5)各种脑病、高热、酸中毒、尿毒症等障碍呼吸调控的疾病(中枢性呼吸困难)。

(三)呼吸困难综合征症状鉴别诊断

遇到表现气喘的病畜,首先要确定其症状学类型,其呼吸困难是吸气性、呼气性还是混合性。这是喘症鉴别诊断的第一步。然后进行第二层鉴别。

1.吸气困难的类症鉴别

吸气延长而用力,并伴有狭窄音(哨音或喘鸣),是吸气性呼吸困难的主要临床特征。

吸气困难这一体征,指示的诊断方向非常明确,即上呼吸道通气障碍:鼻腔、喉腔、气管或主支气管狭窄。主要依据鼻液按下列层次和要点进行定位(图 4.24)。

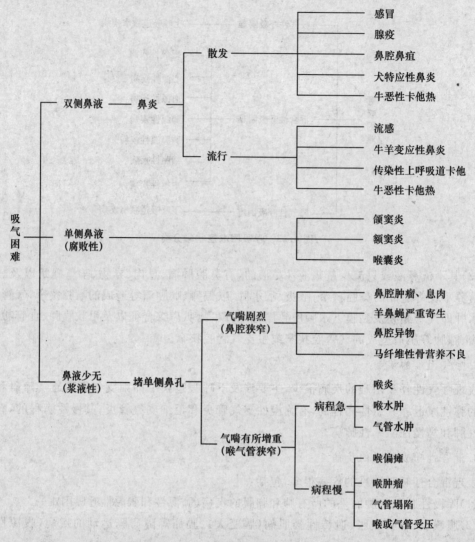

图 4.24 吸气困难的类症鉴别

（1）其单侧鼻孔流污秽不洁腐败性鼻液，且头颈低下时鼻液涌出的，要考虑副鼻窦疾病和喉囊炎（马）。然后依据颌窦、额窦和喉囊检查的结果确定之。

（2）其双侧鼻孔流黏液—脓性鼻液，并表现鼻塞、打喷嚏等鼻腔刺激症状的，要考虑各种鼻炎或以鼻炎为主要临床表现的其他各种疾病。

①其呈散发的，有感冒、腺疫、鼻腔鼻疽、犬特应性鼻炎、牛恶性卡他热（在东北地区）等。

②其呈大批流行的，有流感、牛羊变应性鼻炎（夏季鼻塞）、传染性上呼吸道卡他、牛恶性卡他热等。

（3）其不流鼻液或只流少量浆液性鼻液的，要侧重考虑可造成鼻腔、喉、气管等上呼吸道狭窄的其他各种疾病。在这种情况下，可轮流堵上单侧鼻孔，观察气喘的变化，以探索上呼吸道狭窄的部位。

①堵住单侧鼻孔后气喘加剧的，指示鼻腔狭窄。可通过鼻道探诊和相关检查，确定是鼻腔肿瘤、息肉、羊鼻蝇严重寄生、鼻腔异物，还是马纤维性骨营养不良等。

②堵住单侧鼻孔后气喘有所增重的,指示喉气管狭窄。然后依据病程急慢和相关检查,确定是哪种疾病造成的喉狭窄或气管狭窄。

其取急性病程的,有喉炎(伴有局部刺激症状)、喉水肿(伴有窒息危象)以及气管水肿(如牛喇叭声综合征)以及甲状腺肿、食管憩室。其取慢性病程的,有喉偏瘫(遗传性或中毒性)、喉肿瘤(渐进增重)、纵隔肿瘤造成的喉或气管受压、气管塌陷。

2. 呼气困难的类症鉴别

呼气延长而用力,伴随胸、腹两段呼气而在肋弓部出现"喘线",是呼气性呼吸困难的表现特点。呼气困难指示的诊断方向更加明确,即在于肺泡弹力减退和下呼吸道狭窄。可造成下呼吸道狭窄和肺泡弹力减退而表现呼气性困难的疾病甚少,可按下列层次和要点进行鉴别和定性(图4.25)。

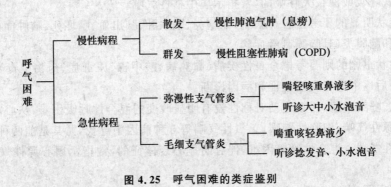

图 4.25 呼气困难的类症鉴别

3. 混合性呼吸困难的类症鉴别

吸气呼气均缩短或延长且用力,绝大多数为呼吸浅表而疾速,极个别为呼吸深长而缓慢,但吸气时听不到哨音,呼气时看不到喘线,是混合性呼吸困难的表现特点。混合性呼吸困难这一体征,涉及众多的系统、器官和疾病,囊括除气道狭窄性气喘以外的7类气喘,对诊断方向的指示远不如吸气困难和呼气困难那样明确,可按下列各层次思路和要点,逐步进行鉴别诊断,包括定向诊断、定位诊断、病性诊断和病因诊断。在对混合性呼吸困难病畜进行类症鉴别时,首先要看呼吸式和呼吸节律有无改变(图4.26)。

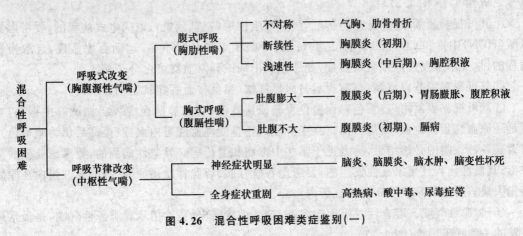

图 4.26 混合性呼吸困难类症鉴别(一)

(1)胸腹源性气喘。混合性呼吸困难,伴有呼吸式明显改变的,指示属胸腹源性气喘。

①伴有胸式呼吸的指示腹源性气喘,病在腹和膈。肚腹膨大的,要考虑胃肠臌胀(积食、积气、积液)、腹腔积液(腹水、肝硬化、膀胱破裂)、腹膜炎后期等;肚腹不膨大的,要考虑腹膜炎的初期(腹壁触痛、紧缩)、膈疝(腹痛)、膈麻痹(呼吸时肋胸部大起大落而腹部不起不落)以及遗传性膈肌病(家族式发生)等。最后逐个加以论证诊断和病因诊断。

②伴有腹式呼吸的指示胸源性气喘,病在胸和肋。再看两侧胸廓运动有无对称性和连续性。其左右呼吸不对称的,要考虑肋骨骨折和气胸;其断续性呼吸的,要考虑胸膜炎初期(干性胸膜炎);其单纯呼吸浅表、快速而用力的,要考虑胸腔积液或胸膜炎中后期(渗出性胸膜炎、被包性胸膜炎)。最后逐个进行论证诊断和病因诊断。

(2)中枢性气喘。混合性呼吸困难,伴有呼吸节律的明显改变,呼吸深长而缓慢,并出现潮式呼吸、间歇式呼吸或深长大呼吸的,常指示属中枢性气喘。

①神经症状明显的要考虑各种脑病,如脑炎、脑水肿、脑出血、脑坏死、脑肿瘤(具一般脑症状和灶症状)和脑膜炎(具脑膜刺激症状)。

②全身症状重剧的则要考虑全身性疾病(高热病、酸中毒、尿毒症、药物中毒)的危重期以至濒死期。最后逐个进行病性论证和病因诊断。

对呼吸式、呼吸节律、呼吸运动对称性没有明显改变的混合性呼吸困难,从心源性气喘、肺源性气喘、血源性气喘、细胞性气喘、乏氧性气喘等5种病因中寻找,尤其是前两种病因。

(3)心源性气喘。混合性呼吸困难,伴有明显心衰体征的,常指示属心源性气喘。要着重检查心脏(图4.27)。

①其心区病征(视、触、听、叩等一般病理学检查和心电图、超声、X线摄片、心血管造影及心功能试验等特殊检查)典型的,提示心病性原发性心力衰竭,要考虑有关的心内膜疾病、心肌疾病和心包疾病。

②其心区检查,除心衰的一般所见(第一心音强,第二心音弱或胎儿心音等)外,无明显心区体征的,提示症状性心力衰竭,要考虑某种全身性疾病或其他系统器官疾病进入了危重濒死期。

(4)血源性、细胞性、乏氧性气喘。对混合性呼吸困难病畜,要注意观察可视黏膜和血液的颜色。凡混合性呼吸困难,且伴有黏膜和血液颜色改变的,常指示属血源性气喘、细胞性气喘以至乏氧性气喘(图4.27)。

①其可视黏膜潮红,静脉血色鲜红,极度呼吸困难(窒息危象),取闪电式病程的,要考虑氢氰酸(HCN)中毒和CO中毒;同样的病征,但呼吸困难静息时不显,运动后才显现,且取慢性病程的,常提示继发性红细胞增多症,要考虑高山病或异常血红蛋白分子病。

②其可视黏膜苍白或黄白,常提示贫血性气喘(参见贫血病症状鉴别诊断)。

③其可视黏膜发绀(蓝紫色),而血色发暗或褐变的,应采静脉血(抗凝)在试管中振荡,查明是还原血红蛋白血症(振荡后由暗红变鲜红),还是变性血红蛋白血症(振荡后仍为暗褐色)。前者是各种气喘的必然结果,后者见于某些中毒病和遗传病。其急性病程的,要考虑亚硝酸盐中毒;其慢性病程且呈家族性发生的,要考虑谷胱甘肽、谷胱甘肽还原酶、高铁血红蛋白还原酶等先天缺陷所致的家族性高铁血红蛋白血症。

(5)肺源性气喘。混合性呼吸困难病畜,肺部症状突出的,常指示属肺源性气喘,是最常见多发的一种呼吸困难(图4.27)。

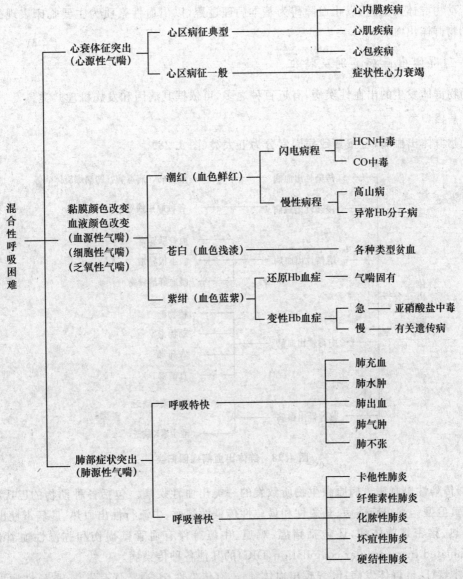

图 4.27　混合性呼吸困难类症鉴别(二)

①其呼吸特快,每分钟呼吸数在马、牛多达 80～160 次的,常提示非炎性肺病,要考虑肺充血、肺水肿、肺出血、肺气肿以及肺不张。

②其呼吸普快,每分钟呼吸数在马、牛通常不超过 40～60 次的,常提示是炎性肺病。

六、动物出血综合征鉴别诊断思路

动物机体具有复杂而完备的止血机制,包括血管机制、血小板机制、血液凝固机制和抗凝纤溶机制。其中任何一种止血机制发生障碍,都会导致出血性素质,而表现自发性出血和创伤后流血不止,发生出血性疾病。

出血性素质,不是独立的疾病,而是许多不同原因引起和各种不同疾病伴有的一种临床综合征。动物群体发生的,以止血障碍为基本病理过程,以出血性素质为主要临床表现的疾病,统称动物群体出血病。

（一）群体出血病类别及特征

动物群体发生的出血性疾病,有近百种之多,可依据其病因和发病机理归类。

1. 病因归类

动物群体出血病,可按其致病因素分为五大类(图 4.28)。

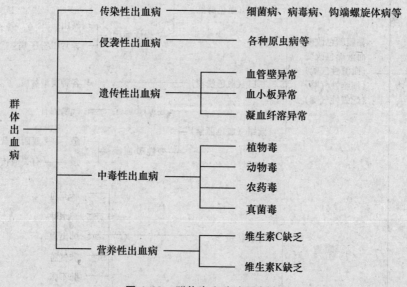

图 4.28 群体出血病病因归类

（1）传染性出血病。病原微生物所致发的一类出血性疾病。包括各种动物的巴氏杆菌病和出血黄疸型钩端螺旋体病、马急性和最急性传染性贫血、牛流行性出血热、鹿病毒性出血热、兔出血热、猪密螺旋体病,还包括猪瘟、鸡瘟、牛瘟等伴有血管壁损伤和弥漫性血管内凝血(disseminated intravascular coagulation,DIC)的其他各种传染病。

基本特征:a. 群体发病;b. 表现出血体征;c. 有传染性;d. 通常伴有发热,取急性病程;e. 有特定病原微生物存在;f. 有反应性抗体和/或保护性抗体产生。

（2）侵袭性出血病。寄生虫侵袭所致发的一类出血性疾病。主要见于马梨形虫病、牛泰勒虫病、牛肉孢子虫病、猪弓形虫病、新孢子虫病等伴有血管壁损伤和弥漫性血管内凝血的各种动物原虫病。

基本特征:a. 群体发病;b. 表现出血体征;c. 通常伴有发热,取急性病程;d. 有相当数量的原虫(尤其血液原虫)存在。

（3）遗传性出血病。基因突变所致发的一类出血性疾病。包括猪、犬、猫、兔的血管性假血友病、猪遗传性坏血病等血管壁异常的出血病,血小板病、血小板无力、血小板无力性血小板病、贮藏池病、原发性血小板增多症等血小板异常的出血病,先天性纤维蛋白原缺乏症、先天性凝血酶原缺乏症、先天性第Ⅴ因子缺乏症、先天性第Ⅶ因子缺乏症、先天性第Ⅷ因子缺乏症、先天性第Ⅸ因子缺乏症、先天性第Ⅹ因子缺乏症、先天性第Ⅺ因子缺乏症、先天性第Ⅻ因子缺乏症以及先天性维生素 K 依赖性凝血因子复合缺乏症等凝血异常的出血病。

基本特征:a.群体发病;b.表现出血体征;c.无传染性;d.家族式分布;e.有特定的遗传类型,符合孟德尔规律;f.能在性染色体或常染色体特定的位点上找到突变的缺陷基因。

(4)中毒性出血病。毒物所致发的一类出血性疾病。包括霉烂草木樨病、蕨类植物中毒等有毒植物中毒病,华法令、氟乙酰胺等抗凝血毒鼠药中毒病,三氯乙烯中毒、豆粕中毒(杜林城病)等饲料中毒病,蛇毒中毒、蜂毒中毒等动物毒中毒病,马穗状葡萄菌毒素中毒病、梨孢镰刀菌毒素中毒病等真菌毒素中毒病,还包括伴发弥漫性血管内凝血的其他各种中毒病。

基本特征:a.群体发病;b.表现出血体征;c.不能传播;d.通常取急性病程,且不伴有发热,但真菌毒素中毒病通常为慢性病程而急性发作,且多伴有发热;e.有毒物接触史;f.体内能找到相关的毒物或其降解物。

(5)营养性出血病。与止血机制有关营养物质短缺所致发的一类出血性疾病。包括维生素 C 缺乏症和维生素 K 缺乏症。

基本特征:a.群体发病;b.表现出血体征;c.不能传播;d.取慢性病程,概不发热;e.有特定营养物不足的检验所见;f.补给所缺营养物,群体出血病流行即告平息。

2.发病机理归类

动物群体出血病,亦可按其发病机理(环节)分为三大类,即血管壁异常的出血病、血小板异常的出血病和凝血异常的出血病(图 4.29)。

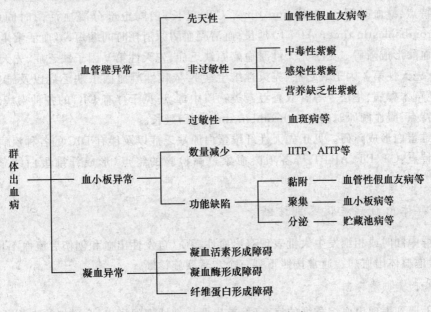

图 4.29　群体出血病发病机理归类

(1)血管壁异常的出血病。是动物出血性疾病的常见类型。

①属先天性血管壁异常的,有猪的遗传性坏血病,猪、犬、兔、猫的血管性假血友病。

②属过敏性血管壁异常的,有血斑病等。

③属非过敏性血管壁异常的,有蛇毒、蜂毒等动物毒以及磺胺类、水杨酸类等药物毒所致的中毒性紫癜,细菌感染(如巴氏杆菌病)、病毒感染(如猪瘟、马传染性贫血)、螺旋体感染(如

出血黄疸型钩端螺旋体病)、血液原虫感染(如马梨形虫病、牛泰勒虫病)所致的感染性紫癜,以及与止血有关营养物短缺所致的营养缺乏性紫癜(如维生素C缺乏症、维生素K缺乏症)。

(2)血小板异常的出血病。血小板异常,包括血小板数量减少和血小板质量改变(血小板功能缺陷),是动物出血病最常见的疾病类型和最主要的发病环节,约75%的动物出血病属于此类。

①血小板减少性紫癜(thrombocytopenic purpura,TP)。

属血小板生成不足的,见于骨髓造血功能障碍,如蕨类植物中毒、三氯乙烯中毒、豆粕中毒、马穗状葡萄菌毒素中毒病、越冬禾本科作物镰刀菌毒素中毒病等中毒性出血病以及马传染性贫血、鸡传染性贫血等传染性出血病(检验特点:骨髓巨核细胞系衰竭匮乏,属无巨核细胞型TP)。

属血小板破坏过多的,见于同族免疫性血小板减少性紫癜(iso-immune thrombocytopenic purpura,IITP)、自体免疫性血小板减少性紫癜(autoimmune thrombocytopenic purpura,AITP)以及伴有播散性血管内凝血的各种传染性疾病(检验特点:骨髓巨核细胞系增生活跃但变质,属巨核细胞型血小板减少性紫癜)。

②血小板功能缺陷。黏附功能缺陷见于血管性假血友病;聚集功能缺陷见于血小板无力症、血小板无力性血小板病、原发性血小板增多症;分泌功能缺陷见于血小板病、血小板无力性血小板病、贮藏池病、契-东二氏综合征。

(3)凝血异常的出血病。

①凝血活素形成障碍。见于下列因子先天缺乏:Ⅷ因子、Ⅸ因子、Ⅺ因子、Ⅻ因子。

检验特点:凝血时间(coagulation time,CT)延长;白陶土部分凝血活酶时间(activated partial thromboplastin time,APTT)延长;血清凝血酶原消耗时间缩短;凝血活素生成减少。

②凝血酶形成障碍。见于先天性凝血酶原缺乏症、先天性第Ⅴ因子缺乏症、先天性第Ⅶ因子缺乏症、先天性第Ⅹ因子缺乏症、先天性维生素K依赖性凝血因子缺乏症以及维生素K缺乏症,霉烂草木樨病、华法令等含双香豆素类物质中毒,还见于伴有DIC的各种疾病。

检验特点:凝血酶原时间(prothrombin time,PT)延长。

③纤维蛋白形成障碍。见于先天性纤维蛋白原缺乏症以及伴有DIC的各种疾病。

检验特点:CT、PT、APTT等各项凝血象过筛检验的终点(形成纤维蛋白线条)均难以判定。

(二)群体出血病症状鉴别诊断

当畜群中同时或相继发生大批表现有出血性素质(自发性出血和创伤后流血不止)的病畜时,就应考虑群体出血病。通常按照下列三个步骤实施诊断。

1. 致病因素归类诊断

临床上遇到表现出血综合征的病畜时,首先要详细地询问病史,全面地检查体征。注意出血的部位、形式、程度、范围及复发与否;注意发病的年龄、性别及有无系谱关系;注意有无某些药物、化学物或电离辐射的长期接触史以及有关的原发病等。

致病因素归类诊断,就是依据群体出血病在畜群中的传播情况、病程急慢和有无发热等三项指标,初步推测是哪一类群体出血病(图4.30)。

在传播情况一时难以断定时,亦可首先依据病程急慢,然后再依据传播情况和有无发热,将前后各三类出血病进一步分化(图4.31)。

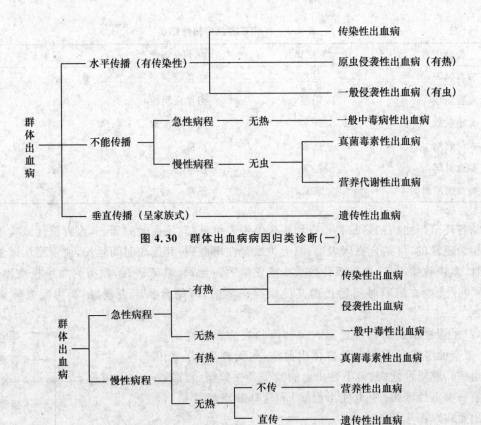

图 4.30　群体出血病病因归类诊断(一)

图 4.31　群体出血病病因归类诊断(二)

2.发病环节筛检诊断

发病环节筛检诊断,就是以出血病发病机理归类的层次为依据,进行必要的凝血象检验,逐步过筛,以明确该出血病在出血综合征发病机理分类上所处的位置。然后参照起病情况、疾病经过及病征特点,并配合某些特殊检验,确定是哪个止血环节异常的出血病。

(1)出血病初筛。归类凝血象检验在出血性疾病的诊断上至关重要,常具有决定性意义。通常作为出血病初筛检验的有:流血时间(bleeding time,BT)、CT、PT、血块收缩试验、血管脆性试验以及血小板计数(blood platelet counting,BPC)。依据这六项初筛检验结果,并参照下列出血病临床鉴别表,即可归类诊断出血病的发病环节(表 4.2 和 4.3)。

表 4.2　各环节出血病临床鉴别

临床表现	凝血障碍病	血管及血小板疾病
出血斑点	少见	典型
深部血肿	典型	少见
关节腔出血	典型	少见
表皮切破出血	极少出血	持续且出血多
谱系关系	常有	少有
疾病经过	常为终身性	病程多短暂

表 4.3　各环节出血病初筛归类

检验项目	血管壁异常	血小板异常	凝血异常
流血时间	延长	延长	正常
血管脆性	阳性	阳性或阴性	阴性
血小板数	正常	减少或正常	正常
血块收缩	正常	不良	正常或不良
凝血时间	正常	正常	延长
凝血酶原时间	正常	正常	延长

从各环节出血病初筛归类检查和临床鉴别表可见:其流血时间延长,血管脆性试验阳性而其他检验正常的,可结合临床表现,归类为血管性出血病;其流血时间延长,血管脆性试验阳性或阴性,血块收缩不良、血小板计数减少或正常的,可结合临床表现,归类为血小板性出血病;其 CT 和/或凝血酶原时间延长而其他检验正常的,可结合临床表现,归类为凝血障碍性出血病。

(2)血管性出血病筛检思路。对初筛归类为血管性出血病的,要全面考虑所有五大类群体出血病:先天性紫癜(遗传性出血病)、感染性紫癜(传染性出血病)、侵袭性紫癜(侵袭性出血病)、中毒性紫癜(中毒性出血病)和营养缺乏性紫癜(营养性出血病)(图 4.32)。

图 4.32　血管性紫癜类别

(3)血小板性出血病筛检思路。对初筛归类为血小板性出血病的,要着重考虑三大类群体出血病:包括血小板病、血小板无力(衰弱)症、血小板无力性血小板病、原发性血小板增多症、血管性假血友病、贮藏池病、契-东二氏综合征等基因突变所致的遗传性出血病;蕨类植物中毒、三氯乙烯中毒、豆粕中毒、马穗状葡萄菌毒素中毒病、越冬禾本科作物镰刀菌毒素中毒病等毒物所致的中毒性出血病;马传染性贫血、鸡传染性贫血以及伴有播散性血管内凝血的其他各种传染病等病原微生物所致的传染性出血病。此外,还要考虑同族免疫性血小板减少性紫癜、自体免疫性血小板减少性紫癜等免疫性出血病。

血小板性出血病是动物群体出血病中最为常见的类型,应按下列层次探索病因而确立诊断(图 4.33)。

(4)凝血障碍性出血病筛检思路。对初筛归类为凝血障碍性出血病的,要做全面的凝血象检验,以确认凝血过程的哪个阶段和哪个途径发生障碍,抑或是哪种或哪些凝血因子发生缺陷,并在此基础上确定是属于先天性缺陷还是获得性缺陷。

因此,凡 CT 和/或 PT 延长,其他初筛检验正常而归类为凝血障碍性出血病的,应补充实施两项检验,作为二层筛检:一项是血清凝血酶原时间,即凝血酶原消耗时间测定(prothrombin consumption test,PCT);另一项是 APTT。

其 PT 延长而 APTT 正常的,提示外在途径凝血过程发生障碍,包括凝血酶原、第Ⅴ因子、第Ⅶ因子和第Ⅹ因子缺乏。最后,可通过凝血酶原时间纠正试验,确定是其中的哪一种凝血因子缺乏(表 4.4)。

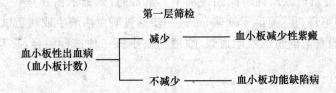

第一层筛检

血小板性出血病
（血小板计数）
- 减少 —— 血小板减少性紫癜
- 不减少 —— 血小板功能缺陷病

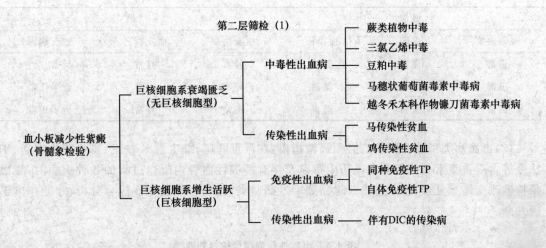

第二层筛检（1）

血小板减少性紫癜
（骨髓象检验）

巨核细胞系衰竭匮乏
（无巨核细胞型）
- 中毒性出血病
  - 蕨类植物中毒
  - 三氯乙烯中毒
  - 豆粕中毒
  - 马穗状葡萄菌毒素中毒病
  - 越冬禾本科作物镰刀菌毒素中毒病
- 传染性出血病
  - 马传染性贫血
  - 鸡传染性贫血

巨核细胞系增生活跃
（巨核细胞型）
- 免疫性出血病
  - 同种免疫性TP
  - 自体免疫性TP
- 传染性出血病
  - 伴有DIC的传染病

第二层筛检（2）

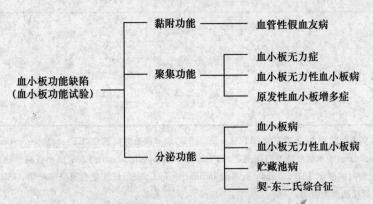

血小板功能缺陷
（血小板功能试验）
- 黏附功能 —— 血管性假血友病
- 聚集功能
  - 血小板无力症
  - 血小板无力性血小板病
  - 原发性血小板增多症
- 分泌功能
  - 血小板病
  - 血小板无力性血小板病
  - 贮藏池病
  - 契-东二氏综合征

图 4.33　血小板性出血病筛检

表 4.4　凝血酶原时间纠正试验

项目	凝血酶原缺乏	第Ⅴ因子缺乏	第Ⅶ因子缺乏	第Ⅹ因子缺乏
患畜血浆	延长	延长	延长	延长
患畜血浆＋1/10 正常血浆	纠正	纠正	纠正	纠正
患畜血浆＋1/10 正常吸附血浆	不纠正	纠正	不纠正	不纠正
患畜血浆＋1/10 正常血清	不纠正	不纠正	纠正	纠正

注：正常血浆含凝血酶原和第Ⅴ、第Ⅶ、第Ⅹ因子；正常吸附血浆含第Ⅴ因子；正常血清含第Ⅶ因子、第Ⅹ因子。

其 APTT 延长、凝血酶原消耗时间缩短而 PT 正常的,则提示内在途径凝血过程发生障碍,表明是血友病,即第Ⅷ、Ⅸ、Ⅺ因子缺陷,可进一步通过凝血活酶生成纠正试验,作三型血友病的鉴别,分别采用患畜与健畜的吸附血浆、血清和血小板三种进行混合,看其凝血时间来确定(表 4.5)。

表 4.5　凝血活酶生成纠正试验

试液			结果		
吸附血浆	血清	血小板	血友病甲	血友病乙	血友病丙
患畜	患畜	健畜	异常	异常	异常
患畜	健畜	健畜	异常	异常	近乎正常
健畜	患畜	健畜	正常	异常	近乎正常

(5)出血病类型综合判断。必须强调指出,在严重肝病、维生素 K 缺乏、霉烂草木樨病、华法令等含双香豆素类抗凝血毒鼠药中毒以及伴有播散性血管内凝血过程的各种疾病时,凝血象检验改变错综复杂,按上述诊断思路颇难过筛归类,必须参照表 4.6 综合分析,才能作出正确判断。

表 4.6　出血性疾病类型综合判断

出血病	BPC	BT	CT 或 PTT	OSPT	TT	FDP
DIC	▽	△	△	△	△	△
TP	▽	△	N	N	N	N
维生素 K 缺乏	N	N	△	△	N	N
草木樨病	N	N	△	△	N	N
华法令中毒	N	N	N	△	N	N

注:△表示增多,▽表示减少,N 表示正常,BT(bleeding time)表示流血时间测定,CT(coagulation time)表示凝血时间测定,PTT(prothrombin time)表示凝血酶原时间测定,TP(thrombocytopenic purpura)表示血小板减少性紫癜,TT(thrombin time test)表示凝血酶时间测定,FDP(fibrinogen degradation products)表示纤维蛋白原降解产物,OSPT(one stage prothrombin time)表示一段凝血酶原时间。

3. 病因病性论证诊断

动物群体出血病,在实施致病因素归类和发病环节筛检后,还必须完成病性病因论证。

(1)传染性出血病认定要点:a. 有对应的临床表现(出血体征等临床表型);b. 有对应的病理改变(出血病变等病理表型);c. 有对应的检验所见(出血象等生化表型);d. 有传染性,同居感染,水平传播;e. 检出病原微生物,动物回归发病。

(2)侵袭性出血病认定要点:a. 有对应的临床表现(出血体征等);b. 有对应的病理改变(出血病变等);c. 有对应的检验所见(出血象等);d. 检出对应的大量寄生原虫;e. 抗原虫防治效果良好。

(3)遗传性出血病认定要点:a. 有对应的临床表现(出血体征等);b. 有对应的病理改变(出血病变等);c. 有对应的检验所见(出血象等);d. 家族式分布,特定的遗传类型;e. 染色体上能找到突变的基因位点,通过突变基因的修复,才得以根本防治。

(4)中毒性出血病认定要点:a.有对应的临床表现(出血体征等);b.有对应的病理改变(出血病变等);c.有对应的检验所见(出血象等);d.有对应的毒物接触史;e.检出相应的毒物或其降解物,动物发病试验成功。

(5)营养性出血病认定要点:a.有对应的临床表现(出血体征等);b.有对应的病理改变(出血病变等);c.有对应的检验所见(出血象等);d.体内外环境某止血相关营养物短缺;e.补给所缺营养物,群体出血病流行即告平息。

七、动物贫血综合征鉴别诊断思路

(一)造血基础理论

红细胞起源于骨髓的原血细胞,即多能干细胞。多能干细胞经过增殖,分化为定向干细胞(红系干细胞),进而发育为原始红细胞,再经过 3 次有丝分裂,即经过早幼红细胞、中幼红细胞和晚幼红细胞各阶段发育成熟,排出胞核,进入骨髓窦,然后释放到循环血液中。脱核红细胞在最初几天仍保留着一些核的残余结构物,包括线粒体和核糖体,用超声染色即活体染色可以识别其丝状或网状结构,这就是网织红细胞,最后失去残余的线粒体和核糖体,成为丧失合成蛋白质能力而完全成熟的红细胞。红细胞生成素(EPO)是一种特异的激素,能刺激红系干细胞有丝分裂,并加速各发育阶段幼红细胞的分裂。肾脏是产生和释放这种激素的主要器官。贫血和血氧过低是刺激这种激素生成和释放的主要因素。

红细胞的生成,除需要有健全的骨髓造血功能和红细胞生成素的刺激作用而外,还需要有某些营养物质,包括蛋白质、铁、铜、钴、维生素 B_6、维生素 B_{12} 和叶酸等作为造血原料或辅助成分。

骨髓内的红细胞,一方面接纳运铁蛋白输送来的铁,另一方面利用甘氨酸和琥珀酰辅酶 A 合成原卟啉,然后铁与原卟啉结合为血红素,最后血红素与珠蛋白结合为 Hb。在 Hb 这一合成过程中,不仅需要铁和蛋白质作为原料,而且还需要铜和维生素 B_6 的辅助。

维生素 B_{12} 和叶酸是影响红细胞成熟过程的重要因素。骨髓中幼红细胞的分裂增殖,依赖于脱氧核糖核酸(DNA)的充分合成。脱氧核糖核酸的合成又依赖于 5,10-二甲基四氢叶酸的存在,而后者的合成需要维生素 B_{12} 和叶酸参与。微量元素钴乃是维生素 B_{12}(钴胺素)的成分,是消化道微生物合成维生素 B_{12} 所需的原料。

红细胞的寿命因动物种类而不同,长者为 160 d,短者为 55 d。红细胞寿命长的动物,如马、牛、绵羊和山羊,红细胞是在骨髓内完全成熟的,循环血液内查不到网织红细胞;红细胞寿命短的动物,红细胞则是在离开骨髓窦之后逐渐成熟的,循环血液内可查有网织红细胞。循环血液中的网织红细胞数:犬和猫为 $0.5\% \sim 1\%$;猪为 $1\% \sim 2\%$;兔、大鼠、小鼠及豚鼠为 $2\% \sim 4\%$。

(二)贫血综合征分类

贫血综合征是动物群发性疾病中最常见的一个综合征。贫血综合征可按红细胞形态、骨髓再生反应和致病因素及发病机理分型。

1. 形态学分类

按平均红细胞体积（MCV）、平均红细胞血红蛋白浓度（MCHC）和红细胞着染情况、大小分布，可将贫血分为 6 型（表 4.7）。

表 4.7　贫血形态学分类

分类	MCHC 正常	MCHC 减少
MCV 正常	正细胞正色素型	正细胞低色素型
MCV 增加	大细胞正色素型	大细胞低色素型
MCV 减少	小细胞正色素型	小细胞低色素型

贫血的形态学分类，能为病因诊断指示方向，对营养性贫血的病因探索最有价值。凡障碍核酸合成的病因，多引起大细胞正色素型贫血；凡障碍血红素或 Hb 合成的病因，多引起小细胞低色素型贫血；其他各种病因概引起正细胞正色素型贫血。

2. 再生反应分类

按骨髓能否对贫血状态作出再生反应，可分为再生性贫血和非再生性贫血。

再生性贫血的标志是：各种未成熟红细胞（多染性红细胞、网织红细胞、有核红细胞）在循环血液内出现或增多；骨髓红系细胞增生活跃，而幼粒细胞对幼红细胞的比率（粒红比）降低。

非再生性贫血的标志是：循环血液内看不到未成熟红细胞；骨髓红系细胞减少而粒红比增高，或三系（红系、粒系、巨核系）细胞均减少。

贫血的再生反应分类，同样能为贫血的病因诊断指示方向，对正细胞正色素型贫血的病因诊断，特别是再生障碍性（再障）贫血的确认最有价值。再生性贫血，指示造成贫血的病理过程在骨髓外，属失血性或溶血性病因；非再生性贫血，指示造成贫血的病理过程在骨髓内，属再生障碍性病因。

3. 病因及发病机理分类

各种病因致发贫血的机理，可概括为两个方面：循环血液中的红细胞损耗过多或补充不足。造成损耗过多的，无非是红细胞的丢失和崩解；造成补充不足的，无非是造血物质缺乏和造血机能减退。因此，贫血可按病因和发病机理分为四类，即失（出）血性贫血、溶血性贫血（如诱发免疫性溶血病 induced immune hemolytic anemia，IIHA）、营养性贫血和再生障碍性贫血（图 4.34）。

（1）失（出）血性贫血。

属急性失血的，有牛草木樨病、敌鼠钠等抗凝血毒鼠药中毒、蕨类植物中毒、新生畜同族免疫性血小板减少性紫癜（IITP）、犬和猫自体免疫性血小板减少性紫癜（AITP）、幼犬第 X 因子缺乏、DIC，还有各种创伤意外或手术、侵害血管壁的疾病（大面积胃肠溃疡、寄生性肠系膜动脉瘤破裂、鼻疽或结核肺空洞）以及造成血库器官破裂的疾病（肝淀粉样变、脾血管肉瘤）等。

属慢性失血的，有胃肠寄生虫病（钩虫病、圆线虫病、血矛线虫病、球虫病等）、慢性血尿、胃肠溃疡，还有血友病、血小板病等各种遗传性出血病。

失血性贫血的过筛检验特点：a. 大细胞正色素型（急性失血初期）、正细胞正色素型、正细胞低色素型或小细胞低色素型（慢性失血）；b. 骨髓有再生反应性；c. 出现短暂性非巨幼红细胞性贫血。

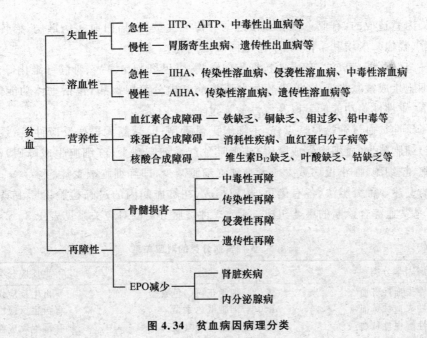

图 4.34 贫血病因病理分类

（2）溶血性贫血。

属急性溶血的，有细菌感染、血原虫侵袭、同族免疫性抗原抗体反应、化学毒、生物毒、物理因素、营养因素。详见 33 页"1.溶血性黄疸"。

属慢性溶血的，有微生物感染，如血巴尔通体病、附红细胞体病等；自身免疫性抗原抗体反应，如自身免疫性溶血性贫血（autoimmune hemolytic anemia，AIHA）、红斑狼疮、无定形体病、马传染性贫血病等；微血管病，如血管肉瘤、播散性血管内凝血等；还有遗传性丙酮酸激酶缺乏症等红细胞酶病，家族性口形细胞增多症等红细胞形态异常，海洋性贫血等血红蛋白分子病，红细胞生成性卟啉病和原卟啉病等卟啉代谢病，共 20 多种具有红细胞先天内在缺陷的遗传性溶血病。

溶血性贫血的过筛检验特点：a. 大细胞正色素型（急性溶血初期）或正细胞正色素型；b. 骨髓有再生反应性；c. 溶血性黄疸和/或血红蛋白尿症伴血红蛋白血症。

（3）营养性贫血。

属血红素合成障碍的，有铁、铜、维生素 B_6 缺乏，钼过多症（诱导铜缺乏）和铅中毒（抑制血红素合成过程中的某些酶）。

属珠蛋白合成障碍的，有赖氨酸不足、饥饿以及衰竭症等各种消耗性疾病，还有小鼠的海洋性贫血等血红蛋白分子病。

属核酸合成障碍的，有维生素 B_{12}、钴、叶酸、烟酸缺乏，还有家族性钴胺素吸收不良等。

营养性贫血的过筛检验特点：a. 小细胞低色素型（血红蛋白合成障碍）或大细胞正色素型（核酸合成障碍）；b. 骨髓有再生反应性；c. 出现淡染红细胞（血红蛋白合成障碍）或者巨幼红细胞（核酸合成障碍）。

（4）再生障碍性贫血。

属骨髓受细胞毒性损伤造成的，有放射线，如辐射病；化学毒，如三氯乙烯中毒、豆粕中毒；植物毒，如蕨类中毒；真菌毒素，如马穗状葡萄菌毒素中毒病、梨孢镰刀菌毒素中毒病。

属感染因素造成的,有亚急性型和慢性型马传染性贫血、猫白血病病毒病、猫传染性泛白细胞减少症(猫瘟)、犬埃利希体病、牛羊毛圆线虫病等。

属骨髓组织萎缩造成的,有慢性粒细胞白血病、淋巴细胞白血病、骨髓纤维化等。

属红细胞生成素减少造成的,有慢性肾脏疾病和内分泌腺疾病,包括垂体功能低下、肾上腺功能低下、雄性性腺功能低下以及雌性激素过多。

再生障碍性贫血过筛检验特点:a.正细胞正色素型;b.骨髓无再生反应性:三系(红系、粒系、巨核系)细胞减少(血细胞生成障碍)或者唯独红系细胞减少(红细胞生成障碍);c.循环血液内红细胞、粒细胞、血小板均减少或者唯独红细胞减少,即红细胞减少症。

贫血的上述3种分类法,各有侧重,相辅相成,在贫血病因的过筛检验诊断上具有指方定向的作用,是贫血综合诊断的重要组成部分。3种贫血分类的对应关系见表4.8。

表4.8　3种贫血分类的对应关系

病因学分类	形态学分类	再生反应分类
急性失血性贫血	正(大)细胞正(低)色素型	有再生反应性
慢性失血性贫血	正(小)细胞低色素型	有再生反应性
急性溶血性贫血	正(大)细胞正色素型	有再生反应性
慢性溶血性贫血	正细胞正色素型	有再生反应性
缺铁营养性贫血	小细胞低色素型	补铁再生反应
缺钴营养性贫血	大细胞正色素型	补钴再生反应
再生障碍性贫血	正细胞正色素型	无再生反应性

(三)群体贫血病类别

表现贫血综合征的数百种动物群发性疾病,可按其致发贫血的病因及发病机理作如下归类(图4.35):

1.传染性贫血病

属失血性贫血的,有马最急性型传染性贫血、牛流行性出血热、兔出血热(瘟)、猪密螺旋体病、各种动物的出血黄疸型钩端螺旋体病等传染性出血病。

属溶血性贫血的,有各种动物的溶血性链球菌病、葡萄球菌病、出血黄疸型钩端螺旋体病、血巴尔通体病、附红细胞体病、无定形体病、牛羊溶血性梭菌病,羔羊A型产气荚膜梭菌病、犬埃利希体病等传染性溶血病。

属再生障碍性贫血的,有马亚急性和慢性传染性贫血、猫泛白细胞减少症、猫白血病病毒病、犬埃利希体病、鸡传染性贫血等传染性再障病。

传染性贫血病的基本特征是:a.群体发病;b.表现贫血体征;c.有传染性,能水平传播;d.通常伴有发热,取急性病程;e.能检出特定病原微生物;f.能检出反应性抗体和/或保护性抗体。

2.侵袭性贫血病

属失血性贫血的,有毛圆线虫病、血矛线虫病、钩虫病、球虫病等胃肠寄生虫病。

属溶血性贫血的,有梨形虫病、锥虫病、住白细胞虫病、禽疟疾等血液原虫病。

属再生障碍性贫血的,有牛、羊的毛圆线虫病等。

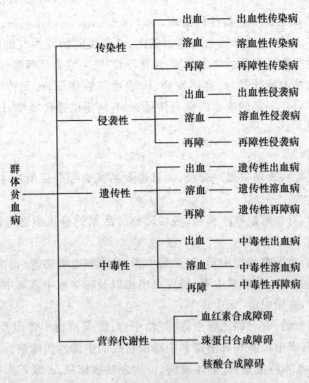

图 4.35 群体贫血病类别

侵袭性贫血病的基本特征是：a. 群体发病；b. 表现贫血体征；c. 通常取急性病程，伴有发热（血液原虫病），或者取慢性病程，不伴有发热（胃肠寄生虫病）；d. 有相当数量的寄生虫存在。

3.**遗传性贫血病**

有数十种遗传性疾病表现贫血综合征，而且囊括贫血综合征所有 4 种病因和发病机理类型。

属失血性贫血的，有猪遗传性坏血病、血管性假血友病、贮藏池病、血小板病、血小板无力症、血小板无力性血小板病、原发性血小板增多症，以及先天性前激肽释放酶缺乏症、先天性纤维蛋白原缺乏症、先天性凝血酶原缺乏症、先天性第Ⅴ因子缺乏症、先天性第Ⅶ因子缺乏症、先天性第Ⅷ因子缺乏症、先天性第Ⅸ因子缺乏症、先天性第Ⅹ因子缺乏症、先天性第Ⅺ因子缺乏症、先天性第Ⅻ因子缺乏症、遗传性维生素 K 依赖性凝血因子缺乏症等先天性凝血障碍造成的遗传性出血病。

属溶血性贫血的，有各种类型的红细胞先天内在缺陷以及遗传性铜累积病造成的遗传性溶血病。包括：遗传性丙酮酸激酶缺乏症、遗传性磷酸果糖激酶缺乏症、遗传性葡萄糖-6-磷酸脱氢酶缺乏症、遗传性谷胱甘肽缺乏症、遗传性谷胱甘肽还原酶缺乏症等红细胞酶病；家族性球红细胞增多症、家族性椭圆形细胞增多症、家族性口形细胞增多症等红细胞形态异常；小鼠 α-海洋性贫血、β-海洋性贫血等血红蛋白分子病；牛、猪、犬等动物红细胞生成性卟啉病和原卟啉病等先天性卟啉代谢病。

属营养性贫血的，有遗传性缺铁性贫血、遗传性铁失利用性贫血、遗传性维生素 B_{12} 缺乏症以及遗传性维生素 C 缺乏症等遗传性代谢病。

属再生障碍性贫血的,有周期性血细胞生成症、犬和牛的特发性红细胞生成不良症(先天性红细胞生成不良性贫血)、海福特牛的贫血-角化不良-脱毛综合征等遗传性再障病。

遗传性贫血病的基本特征是:a. 群体发病;b. 表现贫血体征;c. 无传染性,同居感染不发病;d. 家族式分布,即只在一定的家系内垂直传播;e. 有特定的遗传类型;f. 能在染色体特定位点上找到突变的基因。

4. 中毒性贫血病

有数十种中毒性疾病表现贫血综合征,而且也囊括贫血综合征所有 4 种病因和发病机理类型。

属失血性贫血的,有牛霉烂草木樨病、各种动物的敌鼠钠等抗凝血毒鼠药中毒、蕨类植物中毒等中毒性出血病。

属溶血性贫血的,有酚噻嗪类中毒、醋氨酚中毒、非那唑吡啶中毒、铜中毒、蛇毒中毒、十字花科植物中毒、野洋葱中毒、蓖麻素中毒、黑麦草中毒以及犊牛水中毒等中毒性溶血病。

属营养性贫血的,有铅中毒、钼中毒等。

属再生障碍性贫血的,有三氯乙烯中毒、豆粕中毒、蕨类植物中毒以及马穗状葡萄菌毒素中毒病、梨孢镰刀菌毒素中毒病等真菌毒素中毒所造成的中毒性再障病。

中毒性贫血病的基本特征是:a. 群体发病;b. 表现贫血体征;c. 既不水平传播,也不垂直传播;d. 通常取急性病程,且不伴有发热,但真菌毒素病通常为慢性病程而急性发作,且多伴有发热;e. 有毒物接触史;f. 体内能找到相关的毒物或其降解物。

5. 营养代谢性贫血病

除铜过多症和低磷酸盐血症系致发溶血性贫血者外,概因造血原料或造血辅助成分缺乏而致发营养性贫血。

致使血红素合成障碍的,有铁缺乏症、铜缺乏症、钼过多症(诱导铜缺乏)、维生素 B_6 缺乏症;致使珠蛋白合成障碍的,有蛋白质不足和赖氨酸不足;致使核酸合成障碍的,有维生素 B_{12} 缺乏症、钴缺乏症(影响维生素 B_{12} 合成)、叶酸缺乏症和烟酸缺乏症(影响叶酸合成)。此外,还有机理复杂或不明的泛酸缺乏症(猪正细胞型贫血)、维生素 E 缺乏症(猿大细胞型贫血)以及维生素 C 缺乏症(猿贫血)。

营养代谢性贫血病的基本特征是:a. 群体发病;b. 表现贫血体征;c. 既不水平传播,也不垂直传播;d. 取慢性病程,概不发热;e. 有特定营养物不足的检验所见;f. 补给所缺营养物,群体贫血病流行即告平息。

(四)群体贫血病大类归属诊断

动物群发以贫血综合征为主症的疾病时,应考虑上述数百种群体贫血病,可从下列 3 个角度进行大类归属诊断。

1. 贫血病归类诊断

依据群体贫血病在畜群中的传播情况,病程缓急,有无发热及虫体,初步推测(图 4.36)。

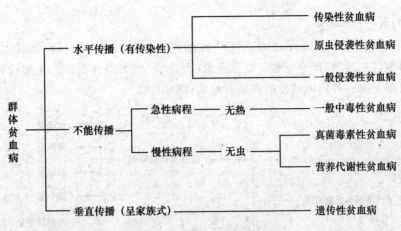

图 4.36　群体贫血病归类诊断

2.贫血病归属诊断

依据可视黏膜色泽,有无出血体征,传播情况,病程缓急,有无发热及能否再生等六项指标,进一步推测是哪一属群体贫血病(图 4.37)。

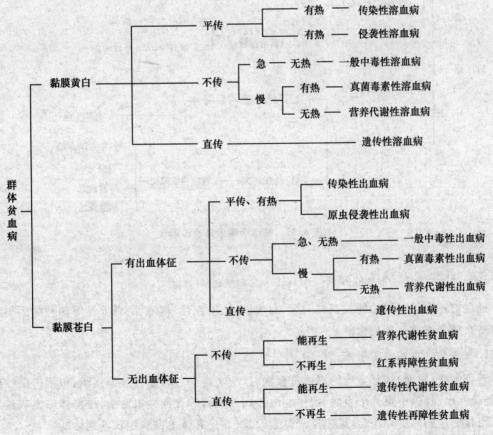

图 4.37　群体贫血病归属诊断

3.贫血病病因筛检诊断

依据红细胞数、Hb 量、PCV、MCV、平均红细胞血红蛋白量(MCH)、MCHC、白细胞数、血小板数、网织红细胞数、黄疸指数及红细胞象(着染情况、大小分布)等 11 项检验指标,分层过筛,大体确定是哪一种病因致发的群体贫血病(图 4.38)。

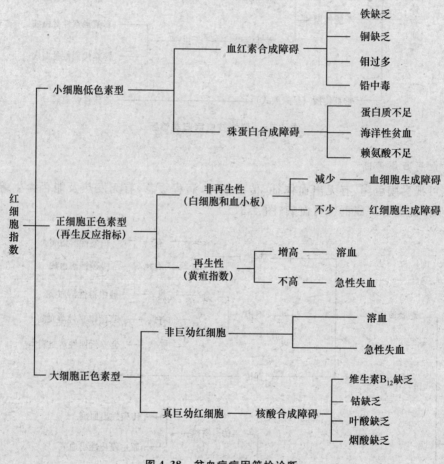

图 4.38　贫血病病因筛检诊断

(五)群体贫血病鉴别诊断

通过前述大类归属诊断找到方向后,对失血性、溶血性、再障性、营养性等四种病因类型的群体贫血病分别进行鉴别诊断。

1.失血性贫血病鉴别诊断

遇到失血(出血)体征突出的群体贫血病时,应考虑失(出)血性贫血病类,包括传染性出血病、侵袭性出血病、中毒性出血病、遗传性出血病以及营养代谢性出血病,按群体出血病鉴别诊断思路和出血病因过筛检验,逐步进行鉴别诊断(详见群体出血病症状鉴别诊断)。

2.溶血性贫血病鉴别诊断

遇到可视黏膜苍白、黄染或排血红蛋白尿、溶血体征突出的群体贫血病时,应考虑溶血性贫血病类,包括传染性溶血病、侵袭性溶血病、遗传性溶血病、中毒性溶血病以及营养代谢性溶血病,按群体溶血病鉴别诊断思路和溶血病因过筛检验,逐步进行鉴别诊断(详见李毓义、张乃生主编的《动物群体病症状鉴别诊断学》中的群体溶血病鉴别诊断)。

3.再生障碍性贫血病鉴别诊断

遇到可视黏膜逐渐苍白,亚急性或慢性病程,而病因过筛检验属正细胞正色素型和非再生类型的贫血病时,应考虑再生障碍性贫血病类。

首先,要按照群体贫血病分类的各自基本特征,将马急性和慢性传染性贫血、犬埃利希体病、猫泛白细胞减少症、猫白血病病毒病、鸡传染性贫血等传染性再障病,牛、羊的毛圆线虫病等侵袭性再障病,三氯乙烯中毒、豆粕中毒、蕨类植物中毒、马穗状葡萄菌毒素中毒病、梨孢镰刀菌毒素中毒病等中毒性再障病,周期性血细胞生成症、犬和牛的特发性红细胞生成不良症、海福特牛的贫血-角化不良-脱毛综合征等遗传性再障病鉴别开来。

然后,再按照下列思路,将上述群体性再障病,同骨髓组织萎缩或红细胞生成素不足造成的个体再障病鉴别开来。

其血液内红细胞数、白细胞数和血小板数都减少的,表明系血细胞再障,可进一步检验骨髓细胞象取得红系、粒系、巨核系细胞普遍减少,即三系再障的确证,并查明造成骨髓组织萎缩的具体病因(原发病)。

其血液内白细胞数和血小板数不减少而唯独红细胞数减少的,表明系红细胞再障,也应进一步检验骨髓细胞象,取得红系细胞减少,即红系再障的确证,并查明造成红细胞生成素不足的具体病因(原发病)。

4.营养性贫血病鉴别诊断

遇到大群疫状发生或地区流行的、慢性无热的、不水平传播的群体贫血病时,应考虑某些营养代谢类疾病。通常按下列三个步骤进行鉴别诊断(图 4.39)。

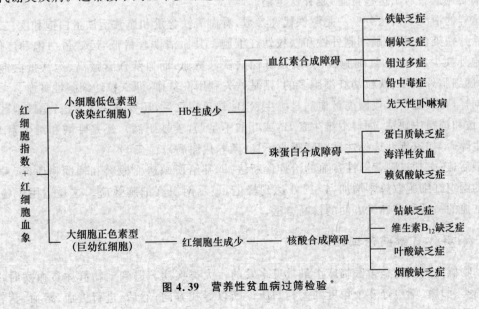

图 4.39 营养性贫血病过筛检验 [*]

---

[*] 图 4.1 至图 4.39 均引自《动物群体病症状鉴别诊断学》,李毓义、张乃生主编,2003 年。

第一步:确定是哪一属营养代谢病。

依据红细胞(RBC)数、Hb量和PCV,计算出红细胞指数,主要是MCV和MCHC,并通过血象尤其是红细胞象,骨髓象尤其是红系象的检验,明确其在贫血形态学分类上的位置。并依据营养代谢类贫血病过筛检验结果,寻找诊断方向。

如果属小细胞低色素型贫血,血片上见有大量淡染红细胞,指示贫血的发病环节在Hb生成少,病因是血红素合成障碍和/或珠蛋白合成障碍。如果是大细胞正色素型贫血,血片和骨髓片上见有胞体巨大、核染色质疏松的巨幼红细胞,则指示贫血的发病环节在红细胞生成少,病因是核酸合成障碍。

第二步:确定是哪一种营养代谢病。

对小细胞低色素型贫血,要侧重考虑能使血红素或珠蛋白合成发生障碍的疾病。对大细胞正色素型贫血,则要侧重考虑能使核酸合成发生障碍的疾病。然后,再分别通过病畜的体液、排泄物、饲料、饮水乃至该地区的土壤和植被,检验有关造血原料和造血辅助物质的含量,确定是其中哪种具体的营养代谢病。

第三步:确定是营养病还是代谢病。

即确定营养代谢类群体贫血病的病因是属于饲料饲养性的,还是属于代谢遗传性的。

例如,在确定营养代谢类贫血病是缺铁性贫血之后,要进一步考虑是饲料饲养中铁质供应不足所致的真性缺铁性贫血,还是铁质在体内的吸收、转运、利用和代谢障碍所致的铁失利用性贫血。实际上,慢性失血性贫血(个体贫血病),还有不采取补铁措施的集约化养猪场里三四周龄猪常发生的仔猪贫血(群体贫血病),才是真性缺铁性贫血。对于这种贫血,只要补够了铁质,贫血病即得以防治。而前面谈到的铜缺乏性贫血、钼过多性贫血、铅中毒性贫血、维生素B_6缺乏性贫血以及家族性卟啉病、海洋性贫血、先天性缺铁性贫血、遗传性铁的膜转运病等众多有关的中毒性贫血病、遗传性贫血病和营养代谢性贫血病,都是铁失利用性贫血,体内不是缺铁而是剩铁。对于这些贫血,越补铁越糟。

这样的情况如何区分? 一是测铁代谢参数,看血清铁含量和血浆运铁蛋白饱和度;二是做骨髓涂片铁染色,看骨髓细胞外铁和铁粒幼红细胞。其血清铁含量低、运铁蛋白饱和度低、骨髓细胞外铁少、铁粒幼红细胞少的,就是真性缺铁性贫血;而血清铁含量高、运铁蛋白饱和度高、骨髓细胞外铁多、铁粒幼红细胞多的,则是铁失利用性贫血,即铁粒幼细胞性贫血。

同样,在确定营养代谢类贫血病是维生素B_{12}缺乏症之后,还要进一步考虑:是该地区的土壤、植被和饲料中缺钴,饲料中维生素B_{12}或叶酸不足(营养缺乏病),还是叶酸和维生素B_{12}代谢发生障碍,如家族性选择性钴胺素吸收不良(营养代谢病)。

最后,还必须提到营养性贫血的治疗诊断法,即补给所缺造血原料和辅助物质后,末梢血液内的网织红细胞数急剧增加,4～7 d达到峰值,显示网织红细胞效应。这是适用于各种营养性贫血的一项既准确又方便的诊断方法。

(六)群体贫血病论证诊断

动物群体贫血病是兽医临床上最常见多发的一大类疾病。遇到动物群体贫血病时,首先进行归类、归属、筛检等3个角度的大类归属诊断以寻找方向;然后,进行失血、溶血、营养、再障等4种病因类型的鉴别诊断,以得出相关病性病因的初步结论;最后,还必须实施论证诊断,加以确认。

1.传染性贫血病认定要点

a.有对应的临床表现(贫血体征);b.有对应的病理变化(贫血病变);c.有对应的检验所见(贫血象);d.有传染性,同居感染,水平传播;e.有对应的病原微生物检出,而且动物回归发病。

2.侵袭性贫血病认定要点

a.有对应的临床表现(贫血体征);b.有对应的病理变化(贫血病变);c.有对应的检验所见(贫血象);d.有对应的寄生虫检出;e.有对应的防治效果。

3.遗传性贫血病认定要点

a.有对应的临床表现(贫血体征);b.有对应的病理变化(贫血病变);c.有对应的检验所见(贫血象);d.呈家族式分布,具特定的遗传类型;e.染色体上能找到突变的基因位点。

4.中毒性贫血病认定要点

a.有对应的临床表现(贫血体征);b.有对应的病理变化(贫血病变);c.有对应的检验所见(贫血象);d.有对应的毒物接触史;e.能找到相应的毒物或其降解物,而且动物发病试验成功。

5.营养缺乏性贫血病认定要点

a.有对应的临床表现(贫血体征);b.有对应的病理变化(贫血病变);c.有对应的检验所见(贫血象),且体内、外环境中特定造血原料或辅助物质含量不足;d.有对应的防治效果:补给所缺造血物质,即显现网织红细胞效应,且多数病畜康复,贫血病流行平息。

6.营养代谢性贫血病认定要点

a.有对应的临床表现(贫血病征);b.有对应的病理变化(贫血病变);c.有对应的检验所见(贫血象),且特定造血物质代谢过程所需酶类活性低下,该酶促反应的底物蓄积,该酶促反应的产物匮乏;d.有对应的防治效果:提供所需的酶类,疏导蓄积的底物或补给匮乏的产物,可使多数病畜的贫血得到缓解,纠正缺陷的酶类,则该群体贫血病流行得以平息。

八、动物红尿综合征鉴别诊断思路

红尿是泛指尿液变红的一般概念,兽医临床上比较常见的一类症状,主要包括血尿、血红蛋白尿、肌红蛋白尿、卟啉尿和药物性红尿。

(一)红尿特性及过筛检验

1.血尿

即尿液中混有多量红细胞,颜色因尿液的酸碱度和所含血量而不同。碱性血尿显红色;酸性血尿显棕色或暗黑色。其尿液外观如洗肉水色或血样,放置或离心后红细胞沉于管底而上清红色消失的,称为眼观血尿;其尿液眼观不红,尿沉渣镜检有多量红细胞且联苯胺潜血试验呈阳性反应的,则称为显微镜血尿。尿液中混有多量脂肪、蛋白和血液的,显红色乳样外观,特称乳糜血尿。

2.血红蛋白尿

即尿液中含多量游离Hb。血红蛋白尿的颜色,主要取决于所含Hb的性质和数量。新鲜的血红蛋白尿,含氧合血红蛋白和还原血红蛋白,显红色、浅棕色或葡萄酒色;陈旧(包括膀胱内滞留)的血红蛋白尿,含高铁血红蛋白和酸性血红蛋白,显棕褐色乃至黑褐色。血红蛋白尿外观清亮而不浑浊,放置后管底无红细胞沉淀,镜检没有或极少红细胞,联苯胺试验呈阳性反应。血红蛋白尿症,常是急性血管内溶血的外在表现,多伴有血红蛋白血症,血浆(清)因含有大量游离血红蛋白而明显红染。

3.肌红蛋白尿

即尿液中含多量肌红蛋白。肌红蛋白尿显暗红、深褐乃至黑色,外观与血红蛋白尿颇相类似,联苯胺试验亦呈阳性反应。两者的简易区分在于,肌红蛋白尿症不伴有血红蛋白血症,即其血浆(清)中虽含多量游离的肌红蛋白,但外观并不红染。精确区分必须通过尿液的分光镜检查,依据不同的吸收光谱加以识别。临床检验鉴别常用盐析法,即取尿液 5 mL,加硫酸铵2.5 g,充分混合后过滤。滤液仍呈淡玫瑰色的,为肌红蛋白尿;滤液红褐色消退的,为血红蛋白尿。

4.卟啉尿

即尿液中含多量卟啉衍生物,主要是尿卟啉和粪卟啉。卟啉尿显深琥珀色或葡萄酒色,镜检无红细胞,联苯胺试验呈阴性反应。尿液原样或经乙醚提取后,在紫外线照射下发红色荧光。确证应通过化学检验,测定卟啉衍生物的组分及其含量。

5.药物性红尿

即因药物色素而染红的尿液。见于肌肉注射红色素(百浪多息)或内服硫化二苯胺、山道年、大黄之后的碱性尿液。药物性红尿,镜检无红细胞,联苯胺试验呈阴性反应,紫外线照射不发红色荧光,且尿样酸化后红色即行消退。

(二)血尿分类及诊断

1.血尿分类

(1)病灶分类。按血液渗染尿液的病灶部位,可分为肾前性血尿、肾性血尿和肾后性血尿。

①肾前性血尿。指的是全身性出血病所引起的血尿,见于各种出血性素质性疾病,如各种传染性、侵袭性、中毒性和遗传性出血病。

②肾性血尿。指的是肾脏疾病所引起的血尿,见于出血性肾炎、急性肾小球肾炎、中毒性肾病、肾梗塞、肾虫病、肾结石、肾损伤等。

③肾后性血尿。指的是肾脏以外泌尿系统疾病所引起的血尿,又称尿路性血尿,包括肾盂、输尿管、膀胱和尿道血尿。

(2)病因分类。按血尿起因的性质,可分为以下7类:

①出血素质病性血尿。系全身性出血病表现于泌尿系统出血的一个分症,亦可列为肾前性血尿,见于坏血病、血斑病、血管性假血友病、贮藏池病、血小板减少性紫癜以及甲、乙、丙3型血友病等各种凝血因子缺乏症。

②中毒性血尿。乃各类毒物尤其肾脏毒所引起的血尿,见于汞、铅、镉等重金属或类金属中毒,蕨类、毛茛、假参包叶等植物中毒,四氯化碳、三氯乙烯、五氯苯酚等有机化合物中毒以及华法令(敌鼠钠)等双香豆素类抗凝血毒鼠药中毒。

③炎症性血尿。即肾脏、膀胱、尿道等泌尿器官本身炎症、溃疡所引起的血尿。

④结石性血尿。即因肾或尿路结石造成泌尿系炎症和损伤而出现的血尿,见于肾结石、

输尿管结石、膀胱结石、尿道结石。其中最为多发而典型的是犬的尿石症和猫的泌尿器综合征。

⑤肿瘤性血尿。见于肾脏的腺癌,膀胱的血管瘤、血管内皮肉瘤、移行细胞乳头状瘤、移行细胞癌等,还见于蕨类植物尤其是毛叶蕨慢性中毒所致的牛地方性血尿。

⑥外伤性血尿。见于肾脏、膀胱或尿道损伤。

⑦寄生虫性血尿。见于猪、马、牛的有齿冠状线虫病和绵羊的细粒棘球蚴病等。

2.血尿鉴别诊断

遇到血尿病畜,应综合全身临床表现,首先考虑是单纯性泌尿系统出血抑或是出血性素质病表现的一个分症,即所谓的肾前性血尿。

对伴有可视黏膜出血斑点、皮下血肿以及便血(柏油粪)、衄血等自发性出血体征或创伤后出血不止的病畜,不要拘泥于泌尿系统检查,而应直接按出血综合征诊断思路,尽快确定出血性素质的病性和病因(参见本节"六、动物出血综合征鉴别诊断思路")。

对单纯性真性血尿病畜,则可按表4.9的诊断线索,寻找泌尿器官出血的区段和部位,做定位诊断。

表 4.9   血尿定位诊断线索 *

尿流观察	三杯试验	膀胱冲洗	尿渣镜检	泌尿系症状	提示部位
全程血尿	三杯均红	红—淡红—红	肾上皮细胞 各种管型	肾区触痛 少尿	肾性血尿
终末血尿	末杯深红	红—红—红	膀胱上皮细胞 磷酸铵镁结晶	膀胱触痛 排尿异常	膀胱血尿
初始血尿	首杯深红	不红	脓细胞	尿频尿痛 刺激症状	尿道血尿

出血部位大体确定之后,应依据群发、散发或单发等流行病学情况,发热或无热等全身症状,急性、亚急性或慢性进行性等病程经过,并配合应用病原学检验、X线、超声、尿路造影、膀胱内窥镜检查、肾功能试验等必要的特殊诊断手段,进行综合分析,最后确定病性是炎症性的还是肿瘤性的,病因是感染性、中毒性的,还是结石性、外伤性的。

(三)血红蛋白尿病因分类及诊断

1.血红蛋白尿病因分类

血红蛋白尿症、血红蛋白血症、溶血危象三位一体,都是急性血管内溶血的表现。因此,血红蛋白尿的病因分类和鉴别诊断,实际上就是急性血管内溶血的病因分类和鉴别诊断(详见本节"七、动物贫血综合征鉴别诊断思路")。

2.血红蛋白尿鉴别诊断

血红蛋白尿的鉴别诊断,实质上是急性血管内溶血的病因诊断,旨在寻找造成急性血管内溶血而出现血红蛋白尿症的原发疾病,鉴别诊断思路见图4.40。

---

* 表4.1至表4.9均引自《动物群体病症状鉴别诊断学》,李毓义、张乃生主编,2003年。

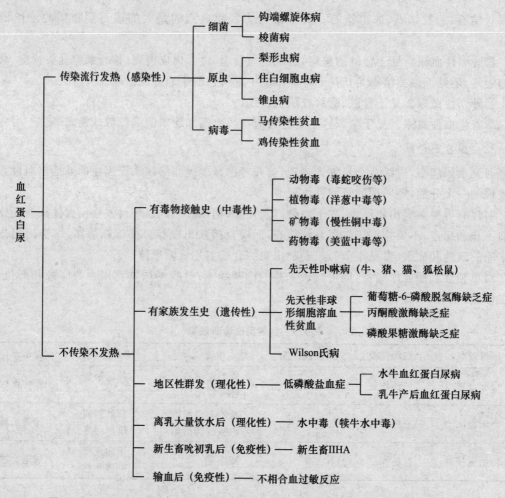

图 4.40　血红蛋白尿鉴别诊断思路（张乃生、李毓义，动物普通病学，第 2 版，2011）

（四）肌红蛋白尿的病因及诊断

肌红蛋白是肌肉内的一种色素蛋白，同血红蛋白相比，其相对分子质量小，肾阈值低，在肌肉营养代谢异常而发生变性、坏死等情况下，肌细胞内的肌红蛋白即游离进入血流，发生肌红蛋白血症，并随尿液排出而出现肌红蛋白尿症。见于各种动物的维生素 E-微量元素硒缺乏综合征（白肌病）和外伤性肌炎，马（牛、猪）麻痹性肌红蛋白尿病，马地方性肌红蛋白尿病以及野生动物的捕捉性肌病等。

动物的这些肌红蛋白尿病，可依据各自的发生情况、临床表现、病理特征、血清乳酸脱氢酶同工酶谱分析，维生素 E 和微量元素硒测定以及试验性防治效果，作出具体诊断。

（五）卟啉尿的病因及诊断

卟啉尿病，即血卟啉尿病，包括红细胞生成性卟啉病和非红细胞生成性卟啉病，是调控卟啉代谢和血红素合成的有关酶类先天缺陷所致的一组遗传性卟啉代谢病。已有牛、猫、猪以及狐松鼠发生先天性卟啉病的报道。铅等某些重金属中毒以及重剧的肝脏病，常伴有继发性卟啉病,而出现症状性卟啉尿。

临床特征:家族性发生,表现卟啉齿、卟啉尿、贫血、光敏性皮炎、腹痛或神经症状。

遇到卟啉尿症病畜,可依据有无家族发生史以及特征性临床表现和血、粪、尿内各卟啉衍生物的定量分析,作出诊断。再者,卟啉尿症常因急性血管内溶血而伴有血红蛋白尿症,应注意具体分析。

(六)药物红尿鉴识

药物红尿的共同特点:尿液经醋酸酸化后红色即行消退。至于红染尿液的具体药物,只要询问用药史即可查明。

(张乃生)

九、犬腹痛症状鉴别诊断思路

腹痛是犬病临床上比较常见的一种症状,表现精神沉郁,弓背,不愿活动。犬腹痛病因复杂。对犬腹痛病例,需要进行流行病学调查、临床检查、血液检查、B超检查及腹腔探查,找出导致病犬腹痛的病因。

(一)犬腹痛的病因及主要表现

犬腹痛病因较多,可归纳为以下18种情况:

(1)腹膜炎。腹痛,呕吐,弓背,腹水,腹肌紧张,发热,消化不良。

(2)急性胰腺炎。腹痛,呕吐,腹泻,食欲废绝,休克,突然死亡。

(3)肠套叠。腹痛,呕吐,腹水,黏液血便,大便不畅,触摸腹腔内有香肠样物。

(4)肠梗阻。腹痛,呕吐,腹围膨隆,努责,多饮,脱水,腹胀。

(5)胃扭转-扩张。腹痛,呕吐,呼吸困难,腹围增大,流涎。

(6)输尿管结石。血尿,剧烈腹痛,腹部触诊有压痛。

(7)鞭虫病。腹痛,脱水,消瘦,黏液血便,食欲减退,里急后重。

(8)脾破裂。腹痛,呕吐,呼吸急促,腹围增大,腹腔穿刺液有血。

(9)慢性胰腺炎。腹痛,呕吐,腹泻,脂肪便,消瘦,食欲异常亢进。

(10)沙门氏菌病。腹痛,呕吐,腹泻,发热,脱水,黏液血便,幼犬多发。

(11)小肠内异物。腹痛,呕吐,脱水,发热,排便量减少。

(12)疝。腹痛,呕吐,脱水,便秘,局部有肿物,多见于幼年犬。

(13)出血性胃肠炎综合征。腹痛,呕吐,腹泻血便,脱水,发热,白细胞增加,多见于2~4岁犬。

(14)不耐乳糖症。腹痛,腹泻,肠鸣。

(15)绦虫病。腹痛,软便,消瘦,食欲增加,被毛粗乱,摩擦臀部,粪中可见米粒状绦虫节片,神经症状。

(16)砷中毒。腹痛,呕吐,腹泻,流涎,可视黏膜潮红,呼出气体有蒜臭味,胃肠炎,粪便腥臭,呼吸困难,突然死亡。

(17)磷中毒。腹痛,呕吐,腹泻,流涎,瞳孔缩小,尿失禁,可视黏膜苍白,食欲不振,黄疸,痉挛。

(18)铅中毒。腹痛,呕吐,腹泻,厌食,贫血,神经症状。

(二)犬腹痛症状的鉴别诊断思路

1.病史调查

(1)问清发病时间与发病的经过,对腹痛的诊断很有意义。如胃肠破裂,发病急剧,死亡较快;对于肠阻塞,发病较慢,病程较长。

(2)如呕吐先于腹泻,可能是饲喂不当或吞食异物、毒物而引起;如呕吐出现于腹泻之后,多表示腹腔、内脏的疾病引起胃肠道反射;肠梗阻呕吐多在腹痛之后。

(3)腹痛表现。持续性腹痛表示腹部有炎症性疾病;阵发性腹痛多表示腹腔脏器有梗阻或痉挛性疾病。

(4)排粪和排尿。了解排粪的次数、数量及粪便的干、稀、软、硬等情况。如肠痉挛排稀粪,无恶臭,粪中不含黏液、脓汁;急性胃肠炎排出恶臭的混有脓血的稀粪或水样粪;肠梗阻时可能排粪停止;不排尿可能为膀胱结石、尿道阻塞或膀胱破裂等。

(5)舌象。在腹痛诊疗中要注意辨别危症。研究发现,舌象变化与犬的腹痛有一定的同步性,其变化程度与腹痛的剧烈程度息息相关,可作为确认腹痛的可靠依据。此外,也可以通过可视黏膜的颜色变化来辨别。

①颜色。一般为青紫色。中医理论认为,痛属肝,肝色青,故腹痛时舌多呈青紫色,现代医学认为是血液变化所致。

②质地。腹痛时,舌体的质地一般较平时为硬,牵拉困难。

③舌面纵纹。舌面出现的纵纹是剧烈腹痛的典型反映。

2.基本检查

(1)体温和呼吸数的测定。

(2)了解腹痛程度、检查腹部器官。腹痛程度对推断疾病的性质、部位有一定的参考价值,同时与疾病发展的快慢有关。一般地,在病的初、中期腹痛比较明显而剧烈,后期往往缓和。弥散性疼痛见于胃肠道溃疡、腹膜炎或严重的肠炎;局部疼痛见于胰腺炎、异物、肾盂肾炎、肝脏疾病、肠道炎性疾病的局部炎症。腹部检查包括:器官大小,如肝、肾大小,胃肠扩张的程度;肠音的变化,在腹膜炎时肠音常常消失,而急性炎症时肠音增强。

(3)嗅诊。有的疾病分泌物中有特殊的气味,可以辅助诊断。如有机磷中毒的蒜臭味,尿毒症的尿臭味等。

(4)视诊。观察皮毛颜色、光泽有无异常,腹部有无隆起、肿块或两侧不对称情况。消耗性疾病多见被毛粗乱、无光泽。胃扩张、脾破裂、便秘、子宫蓄脓时腹围增大,而慢性消耗性疾病、寄生虫病、营养不良时可见腹围减小;疝和某些肿瘤多见腹部皮肤局部隆起。可视黏膜的检查可判断失血、脱水、败血症、黄疸等情况。

(5)触诊。对腹部各脏器进行触诊,观察病犬的疼痛反应,对确定局部性疼痛的发病部位有重要意义。例如,肝脏有疼痛疾患,触诊肝区时病犬会表现出躲避。冲击式触诊呈波动样,提示有体腔积液;质感坚实,提示为肿瘤、异物、便秘的粪球等;触压柔软、内容物不固定、大小不定、有回纳性,并可摸到疝孔和疝轮的,多见于各种疝。

（6）叩诊。胃肠臌气为鼓音,腹腔积液为水平浊音。

（7）听诊。判断动物胃肠蠕动音性质。例如,在腹膜炎时肠音常消失,而急性炎症时肠音增强,不耐乳糖症时有肠鸣。

（8）直肠及粪便检查。直肠检查主要检查肠黏膜的状态。粪便检查注意排粪量及其硬度,同时注意粪便内有无血液、黏液、脓汁、寄生虫及异物等。

3.特殊检查

常规检查一般可以初步确定疾病发生的部位、性质、种类,要确诊往往还需特殊检查,如血常规,血液生化分析,尿液和粪便检查,X线、B超、内窥镜检查,酶联免疫吸附试验(ELISA),聚合酶链式反应(PCR)等。

另外,通过腹腔穿刺来判断腹腔液的数量和性状,对某些疾病的诊断有很大帮助。如腹膜炎时,腹腔液为渗出液;胃肠破裂时,腹腔液中有血液、粪便等。

（刘翠艳）

十、犬呕吐症状鉴别诊断思路

呕吐是动物不由自主地将胃内、偶尔也将小肠内的内容物经口腔或鼻腔排出体外的现象。呕吐绝大部分属于病理现象,也有部分是胃和食管的解剖生理特点和呕吐中枢感受性不同而引发的。

(一)犬呕吐的病因

引起呕吐的原因很多,包括:

(1)突然更换日粮、摄食异物、吃食过快、食物过敏和对某种食物的不耐受。

(2)对某些药物的不耐受(如抗肿瘤药物、强心苷、抗生素及砷制剂),非类固醇抗炎药、抗胆碱药的错误应用以及剂量过大,内服刺激胃肠黏膜的药物(如洋地黄、硫酸铜、水杨酸钠、氯化铵、氨茶碱等)。

(3)有机磷、酚、亚硝酸盐、铅、乙二醇、锌及其他毒物中毒。

(4)因代谢产物作用于呕吐中枢而发生呕吐,如糖尿病、甲状腺机能亢进、肾上腺机能低下、肾脏疾病、肝脏疾病、脓血症、酸中毒、高钾血症、低钾血症、高钙血症、低钙血症、低镁血症和中暑等。

(5)咽、食管疾病,如咽炎、食道异物、食管阻塞等疾病可引起呕吐。

(6)胃功能障碍,如胃阻塞、慢性胃炎、胃排空机能障碍、胆汁呕吐综合征、胃溃疡、胃息肉、胃肿瘤、胃扩张、胃扭转等。

(7)肠道机能障碍,如肠道寄生虫、肠炎、肠管阻塞、小肠变位、弥漫性壁内肿瘤、真菌感染性疾病、肠扭转、顽固性便秘、肠道过敏综合征等。

(8)腹部疾病,如胰腺炎、腹膜炎、肝炎、胆管阻塞、子宫蓄脓、膈疝、肿瘤等。

(9)神经机能障碍,如神经因素(疼痛、恐惧、兴奋)、运动障碍、炎性损伤、水肿、癫痫、肿瘤等。

(10)颅内压增高性疾病,如脑震荡、脑挫伤、脑肿瘤、脑及脑膜感染性疾病、脑出血所引起的颅内压升高,常常导致脑水肿、脑缺血缺氧,使呕吐中枢血氧供给不足而发生呕吐。

(二)犬呕吐症状的鉴别诊断思路

1. 病史调查

注意呕吐发生的时间、频率以及呕吐物的数量、性状、气味、酸碱度等,同时对用药、疫苗接种情况、进食前后等进行详细了解。

(1)呕吐与采食时间的关系。健康状态下,采食后胃的正常排空时间为 7~10 h。采食后不久立即呕吐,常见于饲料的质量问题、食物不耐受、过食、应激或兴奋、胃炎等;采食后 6~7 h 呕吐出未消化或部分消化的食物,通常见于胃的排空机能障碍或胃通道阻塞;胃的运动减弱通常在采食后 12~18 h 或更长的时间出现呕吐,并呈周期性的临床特点。

(2)间歇性的慢性呕吐。重点考虑慢性胃炎、肠道炎性疾病、过敏性肠炎综合征、胃排空机能障碍等。确诊需要进行胃和肠道黏膜活检。

(3)喷射状呕吐。见于胃及邻近胃的十二指肠严重阻塞。

(4)呕吐的性质。中枢性呕吐,是由中枢神经受到损害,多呈频繁性或阵发性呕吐,间隔时间较短,当胃肠内容物全部吐出之后,仍不缓解;末梢性呕吐主要受害部位是胃和肠道,当胃、肠内容物吐完之后,呕吐通常停止,症状随之缓解。

(5)呕吐物的性状。要注意呕吐物的颜色变化。呕吐物为胆汁,见于胆汁回流综合征、原发或继发胃运动减弱、肠内异物或胰腺炎;呕吐物带少量的血液,则见于胃溃疡、慢性胃炎或肿瘤;大量血液或咖啡色的呕吐物常标志胃黏膜损伤或溃疡。若呕吐物的性质和气味与粪便相似,常见于大肠阻塞、犬的吐粪症。中毒性呕吐可从呕吐物中发现毒物或毒物的特殊气味、颜色。

一般来说,全身性或代谢疾病引起的急性或慢性呕吐与采食时间和呕吐的内容物无关。

2. 临床检查

主要包括:临床症状观察、可视黏膜检查、腹部的疼痛反应以及直肠检查。必要时,进行血细胞计数、血液生化分析、尿液分析、粪便检查和 X 线、B 超、内窥镜检查,综合分析后做出正确的诊断。

腹部检查,详见本节"九、犬腹痛症状鉴别诊断思路"。

病原学检查。当怀疑是由传染性疾病引起的呕吐时,犬瘟热、犬冠状病毒病和细小病毒病可用快速诊断试剂盒诊断,也可以采用 ELISA、PCR 等方法诊断。

当怀疑是由代谢性疾病引起的呕吐,可进行血常规、尿常规、粪便检查、肝功能等血液生化分析。

当怀疑是由颅内压增高、消化道疾病引起的呕吐时,可用 B 超、X 线进一步的检查,观察颅腔、消化道内是否有异常的病变;对于消化道疾病也可用内窥镜进行检查,必要时也可以利用内窥镜进行手术,如消化道内异物的取出。

3. 鉴别诊断

(1)呕吐伴有腹泻。呕吐伴有严重腹泻的疾病包括犬细小病毒病、犬瘟热、犬传染性肝炎及犬冠状病毒病等。犬细小病毒病表现出持续性呕吐,粪便呈番茄汁样,有特殊的臭味,迅速脱水;犬瘟热初期表现呕吐,主要以呼吸道症状为主,后期出现神经症状;犬传染性肝炎吐出带血胃液,排出果酱样血便,部分犬恢复期出现一过性的角膜混浊;冠状病毒感染时偶尔呕吐,粪便呈橘红色,恶臭,混有血液,死亡率较低。

(2)呕吐伴有体温升高。呕吐伴有体温升高的主要是感染性疾病。常见的非传染性疾病有肠炎、胰腺炎、子宫蓄脓和腹膜炎等。肠炎因严重的腹泻、呕吐引起脱水和酸碱失衡,详见兽医内科学相关教材中的胃肠炎。急性胰腺炎体温升高,主要表现急性呕吐和腹痛。子宫蓄脓伴有急性子宫内膜炎时体温升高,阴道流出脓性或脓血性分泌物(开放型)。急性腹膜炎时体温升高,腹痛明显,腹腔有渗出液。

(3)呕吐伴有腹痛。呕吐伴有轻度腹痛的疾病包括胃炎、肠炎、胰腺肿瘤、慢性胰腺炎、慢性腹膜炎等,呕吐伴有重度腹痛的疾病有急性胃扩张-扭转、肠阻塞、肠套叠、急性胰腺炎、尿道阻塞等。急性胃扩张-扭转主要发生于大型犬,表现干呕、突然腹痛、腹部膨大、呼吸困难;肠阻塞时表现剧烈腹痛,阻塞部位愈接近胃,呕吐和相关症状愈剧烈,病程发展愈迅速,腹部僵硬,抗拒触诊腹部;肠套叠时病犬反复呕吐,腹痛,排便里急后重,触诊腹部紧张,可触摸到坚实而有弹性、似香肠样的套叠肠管;急性胰腺炎腹痛明显,表现不安,有的呈祈祷姿势,触诊右腹部前 1/4 处疼痛;尿道阻塞引起膀胱过度充满时腹痛明显。

(4)呕吐伴有尿液成分的改变。呕吐伴有尿液成分改变的疾病主要有尿毒症、前列腺炎、尿道结石等。尿毒症时尿量减少,尿液比重增加,尿沉渣可见各种细胞和管型、蛋白尿;前列腺炎时尿道排出血性分泌物,血尿,脓尿,细菌尿;尿道结石可见血尿、尿淋漓,可通过 B 超或 X 线摄片进行诊断。

(5)呕吐伴有呼吸急促。呕吐伴有呼吸急促或呼吸困难的疾病主要有急性胃扩张-扭转、尿毒症、酮酸血症、有机磷农药中毒等。尿毒症时肾衰竭;酮酸血症表现血糖升高、酮血症、酮尿症;有机磷农药中毒发病突然,呼吸困难,有明显的神经症状,病史和毒物检验有助于诊断。

(6)判断真性呕吐和假性呕吐。真性呕吐常提示脑和胃肠疾病,假性呕吐常提示食道疾病。

①假性呕吐。又称逆呕,是指吞咽的食物在进入胃之前,由于食道的收缩而返回口腔的现象,逆呕出的食团因混有唾液而呈碱性。

②真性呕吐。其呕吐物主要是胃内容物,呈酸性,带有酸臭味,从呕吐发生的时间来看,胃内容物性呕吐多发生在进食后 30~60 min;严重者也会呕吐出肠内容物,但要滞后一些,且呕吐物夹杂黄色或黄绿色胆汁,有苦味或苦臭味,呈碱性。

(刘翠艳)

十一、动物运动机能障碍综合征鉴别诊断思路

动物运动机能障碍的形式主要有跛行、强迫运动、运动失调、不随意运动及瘫痪等,各种动物均可发生。

(一)运动机能障碍综合征的诊断思路

(1)神经性运动机能障碍。表现运动障碍而伴有下列临床症状之一的,可初步诊断为神经性运动机能障碍。

①刺激症状。如兴奋、强直性痉挛、感光过敏、肌肉震颤、纤维性震颤等。

②缺失症状。如瘫痪,感光减弱或消失,假性尿失禁等。

③释放症状。如腱反射亢进、骨膜反射增强、肌张力增高等。

④休克症状。如意识丧失、反射消失、粪尿失禁等。

（2）传染性运动机能障碍。同种动物中大群发生运动机能障碍,体温升高,分离出特异病原体,或免疫诊断呈阳性,则为传染性运动机能障碍。

（3）肢蹄病性运动机能障碍。运动障碍以跛行为主要症状,且个别发生,以一肢跛行为主,患肢局部机能障碍症状明显,并有明显可见的病因可查,如扭伤、挫伤、感染、骨折等,则可初步诊断为肢蹄病性运动机能障碍。

（4）代谢性运动机能障碍。多肢交替出现跛行,大群发生,体温正常,病程长,饲料、血液或组织中矿物质或维生素含量明显异常,则可初步诊断为代谢性运动机能障碍。

（5）中毒性运动机能障碍。动物同时或短时间内相继群发跛行,症状相同,且食欲旺盛的动物发病严重,并伴腹泻、呕吐及神经症状,又有可疑中毒原因可查,除去病因则发病停止的,可初步诊断为中毒性运动机能障碍。

（二）表现运动障碍综合征的常见疾病

运动机能障碍发生的原因多种多样,如运动器官疾病、神经系统疾病、某些代谢病、中毒病,以及腰荐部、泌尿系统疾病等,均可出现运动障碍。

（1）运动器官疾病。如关节疾病、腰椎及四肢骨骨折、蹄叶炎、腐蹄病等。

（2）传染性疾病。如李氏杆菌、乙型脑炎、破伤风、鸡马立克氏病（神经型）、鸡新城疫、禽脑脊髓炎、禽病毒性关节炎、禽传染性滑膜炎、禽葡萄球菌病等。

（3）营养代谢病。如骨软症,佝偻病,犊牛白肌病,铜缺乏症,青草搐搦,"母牛倒地不起综合征",生产瘫痪,禽痛风,笼养产蛋鸡疲劳症,禽滑腱症,维生素 B_1、维生素 B_2 缺乏症等。

（4）中毒病。如牛霉稻草中毒,黄曲霉毒素中毒,无机氟化物中毒（慢性）,肉毒梭菌中毒症,有机磷农药中毒等。

（向瑞平）

十二、动物被皮组织异常鉴别诊断思路

被皮组织异常主要包括被毛异常和皮肤组织异常。被毛异常主要表现被毛生长缓慢,有的动物出生后就几乎全身无毛,生长中动物出现大量掉毛,甚至成片脱落,哺乳动物毛的弯曲度减少,成为丝状毛或钢丝毛。有时被毛失去光泽,枯焦、粗乱,或者被毛褪色。

皮肤组织异常的一种常见形式是出现皮肤疹块,不仅在皮肤病时见到,许多内脏疾病或全身性疾病也可出现皮疹,皮肤疹块分为斑疹、丘疹、水疱、大疱、脓疱、结节、风团、糜烂、鳞屑、溃疡、痂、苔藓化等数种。

（一）被皮组织异常的诊断思路

（1）掉毛。a.动物出现掉毛的同时,还有皮肤皲裂,皮屑增多,蹄壳、喙变形和断裂等现象时,大多为营养代谢障碍所引起,原因可能有硫、锌、铜、碘缺乏及硒、钼、铊中毒,钙过量干扰其他元素的作用也会引起。b.许多慢性、消耗性疾病,如严重寄生虫感染、慢性传染病、肿瘤等,亦可产生被毛脱落。体表寄生虫可通过寄生虫诊断方法确诊。传染性疾病引起皮肤和被毛的变化,可根据流行特点、临床症状、病原学和血清学检查进行诊断。c.营养性衰竭、饲料中蛋白质等供给不足亦可产生掉毛。

(2)皮肤疹块。发现动物有皮肤疹块,要注意疹块的大小、形态、颜色、光泽、光滑或粗糙以及边界线是否清楚等。对不同类型的皮肤疹块,根据其特征进行区别,同时注意它们之间的相互关系:a.常见的各种皮疹并不是孤立和静止不变的,往往随着疾病的变化而不断地发生变化。b.在同一疾病不同病程中各种皮疹之间常互相变更,如斑疹、丘疹可以转为水疱,水疱在一定条件下可变为脓疱,丘疹或脓疱破溃则形成糜烂,结节破溃形成溃疡等。c.同一种皮疹,其大小、形状、颜色、硬度以及分布等特点,在不同疾病中也往往不同。d.有的皮肤疹块,仅呈一过性发生,持续数小时消失,不再发生;有的则时隐时现,反复发生;有的却持续不退。

(二)被皮组织异常疾病的鉴别诊断

(1)传染性皮疹。主要是由某些真菌、化脓菌、病毒等感染所引起。不同病毒,侵犯的组织和细胞常不同,如带状疱疹病毒侵害神经组织,各种疣的病毒侵害表皮细胞;扩散蔓延的方式和途径也不同,有的沿体表蔓延,并形成新的疹块,如各种疣,有的仅呈局限性扩大,有的则吸收入血,引起病毒血症,如水痘。

(2)寄生虫性皮疹。能引起皮疹的寄生虫,比较常见的有原虫类、吸虫类、线虫类、蜱螨类及昆虫类等寄生虫。

(3)过敏性皮疹。由变态反应引起的皮疹,常见的有速发、迟发过敏反应两种类型。一般在接触某种变应原后,于30 min内就可出现风疹块属于速发型过敏反应,如湿疹、接触性皮炎、结核菌素反应等。迟发型变态反应在接触某种变应原后,至少需经过24～72 h才出现反应,如荨麻疹、血清病。

(4)神经性皮疹。主要是由于皮肤组织的机能障碍所引起的皮疹,如皮肤瘙痒病。

(三)表现被皮组织异常的常见疾病

(1)寄生虫病。如螨病、牛羊虱病、牛皮蝇蛆病等。

(2)传染病。如皮肤霉菌病、猪丹毒、猪坏死杆菌病、禽葡萄球菌病、口蹄疫、猪水疱病、皮肤炭疽等。

(3)营养代谢与中毒病。如铜、硫、锌、碘缺乏,硒中毒等。

(4)过敏性与其他疾病。如感光过敏、荨麻疹、湿疹、秃毛症等。

(向瑞平)

十三、动物繁殖障碍综合征鉴别诊断思路

动物繁殖机能障碍,主要是指一群动物中,许多母畜于性成熟以后,长期不发情或发情表现很不明显,经配种后屡配不孕或孕期返情;胚胎早期死亡或被吸收;胎儿早产、流产或生后死亡等;公畜的性欲低下,不愿交配,精液品质较差,如精子活力低、数量少,精子畸形或死精,精子缺失等。

（一）繁殖障碍综合征的诊断思路

应搞清是母畜繁殖障碍还是公畜繁殖障碍，或是公母畜都有繁殖障碍；是先天性的，还是后天性的；是饲养管理因素造成的，还是繁殖技术不当造成的；是传染性因素引起的，还是非传染性因素引起的，从而明确繁殖障碍的原因。

（二）繁殖障碍综合征的诊断方法

一般有病史调查、临床检查、实验室检查、影像检查、其他检查等。

（1）病史调查。主要包括饲养管理、使役、人工授精技术、泌乳、发情、繁殖障碍母畜的数量和年龄等。

（2）临床检查。母畜检查乳房、外阴、阴道、子宫和卵巢，必要时进行生殖激素测定；公畜进行生殖器官和精液检查。如果发现母畜生殖器官发育不全，如子宫角或卵巢特别小，或畸形，可能为先天性原因造成的繁殖障碍。母畜特别瘦弱或肥胖，饲养管理制度和营养成分明显不当，可以认为是饲养性繁殖障碍。除了生殖器官的疾病和机能异常外，许多其他疾病，如心脏、肾脏、消化道、呼吸道等器官或系统的疾病，衰弱及其他全身疾病，也可引起卵巢机能不全和持久性黄体而导致繁殖障碍，许多传染病和寄生虫病也引起繁殖障碍。

（3）实验室检查。可采用乳汁孕酮测定、免疫性不孕症的诊断、直肠检查、病理变化检查等方法。

（4）影像检查。可采用 X 线摄片、B 超检查、核磁共振检查等方法。

（5）其他检查。可应用 PCR（或 RT-PCR）检测方法，分别扩增猪繁殖与呼吸综合征病毒、猪伪狂犬病毒、猪细小病毒、猪圆环病毒-2 型、日本乙型脑炎病毒和猪瘟病毒等病毒的一段保守序列，克隆到重组质粒，制备各病毒的捕获 DNA，制成诊断基因芯片。

（三）繁殖障碍综合征的鉴别诊断

（1）先天性繁殖机能障碍。是指因幼稚病、生殖器官畸形及近亲交配所引起的繁殖障碍。如雌性动物的子宫颈、子宫角纤细，子宫颈缺如或闭锁，阴道或阴门过于狭窄或闭锁；雄性动物的睾丸发育不全、体积小、质地异常等。

（2）后天获得性繁殖机能障碍。

①营养性繁殖障碍。饲料中营养物质不足或过剩可引起繁殖障碍。如蛋白质、能量缺乏或过剩，钙、磷、锰、锌、硒、铜、钴、碘等缺乏，维生素 A、维生素 D、维生素 E 及 B 族维生素缺乏及镉、砷、铅等慢性中毒。

②疾病性繁殖障碍。常见于生殖器官疾病，如母畜卵巢机能不全，卵巢炎症或萎缩，持久性黄体，卵巢囊肿，卵巢肿瘤，输卵管、子宫及阴道炎症等；公畜睾丸萎缩、输精管炎症、附睾坏死等。也常见于某些传染病、寄生虫侵袭的影响，如猪繁殖与呼吸综合征、布鲁氏菌病、胎儿弧菌病、结核病、李氏杆菌病、衣原体病、伪狂犬病、钩端螺旋体病、毛滴虫病、弓形虫病等。

③繁殖技术不良。如错过排卵期配种，输精技术不熟练，精液保存和处理不妥当等，可通过对具体人员的培训和精液质量检验而找出原因。

④环境性繁殖障碍。环境变迁，气温、日照骤变，尤其热、冷应激的情况下，可导致生殖内

分泌紊乱、受胎率下降,或造成异常胚胎和不受精卵子数目增加,不孕,早期胚胎死亡甚至流产等。

⑤衰老性繁殖障碍。动物年老,生殖器官萎缩和机能减退可引起繁殖力下降。

(向瑞平)

【本章小结】

在临床实习和毕业实习中,兽医专业学生需要处理不同种类的动物以及诊断不同性质的疾病,科学的诊断方法和程序是准确判明疾病原因和性质的前提。本章不仅详述了群发性疾病的诊断方法和程序,而且具体表述了不同动物临床常见综合征的鉴别诊断思路。在临床诊治中,同一类症状的疾病可能由不同的病因所致,而一种病因引起的疾病在不同的病程中,尤其在并发或继发的情况下,可能出现复杂的症状,所以运用正确的鉴别诊断思路尤为重要。

第五章　兽医临床常见症状及危症的诊断与处理

【本章导读】

兽医临床常见症状的诊断与处理,尤其是常见危症的诊断与处理的方法与技术是兽医学专业学生在实习中必须掌握的基本技能。动物的各种疾病都是以症状的形式表现于临床,在临床疾病诊治的过程中,熟练掌握各种常见症状的处理原理和方法,特别是危症的诊断与处理的方法与技术是救治成功与否的关键。在实习中,学生要了解兽医临床常见症状的诊断与处理,常见危症的诊断与处理的方法与技术原理,一般掌握发热、腹泻、血便、胃肠气胀、腹水、咳嗽、心律失常、贫血、惊厥、瘫痪、流产、排尿异常、脱水、水肿、酸中毒的临床表现和救治方法,重点掌握休克、心力衰竭、呼吸衰竭、肾功能衰竭、过敏反应和中毒病的急救方法与程序。

第一节　常见症状的诊断与处理

一、发热

发热(fever)是致热原作用于动物体温调节中枢,或体温调节中枢功能紊乱,使产热增加,而散热不能相应的增加或减少,导致体温高过正常范围且有热候的病理状态总称。发热病因十分复杂,常将其分为感染性发热(细菌、病毒、立克次体、霉形体、真菌、螺旋体及寄生虫等)和非感染性发热(无菌性坏死组织的吸收,变态反应,内分泌和代谢性疾病,心力衰竭或某些皮肤病引起皮肤散热减少,体温中枢功能失常,某些化学药物)两大类。

(一)症状诊断

1.发热的一般诊断思路

(1)了解影响健康动物体温变动的生理性因素。

(2)体温与发热症候群的关系。在动物发热的同时或前后,机体常表现寒战、皮温升高、皮温不均、肢体末端发凉、多汗、心率加快、呼吸增数或急促、沉郁、消化障碍、食欲不振、少尿等一系列症状,即发热症候群。体温与症候群协调上升,常提示病情加剧;体温与症候群逐渐下降,则反映病情好转与恢复;而体温与症候群变化相异或交叉,常是预后不良的征兆。

(3)把握发热的程度。微热(体温升高1.0℃)常见于局部炎症、病情轻微的疾病或某些寄生虫病;中热(体温升高2.0℃)常见于消化道、呼吸道的一般性炎症以及某些亚急性、慢性传染病;高热(体温升高 3.0℃)可见于急性传染病与广泛性的炎症;最高热(体温升高 3.0℃ 以上)常提示某些严重的急性传染病或热射病。

(4)注意热型特点。热型对判断病性与推断预后、建立诊断很重要。热型主要有稽留热、弛张热、间歇热、不定型热、回归热型、短暂热型等(参照兽医临床诊断学相关教材)。

(5)观察退热效应。如热骤退的同时,脉搏反而增数且患病动物全身状态不见改进甚至恶化,多提示预后不良。

2. 动物常见发热性疾病主要伴随症状的诊断思路

(1)发热且以消化道炎症为主,出现腹泻、腹痛,粪中混有黏液、血液的,则可能是大肠杆菌病、沙门氏菌病、巴氏杆菌病、空肠弯曲杆菌病、炭疽、胃肠炎等。此外还有牛瘟、成年奶牛肠毒血症、奶牛冬痢,鸡新城疫、鸡传染性法氏囊病,仔猪红痢、猪瘟;犬瘟热、犬细小病毒病,猫泛白细胞减少症等。

(2)发热且以呼吸道炎症为主,出现咳嗽、流鼻液,肺脏听诊有啰音、胸膜摩擦音的,则可能是急性鼻卡他、急性喉卡他、纤维蛋白性喉炎、急性支气管炎、细支气管炎、卡他性肺炎、纤维蛋白性肺炎、异物性肺炎、肺坏疽、肺脓肿、肺充血与肺水肿、胸膜炎、流感、支原体肺炎等。此外,还应注意鸡传染性鼻炎、鸡传染性支气管炎、鸡传染性喉气管炎、鸡慢性呼吸道病;马传染性胸膜肺炎、马传染性鼻气管炎;牛传染性鼻气管炎、牛呼吸道合胞体病毒病;山羊传染性胸膜肺炎;猪放线杆菌病;猫杯状病毒病等。

(3)发热且以神经症状为主,则可能是狂犬病、伪狂犬病、李氏杆菌病、日射病、热射病等。此外,还应注意马(美洲马)传染性脑脊髓炎;猪日本乙型脑炎、猪血细胞凝集性脑脊髓炎;牛恶性卡他热、牛衣原体病、牛梅依迪-维纳斯病;鸡传染性脑脊髓炎等。

(4)发热且出现明显的皮肤病变,则可能是恶性水肿、气肿疽、坏死杆菌病、金黄色葡萄球菌病、巴氏杆菌病、口蹄疫、水疱性口炎等。此外,还应注意猪水疱病、猪水疱疹;羊传染性脓疱、羊溃疡性皮炎;马鼻疽、马腺疫;牛流行性淋巴管炎、牛淋巴结核等。

(5)发热且伴有红尿时,则可能是钩端螺旋体病、肾棒状杆菌病、泌尿道的出血性炎症等,此外还应注意羊链球菌病、猪链球菌性败血症、猪棒状杆菌病。

此外,当动物出现发热性疾病,还应考虑动物的寄生虫(如弓形虫、血吸虫、锥虫、梨形虫)的感染。

(二)治疗

(1)去除病因和诱因。如抗菌消炎、抗病毒、驱虫等。

(2)退热。针对病因选用解热药退热(但在没有弄清病因前,且不是高热时,一般不要随意使用退热药),或采取物理措施退热,如冷水灌肠等。

(3)辅助治疗。脱水严重则补液复容,兴奋不安用镇静剂,为防止患病动物虚脱,要注意保护心脏、肝脏的功能。

(4)加强护理。

(孙卫东)

二、呕吐

呕吐(vomiting)是指胃内容物不由自主地经口或鼻腔反排出来的病理现象。呕吐是单胃动物,尤其是猫、犬、猪的重要临床症状。其诊断方法见第四章第二节"十、犬呕吐症状鉴别诊断思路"。

由于呕吐的原因、性质、程度不同,治疗措施也不同。一般来说,根本性治疗措施是去除原发病,对不频繁、不剧烈的呕吐,无须镇吐。对于由中毒、过食及某些胃肠疾病引起的呕吐应防止胃肠道内容物过度腐败发酵及毒物吸收,此时不宜镇吐;但疑为摄入腐蚀性物质如强酸、强碱时,应及时镇吐,并选用适当的液体中和强酸或强碱。对中枢性、非胃肠道疾病等因素引起的频繁呕吐,应及时用镇吐药(氯丙嗪、阿托品、颠茄酊、吗啡、鸦片酊等)镇吐。

(孙卫东)

三、便秘

便秘(constipation)是指由于某些因素引起动物肠蠕动机能障碍,致肠内容物停滞、变干、变硬而使某段或某几段肠管发生完全或不完全阻塞性疾病。按积粪部位可分为小肠便秘和大肠便秘。

(一)症状诊断

肠便秘的临床症状,因秘结的程度和部位不同而异。但一般症状是患病动物排粪时用力努责,肛门突出。动物厌食甚至食欲废绝。胃肠蠕动音减弱或消失,腹胀与腹痛。十二指肠便秘,可继发胃扩张,引起呕吐和碱中毒;大肠便秘常继发肠臌气;严重时,肠管发生麻痹、缺血、炎症和坏死;粪便发酵和腐败分解产物大量被吸收,引起中毒,甚至休克;如果便秘肠管压迫膀胱颈,可引起膀胱麻痹和尿闭。

(二)治疗

(1)镇痛。常用安乃近、氯丙嗪溶液肌肉注射。也可用5%水合氯醛酒精溶液、20%硫酸镁溶液静脉注射。

(2)减压。导胃排液、穿肠放气,减低胃、肠内压。

(3)软化积粪,疏通肠道。灌服盐类泻剂或油类泻剂。也可深部反复灌肠(妊娠动物禁用)。也可用直肠按压法、剖腹按压法等消除结粪,重症者可通过外科手术取出肠腔积粪。对马属动物不全阻塞性大肠便秘和草食兽胃肠弛缓形成阻塞的疏通,可内服碳酸盐缓冲合剂(参照兽医内科学相关教材)。

(4)治疗原发病。由依赖性泻药引起者,应停止使用峻泻剂,改用针灸或按摩等疗法;由肿瘤引起者早期可采用手术疗法,后期多用化疗药物;由肠管梗阻或形态学发生改变引起者,应尽早采用手术疏通或修复、矫正。

(5)促进胃肠蠕动。在投服泻药后数小时,肠音尚存在的情况下可皮下注射新斯的明、2%毛果芸香碱或口服大黄末,但妊畜禁用。

(6)补液强心。纠正脱水、失盐,调整酸碱平衡,维护心、肾功能。

（7）改善饲料管理，加强护理。应少喂或暂时停喂饲料，给予大量温水，或代之以营养液灌肠或输液。

（8）中兽医疗法。热秘以清热通便为治则，方用大承气汤或木槟硝黄散，并配合针刺后海、关元俞、脾俞等穴；寒秘以温通开秘为治则，方用大承气汤加附子、细辛、肉桂、干姜，配合艾灸后海、关元俞、百会等穴；虚秘以益气通肠为治则，方用当归苁蓉汤加减，配合针刺脾俞、关元俞、后三里、后海等穴。

（孙卫东）

四、腹泻

腹泻（diarrhea）是指肠黏膜的分泌增多与吸收障碍、肠蠕动过快，引起排便次数增加，使含有多量水分的肠内容物被排出的状态。

（一）症状诊断

1.症状诊断思路

（1）分析其流行特点。暴发性发生，迅速传播的腹泻一般与病毒、细菌的感染有关；隐性发生，缓慢传播，随时间逐渐加重的病例，常与寄生虫感染有关。

（2）观察粪便的性状、颜色。黄色粪便见于仔猪腹泻；含有大量血液，提示仔猪红痢、球虫病、猪痢疾、犬细小病毒病等；灰白色腹泻，含有凝乳团，多为仔猪白痢；腹泻似水，色泽不一，或黄绿色，常见于传染性胃肠炎。

（3）了解患病动物的临床表现。应了解患病动物的发病时间和进程，腹泻的次数，粪便中的混杂物。粪便中混有脓液是化脓性炎症的标志，粪便中混有脱落的肠黏膜，则为伪膜性与坏死性炎症的特征等。血液只附于粪球外部表面，并呈鲜红色时，是后部肠管出血的特征；而均匀混于粪便中，并呈黑色时，说明出血部位在胃及前段肠道。

（4）了解患病动物的主要伴随症状。伴发热者可见于急性细菌性痢疾、肠结核、败血症、病毒性肠炎等。伴里急后重者见于急性痢疾、直肠炎和其他顽固性腹泻性疾病等。伴明显消瘦者可见于胃肠道恶性肿瘤及吸收不良综合征。伴皮疹或皮下出血者见于败血症、伤寒或副伤寒、过敏性紫癜等。伴重度失水者常见于分泌性腹泻，如霍乱及细菌性食物中毒，也可见于尿毒症等。必要时进行实验室检查，帮助确诊病因。

2.动物常见腹泻性疾病的诊断思路

（1）引起猪腹泻的常见疾病。大肠杆菌病、C型产气荚膜梭菌病、沙门氏菌病、猪痢疾密螺旋体病、传染性胃肠炎、流行性腹泻、轮状病毒性肠炎、伪狂犬病等传染病，等孢球虫病、类圆线虫病、蛔虫病、猪鞭虫病、弓形虫病等侵袭病。此外，还见于低血糖（无乳症）、铁缺乏、增生性出血性肠病及某些中毒病等。

（2）引起禽类腹泻的常见疾病。禽流感、新城疫、传染性法氏囊病、疱疹病毒病、禽腺病毒病，大肠杆菌病、沙门氏菌病、B型或C型产气荚膜梭菌、多杀性巴氏杆菌病、链球菌病、球虫病、住白细胞原虫病、棘口吸虫病等。

（3）引起犬猫腹泻的常见疾病。犬瘟热、犬细小病毒病、犬冠状病毒病、猫泛白细胞减少症、猫冠状病毒病、猫免疫缺陷病毒病,沙门氏菌病、耶尔森菌病、空肠弯曲杆菌病、梭菌病、白色念珠菌病、原壁菌病,弓形虫病、等孢球虫病、肉孢子虫病、结肠小袋虫病。此外,还见于食物过敏、急性胰腺炎、肾上腺机能低下、甲状腺机能亢进、肠道肿瘤等。

(4)引起牛腹泻的常见疾病。牛瘟、牛恶性卡他热、轮状病毒病、冠状病毒病、牛病毒性腹泻、口蹄疫,大肠杆菌病、沙门氏菌病、B型和C型产气荚膜梭菌病、空肠弯曲杆菌病、副结核分枝杆菌病、变形杆菌感染、假单胞菌病、念珠菌病,隐孢子虫病、艾美耳球虫病、胃线虫病,砷、氟、铜、氯化钠、汞、钼、硝酸盐、有毒植物、真菌毒素中毒。此外,还见于单纯消化不良、冬痢、蔗糖酶-异麦芽糖酶缺乏、充血性心力衰竭等。

(5)引起马腹泻的常见疾病。轮状病毒病、冠状病毒病、腺病毒病,沙门氏菌病、驹放线杆菌病、马棒状杆菌病、梭菌病,烟曲霉病,类圆线虫病、毛线虫病、蛔虫病,磺琥辛酯钠中毒,淋巴肉瘤、急性盲结肠炎、肉芽肿性肠炎等。

(6)引起绵羊腹泻的常见疾病。轮状病毒病,产肠毒素的大肠埃希氏菌病、沙门氏菌病、B型产气荚膜梭菌病、副结核分枝杆菌病,毛圆线虫病、隐孢子虫病、胃线虫病、细颈线虫病、球虫病等。

(二)治疗

(1)去除病因。对有一定食欲的患畜给予适量易消化、柔软的青饲料、米汤等。对消化机能高度障碍的病例,应暂时禁食、禁水。

(2)抗菌消炎。及时选用抗菌消炎药进行治疗。常用药物包括呋喃类、磺胺类、抗生素类、抗菌中草药等。

(3)对症治疗。补液、解毒、强心。镇痛止血。调整胃肠功能。胃肠炎早期,应适当使用缓泻剂,但中毒病勿用油类泻剂;当胃肠道已基本排空,粪便不再恶臭,或机体严重脱水时,宜收敛止泻。

(4)中兽医疗法。食泻用曲蘖散消积导滞止泻,寒泻用理中汤温中健脾止泻,热泻用郁金散清热止泻,脾虚泄泻用补脾益肠丸以益气健脾、利湿止泻。西药注射液可注入脾俞、胃俞、三焦、足三里等穴。

(孙卫东)

五、血便、黏液便、脂肪便

血便(stool with blood)为粪内或粪表面带有血液,是由于胃肠炎、胃肠溃疡及胃肠黏膜上皮损伤而造成的消化道内出血。少量出血不造成粪便颜色改变,须经潜血试验才能确定的,称为潜血便。

黏液便(stool with mucus)为粪内或粪的表面带有黏液。黏液呈灰白色,多数情况下,黏液便中因混有血液、肠上皮细胞等而呈血样、黄褐色、黄绿色、纤维样或膜状。

脂肪便(stool with fatty substances)为粪内含有未消化的脂肪。粪便呈白色。

(一)症状诊断

1.一般临床诊断思路

(1)病史调查。了解动物有无不洁饮食接触史,本地有无钩端螺旋体病、血吸虫病等疫病流行;询问便血的颜色是鲜红或暗红,还是混有脓汁、黏液,粪便与血相混杂还是相互分开,是先血后便还是先便后血。回肠下段出血时血便暗红色,和粪便均匀混合;回肠以上出血的大便一般为柏油状,但当急性大量出血时,也可排出暗红色血便,甚至呈紫红色血块,注意与前者区别;结肠后段出血多为附在大便表面的鲜红色血,直肠或肛门出血,见于排便前后的滴血或鲜血自肛门涌出;血便混有黏液或脓液者,提示结肠、直肠糜烂、溃疡等炎性病变。

(2)了解血便、黏液便、脂肪便的发展过程。结肠癌变常为持续性便血,慢性非特异性结肠炎常为间歇性便血。以上疾病呈现的便血其起病较缓慢,持续时间长。而急性细菌性痢疾、钩端螺旋体病、出血性坏死性肠炎等引起的便血起病急;肠套叠引起者,伴有严重腹痛。

2.血便、黏液便、脂肪便伴发症状的诊断思路

(1)伴有腹痛。动物腹痛或有黄疸伴便血时,应考虑肝、胆道出血,也见于急性出血性坏死性肠炎、肠套叠、肠系膜血栓形成或栓塞。腹痛时排血便或脓血便,便后腹痛减轻者,见于细菌性痢疾,也见于溃疡性结肠炎。排血便后腹痛不减轻者,常为小肠疾病。

(2)伴有里急后重。排便频繁,但每次排血便量甚少,提示肛门、直肠疾病,见于痢疾、直肠炎及直肠癌。

(3)伴有发热。便血伴发热常见于传染性疾病,如犬细小病毒病、败血症、流行性出血热、钩端螺旋体病等。

(4)伴有全身出血倾向。便血伴皮肤黏膜出血者,可见于急性传染性疾病及血液疾病,如白血病、血小板减少紫癜或过敏性紫癜、血友病、维生素 K 缺乏症等。

必要时进行实验室检查,帮助确诊病因。

(二)治疗

(1)去除病因。请参照本节"四、腹泻"。

(2)对症治疗。便血则止血。伴有严重腹痛时,可用水合氯醛或颠茄酊口服。用温肥皂水灌肠或使用清热解毒、理血止痢的方药直肠滴注以清理胃肠。同时要补液强心,缓解酸中毒,补充维生素,恢复水和电解质平衡。

(3)抗菌消炎。

(4)中草药疗法。湿热便血者方用黄连解毒汤合槐花散加减,气虚便血者方用黄土汤加减。湿热黏液便者方用白头翁汤加减,虚寒黏液便者方用四神丸合参苓白术散加减,疫毒黏液便者方用白头翁汤加减。而黏液夹杂脂肪便的病例多为过食夹湿所致,常用麦芽、山楂、神曲、黄柏、黄连、大黄、厚朴、郁金等用水煎服。

(5)针灸治疗。血便者,针刺小肠俞、关元俞、三焦俞、大肠俞、后海和悬枢穴,伴有发热者,水针大椎穴;黏脓性粪便,水针百会、二眼和后海穴;脂肪便者,水针脾俞、后三里、后海穴。

(孙卫东)

六、胃肠气胀

胃肠气胀(flatulence)是指动物突然采食了大量易发酵的饲料或由于胃肠消化机能紊乱所致的产气过程旺盛,排气过程不畅或完全受阻,导致气体聚积于胃、肠道内的一种病理现象。临床上以动物的肠臌气和反刍动物的瘤胃臌气最为常见。

（一）症状诊断

原发性胃肠气胀发生较快，通常在食后数小时内发病，腹部迅速膨大，腹壁紧张，叩诊呈鼓音。瘤胃蠕动音或肠音在病初增强，以后则减弱甚至消失。当肠内充满大量气体时，听诊肠音带金属音。动物初期腹痛不安，神情抑郁，回头望腹。口黏膜由湿润逐渐变为干燥，可视黏膜充血甚至发绀，体表静脉充盈，呼吸、脉搏加快。后期则心力衰竭、出汗、步态不稳。治疗不及时易引起膈、肠的破裂。反刍兽瘤胃臌气时动物呼吸困难的症状明显，严重者发生窒息死亡。穿刺如只断续排出少量气体或泡沫样物，则为瘤胃泡沫性气胀；相反则为非泡沫性气胀。

（二）治疗

（1）排气减压。瘤胃穿刺放气，非泡沫性气胀的严重病例放气后通过放气针孔注入止酵剂；泡沫性气胀，宜向瘤胃内注入二甲基硅油、松节油、液体石蜡或油脚等，然后再放气。为预防穿刺继发性腹膜炎，可在放气后向腹腔注入适量的抗菌药。当药物治疗无效时，应行瘤胃切开术。单胃动物肠气胀，实施穿肠排气，伴发气胀性胃扩张的，可插入胃导管排气、放液。

（2）镇静解痉。常用30％安乃近注射液、水合氯醛、安溴合剂、0.25％普鲁卡因。

（3）清肠止酵。应用缓泻剂并加以适量的制酵剂，一次灌服。

（4）理气消胀。可试用丁香散、陈皮酊，也可用毛果芸香碱或新斯的明皮下注射。此外，应注意心脏功能，自体中毒和脱水等变化，并进行适当处理。

（孙卫东）

七、腹水

腹腔内积聚过多的液体，称为腹水（ascites）。正常动物的腹腔中均有少量清亮透明的液体，但腹水过多或杂以其他异物时则为病态。

（一）症状诊断

1. 腹水症状

a. 腹部下侧对称性增大，而腰旁窝塌陷，腹轮廓随体位而改变。b. 触诊腹部不敏感，冲击腹壁闻震水音，而对侧腹壁显示或感有波动。c. 叩诊腹部，两侧呈等高的水平浊音，其上界因体位变化而变化。d. 重症腹水压迫膈肌常表现呼吸困难。e. 全身症状取决于原发病。

2. 腹水的一般诊断思路

a. 认真识别腹水。腹水量大容易做出诊断，量少时，可借助腹腔穿刺确诊。注意与妊娠相鉴别。b. 认识腹水的性质。腹水的性质有漏出液和渗出液之别。漏出液为非炎症性腹水，淡黄色、透明，比重在1.016以下，不易凝固，李凡他试验阴性；渗出液为炎症性腹水，黄色、黄白色或乳白色，半透明或混浊，比重在1.016以上，易凝固，李凡他试验阳性。c. 血液生化指标测定。肝硬化时血清碱性磷酸酶、γ-谷氨酰转移酶、亮氨酸氨基肽酶等活性升高。d. 腹膜癌变时，腹水中转氨酶、乳酸脱氢酶、亮氨酸氨基肽酶等活性升高。e. 注意伴发症状，见下。

3.腹水为漏出液/渗出液常见疾病的鉴别诊断

(1)腹水为漏出液。

肝硬化:精神沉郁,食欲减退,消瘦,黄疸,肝浊音区扩大,后期出现腹水,两侧腹围下方对称性膨大,腹腔穿刺排腹水后数日又出现。血清碱性磷酸酶、γ-谷氨酰转移酶、亮氨酸氨基酞酶等活性升高。

右心衰竭:可视黏膜发绀,体表静脉怒张,中心静脉压升高。

肾病:渐进性水肿,营养不良性贫血,体温低下,食欲减退,消瘦,倦怠。蛋白尿,低蛋白血症,高脂血症。

低白蛋白血症:消瘦,被毛粗刚,体重减轻,发育停止,食欲不振,可视黏膜苍白,重者全身水肿。

慢性消化不良:见于先天性或后天性胰液分泌不足、胆管阻塞和胃酸分泌过多等。表现体重减轻,消瘦,持续腹泻,粪便中有酸性恶臭的脂肪便。

慢性吸收不良:多由广泛的肠壁或肠黏膜疾病引起。原发性吸收不良表现食欲较好,但生长发育缓慢,体重逐渐减轻,呕吐,营养不良,低蛋白血症、低钠血症和低血糖症。

(2)腹水为渗出液。

腹腔脏器结核:食欲减退,消瘦,呕吐,腹泻,肠系膜淋巴结肿大,腹水内淋巴细胞增多。肝脏结核时在肋弓和剑状软骨之后可触到肿大的肝脏,边缘呈结节状。

腹膜炎:弓腰,呕吐,腹肌紧张,发热,消化不良。

肠变位:持续性腹痛,嚎叫,回头顾腹,肌肉震颤,肠音消失,呕吐,脱水,衰竭。

膀胱破裂:无尿或血尿,步态僵直,尿毒症,休克。腹腔穿刺液中有尿液。

肝脾破裂:突发性腹痛,呕吐,呼吸急促,可视黏膜苍白,腹部穿刺流出血液,B超检查可进一步确定肝或脾破裂。

胃肠破裂:腹痛症状突然消失,可视黏膜迅速苍白,呼吸困难,精神沉郁,腹腔穿刺液中有食糜或粪便。

(二)治疗

(1)治疗原发病。如手术治疗内脏器官破裂或抗生素治疗腹膜炎等。

(2)对症治疗。a.穿刺排液。腹腔大量积液,出现呼吸困难时,可腹腔穿刺排液,但一次不可排出过多。b.利尿消肿、减少渗出。可用利尿剂和钙剂。c.中西医结合疗法。

(3)中兽医疗法。温肾助阳、健脾利湿,方用五苓散合四君子汤加减。

(孙卫东)

八、咳嗽

咳嗽(coughing)是一种保护性反射动作,借助于咳嗽能有效地清除呼吸道内分泌物或进入气道内的异物或分泌物,起到清除呼吸道刺激因子、抵御感染的作用。但长期、频繁咳嗽可导致呼吸道炎症的蔓延和肺泡气肿等。

（一）症状诊断

（1）咳嗽的性质。咳嗽无痰或痰量甚少，称干性咳嗽，见于急性咽喉炎、急性支气管炎初期、胸膜炎、轻症肺结核等。咳嗽伴有痰液称湿性咳嗽，见于慢性支气管炎、肺炎、支气管扩张、肺脓肿等。

（2）咳嗽的节律。

①单发性咳嗽。见于上呼吸道感染、慢性支气管炎、肺结核等。

②连续性咳嗽。见于急性喉炎、支气管炎、卡他性肺炎、猪支原体肺炎等。

③痉挛性咳嗽。见于喉炎，上呼吸道有异物，异物性肺炎，猪支原体肺炎等。

（3）咳嗽出现及持续的时间。根据咳嗽出现的时间，可分为晨间咳嗽（如上呼吸道慢性炎症、支气管扩张等）、昼间咳嗽和夜间咳嗽（如肺结核、肺癌、心力衰竭等）。按持续时间的长短可分为急性咳嗽和慢性咳嗽。

（4）咳嗽的伴随症状。

①发热。表明呼吸系统有较重剧的炎症。

②呼吸困难。伴有吸气性呼吸困难的，见于上呼吸道疾病；伴有呼气性呼吸困难的，见于肺泡弹性减退或细支气管管腔狭窄的疾病；伴有混合性呼吸困难的，重点怀疑肺脏和胸膜疾病（具体内容请参阅第四章第二节"五、动物呼吸困难综合征鉴别诊断思路"）。

③咯痰。在呼吸道感染和肺寄生虫病时，痰中可检出病毒、细菌、肺炎支原体、立克次体、阿米巴原虫和某些虫卵等。肺充血和肺水肿时也会咳痰，常呈粉红色泡沫状。咯血则表明喉部以下的呼吸道出血，见于气管炎、肺结核、肺癌、支气管异物、肺出血等。

（二）治疗

（1）治疗原发病。心源性呼吸困难，应用强心剂及营养神经的药物；源于营养性贫血的，补充富含蛋白质饲料，同时给予硫酸亚铁等造血物质；由中毒引起者，应用解毒药等；源于传染病和寄生虫病者，进行相应处理。

（2）消炎、抗过敏。消炎用氨苄青霉素、磺胺类药物等，抗过敏用扑尔敏、地塞米松等。

（3）止咳化痰平喘。止咳用咳必清、复方甘草合剂等，化痰用氯化铵等，平喘用氨茶碱注射液等。

（4）对症治疗。用尼可刹米兴奋呼吸；伴有结膜发绀、严重心力衰竭者，应注意吸氧；对于上呼吸道狭窄引起窒息者，可做气管切开术；用5%碳酸氢钠溶液纠正或防止酸中毒等。

（5）中兽医疗法。外感风寒咳嗽方用荆防败毒散，并针刺肺俞、山根、耳尖、尾尖、大椎等穴；外感风热咳嗽方用银翘散，并针刺山根、尾尖、大椎、耳尖等穴；外感肺火咳嗽方用清肺散加减，并针刺肺俞、百会等穴。内伤肺气虚咳嗽方用四君子汤合止嗽散加减，并针刺肺俞、脾俞、百会等穴；内伤肺阴虚咳嗽方用清燥救肺汤或百合固金汤加减，并针刺肺俞、脾俞、百会等穴。

（孙卫东）

九、心律失常

心律失常（cardiac arrhythmias）以心脏冲动的起源部位、频率、节律、传导速度、传导顺序与搏动次数异常为特点。临床上表现为脉搏异常和不规则心音。按其发生原理可分为下列三类：

冲动起源异常：包括窦房结心律失常（窦性心动过速、窦性心动过缓、窦性停搏、窦性心律不齐）和异位心律（房性早搏、室性早搏、阵发性心动过速、心房扑动、心房颤动等）。

冲动传导失常：包括生理性干扰及房室分离。病理性包括房内、窦房、房室传导阻滞及室内左、右束支及左束支分支传导阻滞。

冲动起源异常合并传导失常：包括并行心律，反复心律，异位心律伴有传导阻滞。

心律失常多见于心肌的兴奋性改变或传导机能障碍，并与植物神经的兴奋性有关。常见于心肌炎、心肌营养不良或变性、心肌硬化等。如：原发性心脏病（如心肌炎、白肌病、心肌营养不良等）、内科病（如腹泻、疝痛、肺炎等）、传染性疾病（如慢性猪丹毒等）和中毒性疾病等；新陈代谢紊乱、电解质紊乱、高原低氧及手术过程也时有发生；麻醉药、奎尼丁、洋地黄、锑剂等药物也可诱发。

（一）症状诊断

轻症动物心音和脉搏异常，运动后呼吸和心跳次数恢复慢，易疲劳。重症动物表现为无力，严重心律不齐，安静时呼吸促迫，呆滞，昏睡，痉挛，甚至突然死亡；听诊和触诊时可发现心音不整和脉搏不规则；死后剖检，无肉眼明显可见的变化。根据病史、临床听诊、心律不齐及触诊脉搏不规则等可做出初步诊断。确定诊断必须依据心电图检查。

（二）治疗

去除诱因，治疗原发病，加强饲养管理，并结合药物进行治疗（表5.1）。

表5.1 心律失常的处理方法

心律失常的类型	处理方法
窦性心动过速	治疗原发病，伴发心功能不全时可选用洋地黄等
室上性心动过速	可选用洋地黄、心得安、普鲁卡因酰胺等
室性心动过速	可选用普鲁卡因酰胺、利多卡因、硫酸奎尼丁、潘生丁等
窦性心动过缓	除去病因，加强管理，可选用硫酸阿托品、异丙基肾上腺素等
室上性过早搏动	可选用心得安、潘生丁等
室性过早搏动	可选用普鲁卡因酰胺、利多卡因、硫酸奎尼丁等
心房纤颤	可选用异羟基洋地黄毒苷、硫酸奎尼丁，也可采取电击除颤
心室纤颤	可采取电击除颤，可选用肾上腺素或去甲肾上腺素、氯化钙、B族维生素、维生素E等
窦房传导阻滞	可选用肾上腺素、硫酸阿托品、麻黄素等
房室传导阻滞	改善管理，去除病因，可选用硫酸阿托品、异丙基肾上腺素等
心房传导阻滞	加强管理，治疗原发病
心室传导阻滞	加强管理，治疗原发病

（胡国良）

十、贫血

贫血(anemia)是指单位容积血液中红细胞数、血红蛋白浓度、红细胞压积低于正常值的综合征。

(一)症状诊断

见第四章第二节"七、动物贫血综合征鉴别诊断思路"。

(二)治疗

(1)失血性贫血。参照第七章第十节"止血法"。

(2)溶血性贫血。消除原发病,给予营养丰富易消化的饲料,补充造血物质,必要时输血。

(3)营养性贫血。根据诊断结果及时补充所缺乏的造血物质,如铁、铜、钴、维生素 B、蛋白质等。

(4)再生障碍性贫血。除去病因,激励骨髓造血功能。鉴于此类贫血的原发病常难以根治,故以往多不予治疗。

(胡国良)

十一、惊厥

惊厥(convulsion)俗称抽筋、抽风、惊风,也称抽搐。表现为阵发性四肢和面部肌肉抽动,多伴有两侧眼球上翻、凝视或斜视,神志不清。

(一)症状诊断

(1)有相关病史和原发病临床症状。

①颅内感染。病毒感染,如病毒性脑炎、乙型脑炎;细菌感染,如化脓性脑膜炎、结核性脑膜炎、脑脓肿;真菌感染,如新型隐球菌脑炎等;寄生虫侵袭,如脑囊虫病、脑型疟疾、脑型血吸虫病、脑型肺吸虫病,如先天性异常及变性疾病,如脑发育不全、脑积水等。

②狂犬病、伪狂犬病、犬瘟热、牛传染性鼻气管炎等传染病。

③有机磷农药、磷化锌、抗凝血杀鼠药、氟乙酰胺、重金属(砷、汞、铅)、食盐等中毒。

④犬、猫产后搐搦,仔猪低血糖症,牛、羊低镁血症,母马泌乳搐搦,动物维生素 B_1 或维生素 B_6 缺乏症等。

⑤重症中暑、原发性癫痫、缺氧性疾病(如肺水肿、一氧化碳中毒、休克和窒息)等。

(2)出现惊厥的典型症状。患病动物全身或局部肌肉,突然表现强直性或阵发性痉挛,伴有意识丧失,昏迷,倒地,四肢抽搐等。

(二)治疗

(1)消除病因。

(2)抗惊厥。可用苯巴比妥钠、地西泮(安定)和苯妥英钠。

（3）降低颅内压。持续惊厥，宜降低颅内压，如静脉注射甘露醇。

（胡国良）

十二、意识障碍和昏迷

意识障碍（unconsciousness）是指中枢神经系统对刺激的应答能力减弱或消失，是多种原因引起的一种以严重脑功能紊乱为特征的临床症状，严重的称为昏迷（coma）。热性病、肝肾功能衰竭、中毒、中暑、外伤、失血过多均可引起。

（一）症状诊断

（1）轻度意识障碍。

①嗜睡。意识轻度障碍，大部分时间陷入睡眠，有些病畜甚至可发出鼾声，对外界刺激反应微弱。

②意识模糊。往往突然发生，意识呈一过性障碍，漫无目的行走，不听使唤，呈现短暂的突然发作，如不安、恐惧等。常见于轻度脑震荡、狂犬病等。

（2）重度意识障碍。

①昏睡或浅昏迷状态。严重意识障碍，对外界刺激无任何应答反应，仅在疼痛刺激时有轻度的防御反应。

②深昏迷状态。最严重的症状是意识障碍，一切反射（包括脑干反射）均消失。

③持续性植物状态。是一种特殊的意识障碍状态，患畜不食、不饮、不会排便和排尿，对外界刺激无反应；如同时伴有植物神经功能紊乱，常见于脑病的后遗症。

（二）治疗

治疗原则：尽力维持生命体征，避免各内脏器官尤其是脑部的进一步损害。

（1）保持气道通畅。保证足够的氧气输入。

（2）维持循环血量。应立即输液以保证循环血量，如血压下降，要及时给予多巴胺和阿拉明类等药物以维持血压。

（3）减轻脑水肿。静脉注射高渗葡萄糖溶液，一方面可减轻脑水肿，另一方面可纠正低血糖。还可快速静脉滴注 20% 甘露醇。

（4）治疗感染和控制高热。选择敏感抗生素和安乃近、氨基比林等退热药。

（5）根据化验结果纠正酸碱失衡和水、电解质失衡。

（6）连续抽搐会因呼吸暂停而加重缺氧，引起脑组织进一步损害，所以必须及时处理。可采取吸氧，并可选用巴比妥或硫酸镁溶液等。

（胡国良）

十三、震颤

震颤（trembling）是身体的一种规律而反复的不自主抖动，可以发生在全身各处，但以四肢为多。

（一）症状诊断

（1）静止性震颤。是指主动肌与拮抗肌交替收缩引起的节律性震颤。此种颤抖病程常表现持续恶化，且伴随其他神经系统症状。常见于中脑被盖近结合臂交叉部病变。

（2）运动性震颤。仅在运动时出现震颤，是小脑症状的重要组成部分。与静止性震颤相比，呈无节律性，振幅大，主要出现于前肢，也常出现于头部，甚至声音颤抖。在前肢维持固定姿势或作精细动作时明显，休息时减轻。此种颤抖的病程为缓慢恶化，而且不会发生其他神经系统症状。见于中脑结合臂病变。

（3）生理性震颤。颤抖细小而快速。常见于寒冷、血糖过低、甲状腺机能亢进、药物或咖啡因作用等。

（4）小脑病变引起的姿位性震颤。特征为静息时无或极轻微，维持固定姿势时轻微，并可伴随其他小脑症状如平衡失调等。可分为轻度和重度两型。重度特征明显，幅度可高可低，随姿势延续而进行性加剧，震颤累及肌肉近端多于远端，也可累及头部和躯干。

（二）治疗

（1）静止性震颤。多巴胺能药物治疗通常可改善震颤，若疗效差，可改用抗胆碱能药物，通常用安坦。

（2）运动性震颤。无特效药治疗。

（3）生理性震颤。去除促发因素，可用低剂量β-肾上腺素能阻滞剂，或盐酸心得安。

（4）小脑病变引起的姿位性震颤。多发性硬化引起重度小脑姿位性震颤可用异烟肼，同时使用盐酸吡哆醇。单侧震颤和震颤重于共济失调者可选用外科手术治疗。

（胡国良）

十四、瘫痪

瘫痪（paralysis）是神经系统常见的症状之一，是指肌肉活动能力的降低或丧失。根据病变部位不同所发生的瘫痪可分为外周性瘫痪和中枢性瘫痪。按瘫痪程度分为完全瘫痪或不完全瘫痪，后者也称为轻瘫；按肢体发生的部位分为单瘫、双瘫、截瘫、偏瘫。单瘫与偏瘫较少见，两后肢的截瘫、全身性瘫痪较为常见。

（一）病因诊断

（1）脑脊髓疾病，如脑膜脑炎、脊髓炎、脊髓挫伤、脊髓骨折等。

（2）代谢性疾病，如马麻痹性肌红蛋白尿病、生产瘫痪、低镁血症（慢性型）、低钾血症、缺硒症、B族维生素缺乏症、野生动物捕捉性肌症等。

（3）中毒性疾病，如马霉玉米中毒、羊萱草中毒、牛霉麦芽根中毒、马与羊的铅中毒等。

（4）传染与侵袭性疾病，如传染性脊髓炎、伪狂犬病、马脑脊髓丝状线虫病，以及由猪瘟、血孢子虫病或其他病毒、细菌感染致发的中毒性脑炎与脑脊髓炎。

（二）症状诊断

（1）询问病史。问明发病原因、起病经过；饲料、饲养与畜群状况；当地有无传染病或类似疫病的流行与散发，畜群免疫情况；有无中毒因素；有无跌伤、翻车、挫伤等病史等。

（2）注意伴发症状。

①伴有意识减退或丧失，视觉障碍或失明，先有兴奋而后沉郁、昏迷和惊厥的，提示是大脑性瘫痪。依据相关疾病的示病症状确定诊断。

②伴有外伤史，呈两侧性瘫痪（多为两后肢），无意识障碍的，提示是脊椎性瘫痪。检查可发现受伤部位前方肌肉的紧张性和反射正常，受伤部位后方肌肉呈迟缓性瘫痪状态，感觉及反射消失。较常见的腰椎或腰、荐椎部位受损伤，可引起两后肢瘫痪，大小便失禁。

（3）注意流行情况。

①群发、地方流行，起病缓慢，体温一般正常或偏低，在饲料、饲养与管理上有明显缺陷的，提示可能是代谢障碍性瘫痪。依据相关疾病的示病症状，进一步确定诊断。

②同群动物同时或先后相继发病，症状相同，且食欲旺盛、体大健壮动物首先发病、症状明显、瘫痪重剧，并有腹泻、呕吐及其他神经症状的，提示可能是中毒性瘫痪。依据相关疾病的示病症状及毒物分析确定诊断。

③群发、流行性或地方流行性，起病急、体温升高、传染性强的，提示是传染性瘫痪，依据相关疾病示病症状，确定诊断。

④季节流行或散发，起病较缓和，体温正常，起初步态异常，行走摇摆，后期倒地不能起立而呈现后肢瘫痪的，提示可能是由于寄生虫引起的脑脊髓性瘫痪。最后据示病症状和病原体检查确定诊断。

（三）治疗

消除病因，加强护理，对症治疗。

（刘建柱）

十五、流产

流产（abortion）是指由于胎儿或母体异常而导致的妊娠中断。胎儿胎盘异常，母体疾病（普通病、传染病、寄生虫疾病）或饲养管理不当均可引起流产。具体可分别参考兽医传染病学相关教材与兽医寄生虫病学相关教材。

（一）症状诊断

流产发生的时期、病因及病理过程不同，其临床表现也各不相同，概括起来有以下几种。

（1）先兆性流产。孕畜在流产前出现胎动明显、腹痛、起卧不安、呼吸心跳加快等现象，并伴有阴道流出黏液或血液。出现前述流产预兆时，经及时合理的治疗，母畜可能继续妊娠；若治疗不及时或处理不当，则流产不可避免。根据产出的是活胎还是死胎，可分为早产和小产。

①早产。主要发生于妊娠后期及末期，其预兆及过程与正常分娩相似，但产前的预兆不像正常分娩那样明显，往往在排出胎儿前 2～3 d 乳房突然膨大，乳头可挤出清亮黏液，外阴充血

肿胀,流出透明黏液。

②小产。主要发生于妊娠前半期,常无正常分娩预兆,孕畜突然排出已死亡胎儿,这是流产中最常见的一种。

(2)延期流产。胎儿死亡但未及时排出。根据胎儿死亡后所发生的变化又可分为胎儿干尸化和胎儿浸溶。

①胎儿干尸化。孕畜无明显症状,常见于牛、羊、猪。对于单胎动物,常见妊娠至某一时期后,母畜腹部不再随月龄增加而增大,反而减小,触诊子宫呈圆球状,内有硬的内容物。而对于多胎动物发生的部分胎儿干尸化,则在妊娠期间不易被发现。

②胎儿浸溶。常继发于难产。从母畜阴道内流出红褐或棕褐色恶臭黏稠液体,夹杂部分小骨片;母畜也往往发生败血症及腹膜炎的全身症状,表现出体温升高,食欲减退,精神高度沉郁,有时伴有腹泻。

(3)隐性流产。发生于妊娠初期,主要表现为母畜发情周期延长或屡配不孕。倘在配种后通过妊娠检查确定已妊,而后又返情,则可断定为隐性流产。

(二)治疗

(1)先兆性流产。治疗原则:能保则保,否则应促使胎儿排出。

①保胎。可肌肉注射孕酮,马、牛 50～100 mg,猪、羊 10～30 mg,每日或隔日 1 次,连用数天;也可同时肌肉注射人绒毛膜促性腺激素,牛、马 2 000～5 000 IU,猪、羊 500～1 000 IU,必要时,间隔 1～2 d 重复一次;同时禁行阴道检查,尽量控制直肠检查。若母畜腹痛不安,可给予镇静剂。

②促使胎儿排出。若经上述处理后,病情仍未好转,阴道排出物继续增多,阴道检查子宫颈口已开张,流产难以避免时,应尽快促使胎儿排出。

(2)延期流产。胎儿干尸化时,可先使用前列腺素制剂溶解黄体,继之或同时使用雌激素扩张子宫颈。子宫颈开张后,可向子宫及产道内注入润滑剂,便于胎儿排出。胎儿浸溶时,若软组织已基本液化,应尽可能将胎骨取净,然后用防腐消毒液或 5%～10% 浓盐水冲洗子宫,并注射催产素,促使液体排出。之后,再向子宫内投放抗生素,并行全身治疗。操作过程中,术者须防止自己受到感染。

(3)隐性流产。根据引起隐性流产的病因不同,采取不同的防治措施。若怀疑是子宫内膜炎引起的,可在配种前 0.5～2 h 子宫灌注抗生素;若是由黄体发育不全或黄体机能低下引起的,可改善饲养管理,并从配后 3 d 开始,隔日肌肉注射孕酮,连用 5～8 次,亦可同时肌肉注射人绒毛膜促性腺激素或促黄体素。

(刘亚)

十六、排尿异常

动物正常的排尿需有健全的排尿组织和完整的神经支配,其中之一有病变即可引起排尿异常(abnormal urination),临床上主要表现为少尿、无尿、多尿、尿频、尿急、尿痛、尿潴留、尿失禁和尿流异常等。

（一）症状诊断

(1)脊柱或臀部有外伤或劳损史。

(2)排尿异常与脊柱相应部位或臀部相应部位损伤。

(3)尿急、尿频，尿少，尿多，或排尿难以控制。经久不愈者可并发尿路感染。

(4)尿检一般未见异常，严重者尿常规检查有白细胞、脓细胞等。

(5)X线检查，轻者常无明显异常，重者可有相应的脊柱生理曲度改变、骨质增生等。

（二）治疗

(1)按摩。治疗脊柱与臀部相应部位的损伤，是治疗本病的关键。

(2)牵引。根据发病的不同部位可施枕颌牵引或骨盆牵引。

(3)药物治疗。主要是进行对症治疗和防止继发感染。

(4)其他疗法。如针灸、理疗等，病情较严重可手术。

（胡国良）

十七、脱水

脱水(dehydration)是指动物机体由于病变，消耗大量水分，而不能及时补充，造成新陈代谢障碍的一种症状，严重时会造成虚脱，甚至有生命危险。

（一）症状诊断

(1)按细胞外液的渗透压划分。

①高渗性脱水。以失水为主的脱水，常由动物饮欲废绝或因咽部和食道疾病、破伤风不能饮水，或利尿剂应用过多导致水分大量丢失等引起。病畜呈现口渴、少尿、尿比重增高，体温升高，严重者尚出现运动失调、昏迷等。

②低渗性脱水。常由胃肠道消化液持续性丧失，如腹泻、呕吐、大创面渗液、烧伤、手术后广泛渗液丧失、肾脏排出水和钠过多、长期使用利尿剂等。临床特征为患畜不感口渴，尿量较多，尿液比重降低。

③等渗性脱水。常见病因有：a. 消化液的急性丧失，如大量呕吐，肠瘘等。b. 体内体液转移至感染腹腔、烧伤部位等，临床表现为不饮水，排尿少，食欲废绝，乏力，舌干，眼球下陷，皮肤干燥、松弛等。c. 水和 Na^+ 虽近似等渗性丢失，实际失水量仍略多于失 Na^+ 量，血浆渗透压相对增高，引起细胞内液丢失。由急性肠炎、持续性重剧腹痛、大量出汗或大面积烧伤等引起，可同时具有高渗性脱水和低渗性脱水的特征。

(2)按照脱水程度划分。

①轻度脱水。失水量占体重的 5%～8%。病畜临床症状一般不十分明显，仅表现为精神沉郁，尿量少，口腔、皮肤干燥，有渴感，皮肤弹力减退。

②中度脱水。失水量占体重的 8%～10%。患畜呈现明显的渴感，喜卧少动，少尿或无尿，毛细血管再充盈时间增加，血液黏稠，循环障碍。

③重度脱水。病畜眼球凹陷，静脉塌陷，角膜干燥，血黏稠、暗紫色，发烧甚至昏迷。失水

量占体重的 10%～12%。

（二）治疗

以补水和电解质,恢复血容量,维护心、肾机能为原则。根据脱水程度的轻重,确定补液总量。根据脱水性质,有无酸中毒及低血钾等,确定补液种类。补液时,一般按照先快后慢,先浓后淡,先盐后糖,见尿补钾的原则进行,应按规定速度补液。

(1)药液选择。一般原则是缺啥补啥,缺多少补多少。具体地讲,以失水为主的高渗性脱水,应以补水为主,在总的补液量中盐和水的比例为 1∶2;低渗性脱水,盐和水的比例为 2∶1;等渗性脱水,盐和水的比例为 1∶1。以复方氯化钠液或生理盐水为宜。输注 5% 葡萄糖生理盐水,兼有补液、补充电解质、解毒和营养心肌的作用。加输一定量的 10% 低分子右旋糖酐液,兼有扩充血容量和疏通微循环的作用。

(2)补液量。临床上常根据脱水程度估计补液量,一般轻度脱水需补液 30～50 mL/kg;中度脱水需补液 50～80 mL/kg;重度脱水需补液 80～120 mL/kg。也可按下列公式计算:

$$补液量(L)=(脱水后 PCV 测定值－脱水前 PCV 测定值)×0.47$$

(3)补充碱性物质。脱水如伴有酸中毒。除了补充水、盐外,还应补碱。补碱量可按下列公式计算:

$$需补 5\% 碳酸氢钠液(L)=(50－血浆 CO_2 结合力测定值)×0.5×体重(kg)$$

(4)补液途径。有静脉输液、腹腔注射、口服补液、皮下输液、直肠灌注等,以静脉输液为主,心、肾、肺功能不全而不宜用静脉补液时,可改用口服、腹腔输液或直肠灌注。冬季补液时,应注意补液温度。

（胡国良）

十八、水肿

组织间隙或体腔内过量的体液潴留称为水肿(edema),然而通常所称的水肿乃指组织间隙内的体液增多,体腔内体液增多则称积水。水肿可表现为局部性或全身性,全身性水肿时往往同时有浆膜腔积水,如腹水、胸腔积水和心包腔积水。

（一）病因诊断

(1)全身性水肿。

①心脏性水肿。风湿病,高血压等各种病因及瓣膜、心肌等各种病变引起的充血性心力衰竭,缩窄性心包炎等。

②肾脏性水肿。急性肾小球肾炎,慢性肾小球肾炎,肾病综合征,肾盂肾炎肾衰竭期,肾动脉硬化症,肾小管病变等。

③肝脏性水肿。肝硬化、肝坏死、肝癌、急性肝炎等。

④营养性水肿。原发性为食物摄入不足,见于饥饿;继发性营养不良性水肿见于多种病理情况,如继发性摄食不足(神经性厌食、食欲缺乏、胃肠疾患、精神神经疾患、口腔疾患等),消化吸收障碍(消化液不足、肠道蠕动亢进、吸收面积减少等),排泄或丢失过多(大面积烧伤和渗

出、急性或慢性失血、蛋白尿等),蛋白质合成功能受损,严重弥漫性肝疾患等。

⑤妊娠性水肿。妊娠后半期,妊娠中毒症等。

⑥内分泌性水肿。抗利尿激素分泌异常综合征,肾上腺皮质功能亢进,甲状腺功能低下,甲状腺功能亢进等。

(2)局部性水肿。

①淋巴性。原发性淋巴性水肿,继发性淋巴性水肿。

②静脉阻塞性。肿瘤压迫或肿瘤转移,局部炎症,静脉血栓形成,血栓性静脉炎,瘢痕收缩以及创伤等。

③炎症性。为最常见的局部水肿。见于丹毒,蛇毒中毒等。

④变态反应性。荨麻疹,血清病以及食物、药物、刺激性外用药等的过敏反应。

⑤血管神经性。可属变态反应或神经源性,可因昆虫、机械刺激、温热刺激而诱发。部分病例与遗传有关。

(二)症状诊断

皮下水肿处指压组织发生凹陷,如压在硬面团上一样。非炎性水肿无热痛,皮肤柔软完整;炎性水肿局部常红、肿、热、痛,有渗出甚至溃疡。不同原因引起的水肿还表现原发病的症状。

(三)治疗

消除病因、对症治疗。

(刘建柱)

十九、酸中毒

酸中毒(acidosis)是指血液和组织中酸性物质的堆积,其本质是血液中氢离子浓度上升、pH 下降。在病理情况下,当体内 HCO_3^- 减少或 H_2CO_3 增多时,均可使 HCO_3^-/H_2CO_3 比值减少,引起血液的 pH 降低,称为酸中毒,分为代谢性酸中毒(血浆 HCO_3^- 原发性减少)和呼吸性酸中毒(血浆 H_2CO_3 浓度升高)。

(一)代谢性酸中毒

1. 病因诊断

(1)酸性物质生成过多。在许多疾病过程中,由于缺氧、发热、血液循环障碍、病原微生物作用或饥饿引起物质代谢紊乱,导致糖、脂肪、蛋白质分解代谢加强,使体内乳酸、丙酮酸、酮体、氨基酸等酸性物质产生增多。

(2)酸性物质摄入过多。在临床治疗中给动物服用大量氯化铵、稀盐酸、水杨酸等药物。

(3)酸性物质排出障碍。急性或慢性肾小球性肾炎时,或肾小管罹病时由于排酸保碱功能障碍,导致酸性物质不能及时排出而在体内蓄积。

(4)碱性物质丧失过多。各种腹泻导致的碱性肠液丢失是代谢性酸中毒最常见的原因。如剧烈腹泻、肠扭转、肠梗阻等疾病时,大量碱性肠液排出体外或蓄积在肠腔内,造成血浆内碱性物质丧失过多,酸性物质相对增加。口腔和食道疾病或某些传染病、中毒病等所致的流涎,也可引起代谢性酸中毒。

2.症状诊断

(1)心血管系统。酸中毒本身对心率的影响呈双向性。当血 pH 从 7.40 下降到 7.0 时一般表现为心率过快。当 pH 继续下降时,心率逐渐转为减慢。较严重酸中毒可以造成心率紊乱。严重酸中毒时,H^+ 大量积聚,阻止了 Ca^{2+} 从细胞外进入细胞内,细胞内游离$[Ca^{2+}]$降低,心肌收缩力下降,心排血量下降。

(2)神经系统。中枢神经系统机能紊乱,呈现精神沉郁、嗜睡、昏睡乃至昏迷。

(3)呼吸系统。表现为呼吸加深加快,典型者称为 Kussmal 呼吸。是因为酸血症通过对中枢及周围化学感受器的刺激,引起呼吸中枢兴奋,通气增加,CO_2 排出也随之增加,实现呼吸性代偿,血液中 CO_2 总量减少,酸中毒得以获得一定程度的代偿。

(4)消化系统。可出现轻微腹痛、腹泻、呕吐等,其原因部分与引起酸中毒的基本病因以及合并其他水、电解质、酸碱平衡障碍等有关。

在排除呼吸性碱中毒的情况下,CO_2 结合力仍不失为一个可靠的指标。但血液 pH 碱剩余均降低者,方可诊断为代谢性酸中毒。

3.治疗

治疗原则:去除病因,治疗原发病;纠正水、电解质平衡紊乱;补碱抗酸。一般病例积极治疗原发病即可;较严重的病例,以补碱为主。

(1)补碱量的确定。可按公式计算,即 5%碳酸氢钠输注量(mL)=(血浆 CO_2 结合力正常值-血浆 CO_2 结合力测定值)×0.5×体重(kg)。在临床,一般可估量补碱,如牛瘤胃酸中毒、马急性盲结肠炎时,由于酸中毒重剧,发展迅速,通常每次输注 5%碳酸氢钠液 2 500～3 500 mL,6～8 h 一次即可。

(2)补碱速度。快速输入计算碱量的 1/2,然后再根据临床表现及酸碱平衡指标,决定另 1/2 的输入量及速度,但较重的酸中毒需在几小时内补足碱。

(3)碱性药物的选择。碳酸氢钠作用迅速、疗效确定,为首选药物。乳酸钠对纠正除乳酸中毒以外的酸中毒也有效。

(二)呼吸性酸中毒

1.病因诊断

(1)二氧化碳排出障碍。

呼吸中枢抑制。颅脑损伤、脑炎、脑膜炎、脑脊髓炎等疾病过程中;全身麻痹时用药量过大或使用呼吸中枢抑制性药物(如巴比妥类),抑制呼吸中枢,造成通气不足或呼吸停止,使 CO_2 在体内滞留,引起呼吸性酸中毒。

呼吸肌麻痹。发生有机磷农药中毒、脑脊髓炎等疾病时,可引起呼吸肌随意运动的减弱或丧失,导致 CO_2 排出困难。

呼吸道堵塞。喉头黏膜水肿、异物堵塞气管或食管阻塞部位压迫气管,引起通气障碍,CO_2 排出受阻。

胸廓和肺部疾病。胸部创伤造成气胸时,胸腔负压消失,肺扩张与收缩发生障碍,肺炎、肺水肿、肺肉样变时，换气过程发生障碍，均可导致 CO_2 在体内蓄积。

（2）二氧化碳吸入过多。当厩舍过小、通风不良、畜禽饲养密度过大时，因吸入 CO_2 含量过多的空气而使血 H_2CO_3 含量升高。

2.症状诊断

急性严重呼吸性酸中毒，起因于肺换气不足的出现呼吸急促、呼吸困难、可视黏膜发绀以及明显神经系统症状等；起因于麻醉等所致的呼吸性酸中毒，表现呼吸次数减少，不显现缺氧引起的发绀，初期不安等。随病程进展表现肌肉震颤，严重的可发展至完全昏迷。

呼吸性酸中毒的确诊要依靠血液化学分析，特别是血气分析，PCO_2 常升高，CO_2 结合力也增高，pH 下降。

3.治疗

治疗原则是治疗原发病，缓解气道阻塞；补碱抗酸，纠正酸中毒。对呼吸道阻塞的病畜应用支气管扩张药，对呼吸中枢抑制的病畜，初期使用呼吸兴奋剂尼可刹米疗效尚好。马、牛 $2.5\sim5$ g，猪 $0.25\sim1$ g，犬 $0.125\sim0.5$ g，皮下、肌肉或静脉注射。纠正酸中毒，首选药物为 5%碳酸氢钠液。对伴有低氧血症的呼吸性酸中毒，可实施给氧，但要低流量低浓度。

（刘建柱）

第二节　常见危症的诊断与处理

一、休克

休克(shock)是机体受到某些强烈有害因素作用后，全身有效循环血量锐减，机体发生急性循环障碍，特别是微循环血液灌流量严重不足，导致各重要器官组织细胞机能代谢紊乱和结构损伤，甚至严重危及生命的一种全身性临床病理过程。

（一）分类

（1）低血容量性休克。见于失血、创伤、烧伤、失液（剧烈呕吐、腹泻、肠梗阻及大出汗）等。详见兽医内科学相关教材。

（2）感染性休克。主要由病原微生物感染引起，详见兽医内科学相关教材。

（3）心源性休克。大面积心肌梗死、急性心肌炎、心包炎及严重心律紊乱（房颤与室颤）引起，心输出量急剧减少，有效循环血量和灌注量下降。

（4）过敏性休克。药物、血清制剂、输血、蚊蜂等叮咬、花粉和化学气体等引起的过敏反应。

（5）神经源性休克。由剧烈疼痛、高位脊髓麻醉或损伤、深度麻醉、脊髓神经炎、脑疝、颅内高压等引起。

（二）诊断

（1）病史调查。动物有无丢失大量体液、感染、剧痛、过敏、心脏疾病等病史。

（2）临床体征。病畜站立不稳，行走步样踉跄，后躯摇晃；精神高度抑郁或昏迷；瞳孔散大，反射迟钝,体温低下,躯体冰凉,出冷黏汗。

(3)组织灌流量减少指征。黏膜发绀,齿龈黏膜毛细血管再充盈时间超过 6 s;尿量减少或无尿。

(4)弥漫性血管内凝血(DIC)体征。主要表现为机体自发性、多部位出血。

(5)血压和中心静脉压测定。常作为休克的重要指征。休克动物血压低于 9.33 kPa,脉压低于 2.67 kPa;中心静脉压(低血容量性休克)低于 1.8 kPa。

(6)多发性器官功能障碍指征。

①心力衰竭指征。心音、脉搏减弱,心率每分钟逾百次,心律失常,出现频发性早搏,阵发性心动过速,甚至心室颤动;血压降低,中心静脉压升高,补液扩容后血压不升高,中心静脉压明显升高。

②肾功能衰竭指征。少尿或无尿,尿沉渣异常,可见肾上皮细胞,蛋白尿与管型尿,血尿素氮增多;呼出气体和皮肤有尿臭味(尿毒症),利尿试验阴性。

③肺功能衰竭指征。呼吸疾速,肺脏听诊有干或湿啰音。补液扩容后,呼吸困难和黏膜发绀反而进行性加重。

(三)治疗

治疗原则是除去病因,纠正组织缺氧,补充血容量,改善微循环。

(1)及时除去病因,是制止休克发展与恶化的有效措施。如感染性休克要迅速实施感染灶引流和应用抗生素;低血容量性休克要止血和止泻;过敏性休克要采取脱敏、强心疗法;心源性休克要强心,防止心律紊乱;疼痛性休克要止痛等。

(2)纠正组织缺氧。详见第七章第十八节"四、给氧疗法"。

(3)补液扩容是提高心输出量和改善组织灌流的根本措施。补液同时动态观察静脉充盈程度、尿量、血压、脉搏和中心静脉压等指标,输完半量或输至患病动物口色、心率、脉压等有所改善时,减速输注。对低血容量休克动物,可静脉滴注等渗盐水和 5%低分子右旋糖酐液,然后用葡萄糖盐水加速效强心苷或肾上腺皮质激素等输注。心源性休克需调整心脏前后负荷,需加用血管活性药治疗,不能简单扩充血容量。

(4)纠正酸中毒。临床上应根据酸中毒程度及时补碱纠酸。轻度酸中毒可给予乳酸林格氏液,中度酸中毒须用 5%碳酸氢钠静脉滴注,3~4 次/d,严重酸中毒或肝损伤时,不得使用乳酸钠。

(5)应用血管活性药物。血管活性药物可暂时升高血压,但常掩盖休克动物低血容量状态,不利于改善组织低灌注和治疗;注意血容量不足时,原则上不应使用血管活性药物。

①扩血管药物。对低排高阻型休克(如心源性休克、低动力型感染休克等)、应用缩血管药物后血管高度痉挛的病畜、休克中晚期体内儿茶酚胺浓度过高的病畜,可使用阿托品、东莨菪碱等血管扩张剂。扩血管药物须在充分扩容基础上使用。

②缩血管药物。对过敏性休克和疼痛性休克使用去甲肾上腺素等缩血管药物是最佳选择;早期轻型休克或高排低阻型休克,在综合治疗基础上,可采用缩血管药物如重酒石酸去甲肾上腺素。

(6)防止器官功能衰竭。休克后期如出现 DIC 和器官功能衰竭,除一般治疗外,应针对不同器官衰竭采取不同治疗措施,失去治疗价值的建议淘汰。

（7）纠正糖和电解质紊乱。感染性休克常伴有高血糖，需给予胰岛素治疗，及时纠正电解质紊乱，密切注意可能出现的低血钾、低血镁、低血磷等病理现象。

（李升和）

二、心力衰竭

心力衰竭（cardiac failure），是由于心肌舒缩功能发生障碍，引起外周静脉过度充盈，致使心泵功能和动脉压降低，导致心输出量减少，不能满足机体组织代谢需要的一种全身性血液循环障碍综合征。

（一）分类

（1）急性心力衰竭。

①急性原发性心力衰竭。主要由压力或容量负荷过重引起。详见王建华主编的第4版《兽医内科学》。

②急性继发性心力衰竭。主要由病原微生物或毒素直接侵害心肌所致心肌炎、心肌变性和心肌梗死等引起。

（2）慢性心力衰竭。多在心血管系统病变不断加重，心脏代偿功能日益减弱基础上发展而来，常有心肌肥大等代偿反应，详见王建华主编的第4版《兽医内科学》。

（二）诊断

（1）急性心力衰竭。

①病史调查。有无诱发急性心力衰竭的原因或原发病。

②临床特征。患病动物突然高度呼吸困难，呆立无神，步态不稳，突然卧地，昏厥抽搐，常在出现症状后数秒或数分钟内死亡。病程较长的，初期病畜精神沉郁，食欲不振甚至废绝，易疲劳、出汗，呼吸急促，肺泡呼吸音增强，可视黏膜轻度发绀，体表静脉怒张，脉搏微弱，脉细如丝或不感于手；心动疾速，心率多在每分钟百次以上，重症可达150～180次或更多；心搏动亢进，第二心音明显减弱或听不到，有时出现心内杂音和心律不齐。

（2）慢性心力衰竭。

①病史调查。有无心脏长期负荷增重的生活史或病史。

②临床特征。病程长达数周、数月或数年。患病动物除精神沉郁、食欲减退外，多不愿运动，不耐使役，易疲劳、出汗，稍事活动则心率、呼吸增数，逐渐消瘦；黏膜发绀，结膜暗红色或蓝紫色；体表静脉怒张；四肢末梢或胸、腹下可出现对称性无热无痛水肿，触诊有捏粉样感觉；心率增数，心律失常，多数动物第一心音增强，第二心音与脉搏减弱，常出现早搏、阵发性心动过速等，心区叩诊浊音区增大。左心衰竭时，肺循环瘀血，易发生肺水肿和慢性支气管炎症状。右心衰竭时，常发生胸腔积液或腹腔积液，及各脏器瘀血症状。

（三）治疗

治疗原则：加强护理，减轻心脏负担，对症治疗。

（1）加强护理。适当限制食盐和饮水量，饲喂柔软易消化饲料。对轻度心脏功能不全动物,减轻使役;对重度心脏功能不全动物,应就地休息,少量多次喂饮。

(2)减轻心脏负担。减轻心脏容量负荷,可用扩张小静脉药物,如内服硝酸甘油,马一次 0.5～1.0 g,3～4 次/d;减轻心脏压力负荷,可静脉滴注盐酸多巴胺注射液,马、牛 0.1～0.25 g,羊、猪 15～30 mg,加入 5%葡萄糖液中,100～500 μg/min 静脉滴注;利尿,静脉注射呋塞米,马、牛、羊、猪每千克体重 0.5～1.0 mg。同时,可根据病畜体质、静脉瘀血程度及心音、脉搏强弱,酌情放血 1 000～2 000 mL;放血后缓慢静脉注射 25%葡萄糖溶液 500～1 000 mL。

(3)增强心肌营养,应用强心剂,控制心率。

①增强心肌营养。应用葡萄糖-胰岛素-氯化钾液(G.I.K):马、牛 25%葡萄糖 1 000 mL、胰岛素 50～100 IU、10%氯化钾 30 mL;或用能源合剂:马、牛三磷酸腺苷(ATP)300～500 mg、辅酶 A 500 mg、细胞色素 c 300 mg、维生素 B_6 1 g、25%葡萄糖液 500 mL。

②应用强心剂。急性心力衰竭可用去乙酰毛花苷强心苷类药物以增强心肌收缩力,马、牛 1.6～3.2 mg,犬、猫 0.3～0.6 mg,10%葡萄糖注射液稀释 20 倍后缓慢注射;静脉注射困难时,可改用肌肉注射。

③控制心率。可用复方奎宁注射液,马、牛 10～20 mL,肌肉注射,2～3 次/d;犬用心得宁 2～5 mg 内服,3 次/d。对窦性心动过速,可用洋地黄毒苷,牛,每千克体重 0.03 mg,肌肉注射,或地高辛,每千克体重 0.008 mg,静脉注射,维持剂量 0.001 1～0.001 7 mg;犬,地高辛每千克体重 0.07～0.22 mg,内服,维持剂量为初服剂量的 1/3～1/8。

(4)对症治疗。

①补氧。一般情况可用鼻导管供氧,严重缺氧者可用面罩正压供氧或正压呼吸。

②缓解肺充血与肺水肿。以 50%～70%乙醇雾化吸入,以降低泡沫表面张力使泡沫破裂,改善肺通气功能。

③镇静。吗啡是治疗急性左心衰竭、肺水肿的最理想药物。对于昏迷、严重肺部病变、呼吸抑制和心动过缓、房室传导阻滞者应慎用或禁用。

④纠正水、电解质和酸碱平衡紊乱。使用 G.I.K 液来纠正低钾血症。纠正代谢性酸中毒,马、牛,5%碳酸氢钠 500～1 000 mL,静脉注射。

(5)中兽医治疗。常选用参附汤和营养散来治疗心力衰竭。

①参附汤。党参 60 g,熟附子 32 g,生姜 60 g,大枣 60 g,水煎 2 次,候温灌服(马、牛)。

②营养散。当归 16 g,黄芪 32 g,党参 25 g,茯苓 20 g,白术 25 g,甘草 16 g,白芍 19 g,陈皮 16 g,五味子 25 g,远志 16 g,红花 16 g,共为末,开水冲服,每天 1 剂,7 剂一疗程。

(李升和)

三、弥漫性血管内凝血

弥漫性血管内凝血(disseminated intravascular coagulation,DIC)是在许多疾病基础上,以微血管体系损伤为病理基础,凝血及纤溶系统被激活,导致全身微血管血栓形成,凝血因子大量消耗并继发纤溶亢进,引起全身出血及微循环衰竭的临床综合征。

(一)分类

(1)急性型。DIC 可在数小时或 1～2 d 内发生,常见于各种严重感染,特别是革兰氏阴性菌感染引起的败血症性休克、血型不合的输血、严重创伤、产科意外、大型手术等。具有典型 DIC 临床表现,病情发展迅速,分期不明显。实验室检查结果明显异常。

(2)亚急性型。DIC 在数天内逐渐形成,常见于恶性肿瘤转移等疾病过程。临床上常以多发性、持续性出血为主要甚至唯一表现。病程常持续 2 周以上。

(3)慢性型。DIC 多在数周内形成,常见于恶性肿瘤、胶原病、慢性溶血性贫血等疾病。各种异常表现轻微而不明显。

(二)诊断

(1)病因。常见于细菌、病毒感染,如犬瘟热、重症肝炎等;支原体感染,如牛支原体肺炎;手术及创伤;严重中毒或免疫反应;毒蛇毒虫咬伤、输血反应;急性胰腺炎、溶血性贫血、急性肾炎、糖尿病、酮血症、中暑等。

(2)临床特征。DIC 的临床表现可因原发病、DIC 类型及分期不同而有较大差异,有下列两项以上临床表现:a. 多发性出血倾向。特点为自发性、多发性出血,部位可遍及全身,多见于皮肤、黏膜、伤口及穿刺部位、内脏。b. 不易用原发病解释的微循环衰竭或休克。c. 多发性微血管栓塞的症状和体征。可发生在浅层皮肤、消化道黏膜的微血管。d. 抗凝治疗有效。

(三)治疗

(1)治疗原发病。治疗基础疾病及消除诱因,如控制感染,治疗肿瘤及外伤;纠正缺氧、缺血及酸中毒等,是终止 DIC 病理过程的最为关键和根本的治疗措施。

(2)抗凝治疗。抗凝治疗是终止 DIC 病理过程,减轻器官损伤,重建凝血-抗凝平衡的重要措施。临床上常用的抗凝药物为肝素。

使用方法:急性 DIC 10 000~30 000 U/d,一般 12 500 U/d 左右,每 6 h 用量不超过 5 000 U,静脉滴注,根据病情可连续使用 3~5 d。

适用症:a. DIC 早期(高凝期);b. 血小板及凝血因子呈进行性下降,微血管栓塞表现(如器官衰竭)明显者;c. 消耗性低凝期但病因短期内不能去除者,在补充凝血因子的情况下使用。

禁忌症:a. 手术后或损伤创面未经良好止血者;b. 近期有大量出血的病例;c. 蛇毒所致 DIC;d. DIC 晚期,患畜有多种凝血因子缺乏及明显纤溶亢进时。

(3)替代治疗。适用于有明显血小板或凝血因子减少证据,已进行病因及抗凝治疗,DIC 未能得到良好控制,有明显出血。

新鲜冷冻血浆等血液制品:每次 10~15 mL/kg。

血小板悬液:未出血患畜血小板计数低于 20×10^9/L,或者存在活动性出血且血小板计数低于 50×10^9/L 的 DIC 病例,需紧急输入血小板悬液。

纤维蛋白原:成年犬首次剂量 2.0~4.0 g,静脉滴注。24 h 内给予 8.0~12.0 g,可使血浆纤维蛋白原升至 1.0 g/L。由于纤维蛋白原半衰期较长,一般每 3 d 用药一次。

(4)激素治疗。糖皮质激素不做常规应用,但下列情况可予以考虑:a. 基础疾病需糖皮质激素治疗病例;b. 感染-中毒休克病例并且 DIC 已经有效抗感染治疗者;c. 并发肾上腺皮质功能不全病例。

(郭定宗)

四、呼吸衰竭

呼吸衰竭(respiratory failure)是指各种原因引起的肺通气和(或)换气功能严重障碍,使静息状态下亦不能维持足够的气体交换,导致低氧血症,伴有(或不伴)高碳酸血症,进而引起一系列病理生理改变和相应临床表现的综合征。

(一)分类

(1)急性呼吸衰竭。某些突发的致病因素,如严重肺疾患、创伤、休克、电击、急性气道阻塞等,可使肺通气和(或)换气功能迅速出现严重障碍,短时间内即可发生呼吸衰竭。因机体不能很快代偿,若不及时抢救,会危及动物生命。

(2)慢性呼吸衰竭。一些慢性疾病可使呼吸功能的损害逐渐加重,经过较长时间发展为呼吸衰竭。如肺结核、间质性肺脏疾病、神经肌肉病变等。

(二)诊断

(1)病史调查。存在引起肺泡气体交换不足和呼吸肌运动障碍的疾病。

(2)临床表现。呼吸困难,严重时呼吸节律紊乱,如陈-施二氏呼吸或毕欧特氏呼吸。烦躁不安,昏睡或昏迷,抽搐。早期心动过速、血压增高,严重时心率减慢、血压下降,心律失常。右心衰竭时出现大循环瘀血体征,肝、肾功能障碍,消化道出血。

(3)动脉血气分析:肺衰竭,氧分压降低;心力衰竭,氧分压降低,可伴有动脉二氧化碳分压($PaCO_2$)升高。

(三)治疗

处理救治原则:建立通畅的气道;给氧疗法;增加通气量;纠正酸碱失调和电解质紊乱;控制感染;支持疗法(积极治疗原发病,避免及治疗合并症,抗心力衰竭:利尿、强心、降肺动脉压等)。

1. 保持呼吸道通畅

(1)清除口、咽、喉及下呼吸道分泌物。在患畜排痰功能仍健全时,可应用祛痰药,并注意气道的湿化和痰液的稀释。当排痰功能丧失时人工吸痰,对于深部大量分泌物积聚不易排除者,可用纤维支气管镜吸取。

(2)解除气道痉挛。可选用氨茶碱、β-肾上腺素受体激动剂、肾上腺皮质激素等。目前推荐首选气道吸入,但在气道阻塞严重时气雾剂或雾化吸入均难以吸入肺内,应首先静脉给药。

2. 纠正缺 O_2

(1)给 O_2 指征。氧疗对低肺泡通气、氧耗量增加,通气与血流比例失调和弥散功能障碍的缺 O_2 有效,而对肺炎所致的实变,肺水肿和肺不张引起的肺内动静脉分流产生的缺 O_2 疗效不明显。一般认为当动脉氧分压(PaO_2)<60 mmHg,动脉氧饱和度(SaO_2)<90%应给予吸 O_2。

(2)给 O_2 浓度。

①高浓度给 O_2。吸入 O_2 浓度>50%或纯氧,多用于急性呼吸衰竭,如呼吸、心脏骤停,急性肺水肿,急性呼吸窘迫综合征(acute respiratory distress syndrom,ARDS)等严重缺 O_2

动物。

②低浓度（≤35％）持续 O_2 疗。在缺 O_2 伴 CO_2 潴留的动物，一般宜用低浓度持续给 O_2。

（3）给 O_2 方法。详见第七章第十八节"四、给氧疗法"。

3.增加通气，降低 CO_2

（1）呼吸兴奋剂的使用。使用呼吸兴奋剂的同时，应重视减轻胸肺和气道的机械负荷如分泌物的引流；支气管解痉剂的应用，消除肺间质性水肿和其他影响肺顺应性的因素，否则中枢驱动增加将更增加呼吸功，增高 CO_2，消耗 O_2。

（2）机械通气。经积极给氧及使用呼吸兴奋剂，$PaCO_2$ 不降低，PaO_2 不升高，应使用机械通气。机械通气可分为无创通气（不需气管插管的通气）及气管插管的机械通气。

4.降低肺血管阻力，减轻心脏后负荷

呼吸衰竭的缺 O_2，使肺血管收缩，肺血管阻力增加导致动脉高压，加重心脏后负荷，心功能受损，心排血量降低，影响 O_2 的运输，因此在呼吸衰竭的治疗中应注意保护心脏，降低肺动脉压，可用多巴胺、酚妥拉明、消心痛等。使用时注意体循环血压的监测。

5.抗感染

感染是呼吸衰竭的原因，即使原发病不是感染的患者，在发生呼吸衰竭以后，由于气道黏膜充血水肿，气道引流不畅，分泌物淤积等，利于细菌的生长，加重感染。缺 O_2 后机体内各脏器均受到一定影响，机体免疫机制降低，因此必须早期治疗，选用抗生素要有针对性，剂量要足，静脉给药必要时需联合给药。

6.支持疗法

（1）注意纠正贫血，适当提高 Hb，以提高血液携 O_2 能力。

（2）营养支持以提高热量供应。呼吸衰竭的患者能量消耗比较大，能量供给不足是产生和加重呼吸肌疲劳的重要原因之一，因而应补充足够的热量及蛋白质。

7.防治并发症

呼吸衰竭通常伴有呼吸性酸碱失衡和电解质紊乱，注意纠正。消化道并发症在呼吸衰竭高达 $8％～22％$，而上消化道大出血又是呼吸衰竭致死的重要原因之一，要注意防治。可用奥美拉唑 40 mg，$1～2$ 次/d，或 H2 受体阻滞剂，如雷尼替丁或甲氰米胍。呼吸衰竭逐渐发展为多脏器衰竭在临床上十分常见，且常为呼吸衰竭的死因，故呼吸衰竭治疗过程中，一定要注意保护脑、心、肝、肾等重要脏器的功能，以降低死亡率。

（郭定宗）

五、肾功能衰竭

肾功能衰竭（renal failure）是肾缺血、肾中毒引起肾小管变性、坏死所表现的一种综合征。

（一）分类

1.急性肾功能衰竭

是由于在短时间内，双侧肾排泄功能同时急剧降低，而造成的临床综合征，是为数不多的可以完全逆转的器官衰竭。

（1）肾前性急性肾功能衰竭。肾前性肾衰是指由肾灌流急剧降低所致的急性肾衰，肾无器质性病变，一旦肾灌注恢复，则肾功能也迅速恢复，所以这种肾衰又称功能性肾衰或肾前性氮质血症。病因：a.低血容量。见于大量失血，外科手术，创伤，烧伤，严重的呕吐、腹泻，大量利尿等引起的低容量性休克。b.心功能衰竭。见于心肌梗死等心源性休克，心输出量急剧下降时。c.血管床容量扩大，使有效循环血量减少。见于过敏性休克及败血症休克时血管床容量扩大，血液瘀滞。d.肝肾综合征。肝硬化、门脉瘀血引起肾小动脉强烈收缩，肾灌流量降低。

（2）肾性急性肾功能衰竭。肾性肾衰是由于各种原因引起肾实质病变而产生的急性肾功能衰竭，又称器质性肾衰。a.急性肾缺血。如休克等，持续的肾缺血，就会引起急性肾小管坏死（acute tubular necrosis，ATN），即功能性肾衰转为器质性肾衰。b.急性肾中毒。毒物作用于肾小管细胞，引起急性肾小管坏死。如铅、汞、蛇毒、蕈毒、庆大霉素，感染，内毒素血症等。c.急性实质性疾病。如急性肾小球肾炎、急性肾盂肾炎都能引起急性肾衰。

（3）肾后性急性肾功能衰竭。由肾以下尿路（即从肾盏到尿道口任何部位）阻塞引起的急性肾功能急剧下降称肾后性肾衰，又称阻塞性肾衰，由于肾实质并未破坏，又称肾后性氮质血症。见于尿路结石、肿瘤、炎症和狭窄等。

2.慢性肾功能衰竭

见于慢性肾小球肾炎、慢性肾盂肾炎、肾结核、慢性尿路阻塞、肿瘤、前列腺肥大等。

（二）诊断

急性肾衰竭的诊断：

（1）病史调查。应首先排除肾前性（肾脏血流灌注不足）和肾后性因素（尿路阻塞）。确定肾脏本身的原因，是否应用肾毒性药物，是否有血容量不足、低血压等肾脏缺血因素，是否有大手术等肾脏损害的危险因素及全身或局部感染。

（2）肾前性急性肾功能衰竭的临床特征。a.尿量减少，尿液检查往往正常，尿钠浓度低，氮质血症。b.中心静脉压低。c.补液试验：补液后尿量增加、血尿素氮降低。

（3）肾性急性肾功能衰竭的临床特征。a.少尿或无尿。尿液异常，尿液镜检中发现大量的色素颗粒管型或上皮细胞管型，则提示肾缺血或肾毒性药物引起的急性肾衰竭。当患病动物有明显的蛋白尿、血尿，尿液中发现大量的红细胞管型，则提示急性肾衰竭与急性肾小球肾炎有关。尿液中出现大量白细胞管型，见于急性肾盂肾炎、间质性肾炎或肾小球肾炎。b.在补液或控制心功能衰竭、纠正心律失常后，尿量仍不增加。c.肌酐清除率较正常值降低50%以上，血尿素氮、血肌酐迅速升高及尿毒症和代谢性酸中毒等。牛、马、羊血肌酐浓度高于2 mg/dL。d.B超显示双肾增大或正常。

（4）肾后性急性肾功能衰竭的临床特征。a.尿量突然由正常变成完全无尿，梗阻部位以上尿潴留。b.渐进性氮质血症，尿液检查往往正常。c.梗阻一旦解除，尿量突然增加，血尿素氮降至正常，可发现梗阻的部位。

（三）治疗

（1）对因治疗。如扩容纠正肾前因素，解除肾后性梗阻因素，重症急进性或其他肾小球肾炎用激素治疗可获效，过敏性间质性肾炎应立即停药，给予抗过敏药等。少尿期，补液量以量出为入为原则。纠正高钾血症及酸中毒。

(2)尽早开展透析疗法。有脱水、清除毒素、纠正电解质紊乱及酸碱平衡失调之功能,使患畜度过少尿期难关。多尿期严格监测水、电解质平衡以防死于脱水及电解质紊乱。恢复期注意加强营养、休息及避免用肾毒性药物均很重要。

对发生严重肾衰的动物,除极少数贵重动物外,多数无治疗价值,而做淘汰处理。

(郭定宗)

六、超敏反应

机体受微生物感染或接触抗原(包括半抗原)后,呈现反应性增高状态(致敏),当相同抗原进入或存在而引起致敏机体组织损伤的反应,称超敏反应(hypersensitivity)或超敏感性。

(一)分类

(1)Ⅰ型超敏反应性免疫病。见于过敏性鼻炎、血管神经性水肿、荨麻疹、变应性皮炎、过敏性休克等。

(2)Ⅱ型超敏反应性免疫病。见于新生畜同种免疫性溶血性贫血,新生畜同种免疫性血小板减少性紫癜。

(3)Ⅲ型超敏反应性免疫病。多继发或伴发于某些传染性疾病和化脓坏死性疾病,与链球菌感染有密切关系。

(4)Ⅳ型迟发型超敏反应性免疫病。如变应性接触性皮炎,是由于长期接触无机和有机化合物而发病。

(二)诊断

(1)Ⅰ型超敏反应性免疫病。重点论述过敏性休克的诊断思路:
①病史调查。有再次接触(大多为注射)过敏原的病史。
②临床特征。顿然起病,显现不安,肌颤,出汗,流涎,呼吸急促,鼻孔流细小泡沫状的鼻液(肺水肿),心动过速,血压下降,昏迷,抽搐,于短时间内死亡或经数小时后康复。休克的体征明显。

(2)Ⅱ型超敏反应性免疫病。新生畜同种免疫性溶血性贫血的诊断要点:
①病史调查。出生时健康活泼、吸吮初乳后起病。
②临床特征。可视黏膜黄白,巩膜中度或重度黄染;葡萄酒色至酱油色血红蛋白尿;体温不高而全身症状非常明显,脉搏急速,后期细弱,呼吸增数或困难。
③血液学检查。血沉加快,血浆红染(血红蛋白血症),红细胞数和 PCV 容量减少,黄疸指数增高。
④试管凝集试验。采集母畜的血清和初乳同子畜的红细胞悬液做凝集试验,凝集者为阳性。

(3)Ⅲ型超敏反应性免疫病。简述血斑病的诊断思路:
①病史调查。有传染病病史。
②临床特征。典型的血斑病,依据可视黏膜有出血斑块、坏死,体躯上部侧方的对称性或

不对称性肿胀,胃肠道、肺、肾等内脏器官出血、水肿、坏死所造成的相应的机能障碍等容易诊断。

(三)治疗

(1)过敏性休克。治疗原则:脱敏、强心。

①应用 α 和 β 受体激动剂。首选肾上腺素,具有急救效果。0.1%肾上腺素注射液稀释后皮下或肌肉注射。

②配伍脱敏剂。常用苯海拉明和异丙嗪肌肉注射。

③其他治疗措施。如输氧、补充血容量和纠正酸中毒等,参照本节"一、休克"。

(2)新生畜同族免疫性溶血性贫血。治疗原则:立即停吮母乳、输血、强心、抗休克。

①加强护理。立即停吮母乳,由近期分娩的母畜代哺或喂人工初乳等代用品,以终止特异性血型抗体的摄入,是治疗本病的首要环节。

②输血。最有效的抢救措施。输入全血或生理盐水血细胞悬液,驹或犊每次输入剂量为1 000~2 000 mL,必要时隔12~24 h重复输血一次。

③免疫抑制法。驹,用氢化可的松100~200 mg,加10%葡萄糖液静脉注射,1次/d。

④抗休克。有休克危象的采取抗休克疗法,详见本节"一、休克"。

⑤强心。维持心脏营养,提高心肌收缩力。

⑥抗感染。施行抗生素疗法。

⑦增强造血功能。补充铁质、维生素 B_{12} 等。

(3)血斑病。治疗原则:消除致病因素,缓解变态反应,降低血管通透性,提高血液胶体渗透压及防止感染。

①消除致病因素。对感染性原发病要积极治疗,某些过敏药物以及霉变饲料应立即停用。

②缓解变态反应。首选药物是肾上腺素皮质激素制剂。常用氢化可的松。0.5%~1%普鲁卡因液 100~150 mL,在化脓坏死灶周围做封闭或缓慢静脉注射,在病初有较好的脱敏作用。

③降低血管通透性。关键在于缓解变态反应。作为对症处置,可用 10%氯化钙液 100~150 mL 静脉注射(马),1 次/d,连续数日。

④提高血液胶体渗透压。其功效仅次于缓解变态反应。实际工作者往往一味大量补液,致使水肿增重,病情恶化。输注新鲜血或钙化血(10%氯化钙 1 份,血液 9 份)1 000~2 000 mL,每日或隔日 1 次,效果颇好。输注新鲜血浆或血清 2 000~3 000 mL,则效果更好。

⑤防止感染,加强护理。

(4)特应性皮炎(湿疹)。

治疗原则:以药物治疗来控制炎症,防止恶化,避免接触影响免疫系统并诱发循环障碍的致敏物质。

药物治疗:

①不含类固醇的外用药膏。一般用于治疗特应性皮炎(湿疹)的外用药物如他克莫司软膏。这一类免疫调节药物有助于控制炎症,保持皮肤肌理。

②含类固醇的外用药膏。类固醇乳霜和软膏能有效地控制皮肤发炎。长期使用类固醇会带来不同程度的副作用,可能会影响肾上腺分泌、削弱抵抗力,造成骨质疏松。

③口服或注射类固醇。对于一些情况特别严重的特应性皮炎(湿疹)动物,若局部类固醇起不了效用,应口服或注射类固醇,最常用的全身性类固醇是强的松。

(5)荨麻疹。治疗原则:抗过敏,降低血管通透性,制止渗出,维持心血管机能。

作用于肾上腺素能β受体的各种拟肾上腺素药,能稳定肥大细胞,制止脱粒作用,还能兴奋心肌,收缩血管,升高血压,松弛支气管平滑肌,降低血管通透性,是控制急性过敏反应,抢救过敏性休克最有效的药物。如配合抗组胺类药物,则疗效尤佳。

常用0.1%肾上腺素稀释后皮下或肌肉注射,配伍苯海拉明和异丙嗪。

(郭定宗)

七、中毒病

在一定条件下,以一定数量进入动物体并呈现毒害作用,造成组织器官机能障碍、器质病变乃至死亡的物质,称为毒物。由毒物引起的疾病,称为中毒病(poisoning diseases)。

(一)分类

按毒物的性质可分为农药中毒、饲料中毒、真菌毒素中毒、有毒植物中毒、矿物质中毒、药物中毒、有毒气体中毒和动物毒中毒8类,按起病特点和病程可分为急性中毒、亚急性中毒和慢性中毒。

(二)诊断

中毒病种类繁多,且是群发性疾病,应首先与其他群发性疾病区分开,进行大类鉴别诊断。动物中毒病应具备以下特征:a.在同一饲养管理条件下,同槽、同圈或同牧地的动物突然成群发病或相继发病。b.患病动物具有共同的临床表现和相似的剖检变化,且平时健壮、食欲旺盛的,发病头数多,临床表现重。c.有相同的发病原因。患病动物往往有接触或摄入同一种毒物的生活史。d.患病动物体温多不升高,有的甚至体温降低,但并发重剧炎症或肌肉强烈痉挛的可能发热。e.不发生传染。

(三)治疗

治疗原则:切断毒源,促进毒物排出,药物解毒,采取支持疗法。

1.切断毒源

对可疑的饲料、饮水、牧场、器具等,应立即更换;对疑似有毒气体中毒的,要立即通风,呼吸新鲜空气;对疑似体表染毒的,立即用清水或弱碱性、弱酸性的溶液冲洗。眼睛染毒的,可用3%硼酸、2%碳酸氢钠或清水冲洗。

2.促进毒物排出

(1)催吐法。本方法一般只适用于猪、犬、猫等中小动物,通常在中毒4~6 h内进行。常用的药物有:阿扑吗啡(去水吗啡),每千克体重0.05~0.10 mg,但要注意猫禁忌使用;硫酸铜,猪0.1~1 g,犬0.1~0.5 g灌服。

催吐剂禁用症:摄入腐蚀性毒物,或食道、胃肠黏膜受损的动物;昏迷和半麻醉的动物;不具有咳嗽反射机能的动物;惊厥动物。

(2)洗胃法。对于从消化道进入的毒物,应尽早地实施洗胃。本方法只适用于马、牛、骡等大动物。

(3)吸附法。是先将毒物自然黏合到一种不能吸收的吸附剂载体上,然后通过消化道排出毒物的一种方法。常用的吸附剂为活性炭2份,轻质氧化镁、白陶土、鞣酸各1份混合而成。

(4)利尿法。多数毒物,尤其是水溶性毒物,应用利尿剂可促进毒物由尿液排出,可内服利尿剂。

3.药物解毒

临床上对于已经确诊,且有特异性解毒剂的中毒病,要用特效解毒药迅速解毒。

4.维持全身机能

可采用输液、强心、镇静、制止渗出、输氧、维持体温等对症治疗。

(郭定宗)

【本章小结】

兽医临床常见症状与危症的诊断及其处理涉及多学科知识,具有综合性和实践性强,技术要求高的特点,是专业实习的重要环节。在实习中针对如发热、腹泻、血便、胃肠气胀、腹水、咳嗽、心律失常、贫血、惊厥、瘫痪、流产、排尿异常、脱水、水肿和酸中毒等常见临床症状以及休克、心力衰竭、呼吸衰竭、肾功能衰竭、过敏反应、中毒病等危症,在诊断、治疗和急救方法与程序上,均应坚持两个原则:一是整体观。弄清局部与整体,症状与疾病,对症治疗与对因治疗,前期治疗与后期治疗的关系。要认识到疾病是个过程,临床上见到病例都是疾病过程中的一个阶段,只有把握理解疾病发生发展全过程,才有正确的判断和合理的治疗。二是辩证观。善于把理论知识与实习实践相结合,老师(执业兽医师)指导与学生学习相结合,临床诊断与实验室诊断相结合,课前预习、课中学习与课后总结相结合,把握症状与病因、症状与发病机制的内在联系,认识治疗方法(技术)与消除或缓解症状的关系。

第六章 猪、禽常见病理变化

【本章导读】

当猪、禽发生疾病时,组织器官会出现相应的病理变化,通过识别其特征,可发现特定疾病的线索,为诊断疾病提供依据。比如在猪、禽发生传染病时,一些组织器官出现炎症,炎症严重的部位往往是病原入侵门户和原发性受害组织器官。因此,识别这些组织器官的病理变化对诊断疾病的性质尤为重要。本章介绍了充血、瘀血、出血(渗出性出血)、梗死、水肿、变性、坏死、肿瘤、萎缩、肿大、黄疸、败血症等常见病理变化以及脾炎、淋巴结炎、肺炎、心肌炎、心内膜炎、肝炎、肾炎、胃炎、肠炎等组织器官炎症的病变特征。

第一节 猪常见病变鉴别诊断

本节以猪临床常见多发病病理变化为线索,以病变特征为基础,对猪的主要疾病进行类症鉴别,为猪病的临床诊断提供依据。

(一)皮肤病变特征与鉴别诊断

(1)皮肤充血及出血。创伤、温热、紫外线或 X 射线照射、化学药品的刺激和某些传染病等均可导致猪皮肤充血,指压褪色,如猪丹毒、流行性猪肺疫。皮肤出血,有的是在瘀血的基础上发生的,有的则是由于致病因素的作用直接破坏血管壁所致,如猪瘟。

(2)皮肤炎症。由于引起皮炎的病原不同,皮炎的特征也不同。

①口蹄疫。良性口蹄疫于口腔、鼻、舌、乳房和蹄等部位出现水疱,破溃后如继发细菌感染,则形成溃疡,严重者造成蹄壳脱落。

②猪水疱病。蹄冠、蹄枕或副蹄出现一个或几个水疱,破溃后形成溃疡,严重者蹄壳脱落。少数病猪的鼻端、口腔、舌面和腹部乳头四周亦可出现水疱。

(3)皮肤角化过度症。例如寄生虫感染引起的猪的疥螨病。病变由头部,特别是眼周和耳部皮肤开始,有时可蔓延到腹部和四肢。患部初期剧痒,继之出现丘疹、水疱、硬痂。严重者全身脱毛,皮肤干枯皲裂。

(4)皮肤水肿。

①猪水肿病。多见于断奶前后仔猪,病死猪尸体营养良好,皮肤和黏膜苍白。特征的病变是胃壁、结肠肠系膜、眼睑和面部以及颌下淋巴结水肿。眼睑和面部浮肿,皮下积留水肿液或透明胶冻样浸润物。

②放线菌病。病变多发部位为乳房,以乳头基部形成无痛、结节状硬肿块开始,逐渐蔓延

增大,使乳房肿大,表面凹凸不平,乳头短缩或继发坏疽。还可发生于外耳软骨膜及皮下组织中,引起肉芽肿性炎症,致使耳廓增厚变硬,形似纤维瘤外观。

(二)淋巴结病变特征与鉴别诊断

(1)出血性淋巴结炎。淋巴结肿大,呈暗红或黑红色,质地柔软,切面呈弥漫性暗红色,或暗红与灰黄相间呈大理石样花纹。常发生于炭疽、猪瘟、猪丹毒、出血性败血症等急性传染病。

①炭疽。急性病例常无临床表现。剖检见患猪咽喉和颈部皮下呈出血性胶样浸润,头部淋巴结,特别是颌下淋巴结急剧肿大,被膜增厚,质地变硬,切面因严重充血、出血而呈樱桃红色或深红砖色,并有中央稍凹陷的黑红色坏死灶。病程经久者在坏死灶周围常有包囊形成,或继发化脓菌感染而形成脓肿,脓汁吸收后形成干酪样或变成碎屑状颗粒。有时在同一淋巴结切面可见有新旧不同的病灶。

②猪瘟。全身的淋巴结发生出血性淋巴结炎变化。在颌下、咽背、耳下、支气管、胃门、肾门、腹股沟及肠系膜等部位淋巴结病变最明显。主要表现淋巴结肿胀,表面呈深红色条纹状,而其余淋巴组织呈灰白色,两者相互镶嵌形成大理石样花纹。

③猪丹毒。急性或败血型猪丹毒时,全身淋巴结发生急性淋巴结炎。淋巴结外观肿大,呈紫红色;切面隆突,湿润多汁,常伴发斑点状出血。

(2)坏死性淋巴结炎。淋巴结肿大,其周围结缔组织呈黄色胶样浸润或水肿状。切面湿润、隆突,边缘外翻,有大小不等的灰白色或灰黄色坏死灶和暗红色的出血灶。

①猪弓形虫病。由初期的单纯性淋巴结炎很快转变为坏死性淋巴结炎。全身淋巴结,特别是肠系膜和胃、肝、肾等内脏淋巴结呈急性肿胀,中等度的增大。淋巴结呈实性、硬感,切面湿润,并有出血点和灰白色粟粒大的坏死灶。

②猪沙门氏菌病。肠系膜淋巴结、咽后淋巴结和肝门淋巴结等常发生坏死,主要表现为明显增大;切面呈灰白色脑髓样,并常散在灰黄色坏死灶,有时形成大块的干酪样坏死物。

③猪地方流行性肺炎。剖检特征为融合性肺炎、慢性支气管周围炎、血管周围炎和肺气肿。肺门淋巴结和纵隔淋巴结显著肿大,有光泽,切面湿润,呈灰白色,质地变实。

(三)肝脏病变特征与鉴别诊断

肝脏的局灶性坏死,指肝脏坏死灶部位与范围缺乏明显的规律性,常呈点状散布于肝内,较为多见。

(1)猪沙门氏菌病。肝脏显著肿胀,暗红色,被膜下或切面上有数量不等、针尖或粟粒大小的黄红色或灰白色坏死灶。

(2)猪弓形虫病。肝脏肿大,被膜紧张,边缘钝圆,呈暗红色。肝表面散在有灰白色粟粒大坏死灶,在病灶周围有红晕,切面含血量较多。胆囊膨满,有多量胆汁。

(四)脾脏病变特征与鉴别诊断

(1)脾脏梗死。由于脾脏的动脉多是末梢动脉,所以一旦闭塞就容易引起梗死。脾梗死多为出血性梗死,眼观梗死区呈紫黑色、硬固、肿大,表面隆突。

①猪瘟。有30%～40%的猪瘟病例发生脾脏出血性梗死。以多发性梗死为常见,多发生于脾脏边缘,大小和数量不等,呈暗红色,稍隆突,不呈圆形,与周围组织界限分明,触摸质地坚

实。切面上见梗死组织多呈圆锥形,其锥底位于脾表面,锥尖指向血管堵塞的部位。梗死组织呈暗红色,稍干燥。

②猪丹毒。慢性猪丹毒发生疣性心内膜炎时,也可能发生脾梗死。猪丹毒比猪瘟脾脏梗死发生率明显低,而且猪丹毒皮肤病变非常突出,亚急性病例呈皮肤疹块型,慢性病例呈现疣性心内膜炎及多发性关节炎等特点都有助于与猪瘟进行鉴别。

(2)脾脏的炎症。急性炎性脾肿,即脾脏的急性肿大,多见于炭疽、急性猪丹毒、猪链球菌病、急性猪副伤寒等和一些败血症。

①猪链球菌病。以败血症和化脓性脑膜炎为特征。脾脏肿大,质地柔软,呈紫红色或黑紫色。偶尔于脾脏边缘可见黑红色的出血性梗死灶。被膜多覆有纤维素,且常与相邻器官发生粘连,切面黑红色、隆突,结构模糊。

②猪沙门氏菌病。本病的急性型表现为败血症,亚急性和慢性型以顽固性腹泻和回肠及大肠发生固膜性肠炎为特征。急性病例脾脏肿大,被膜偶见散在的小点出血;切面可见脾白髓周围有红晕环绕。脾内有许多病原菌。

③炭疽。败血型病例的脾脏肿胀,常达正常的 3~5 倍,甚至更大。外观呈紫褐色,质地柔软,触摸有波动感,有时可自行破裂。切面边缘外翻,断面隆突呈黑红色,脾髓软化呈软泥状,甚至变为半液状自动向外流淌。脾白髓和脾小梁的结构模糊不清。在脾组织内存有大量炭疽杆菌。

④急性猪丹毒。脾脏因瘀血而显著肿大,呈樱桃红色,被膜紧张,边缘钝圆,质地柔软,切面隆突,呈鲜红色;脾白髓和小梁结构模糊,用刀背轻刮切面有多量血糊状物。据报道,脾除具上述眼观变化外,在脾切面特别是脾头和脾尾的切面上,不断变换切面角度,可见比脾原切面颜色深的呈暗红色或紫红色、边缘较整齐的小圆圈,其中心为脾白髓,称为"白髓周围红晕",该特征性病变可作为急性猪丹毒病理解剖诊断的依据之一。

(五)肾脏病变特征与鉴别诊断

急性肾小球性肾炎是肾脏常见病变。

(1)急性猪瘟。肾脏表面多呈散在或密布的小点状出血。皮质和髓质均见有点状和线状出血,肾乳头、肾盂也常严重出血。

(2)猪链球菌病。部分病例呈明显的急性增生性肾小球肾炎变化。

(3)猪沙门氏菌病。常见肾脏皮质部苍白,偶见细小出血点或斑点状出血,肾盂、尿道和膀胱黏膜也常有出血点。

(4)急性猪丹毒。往往发生出血性肾小球肾炎,肾肿大,在表面和切面常见有少量针尖大或粟粒大的出血点,在肾内有细菌聚集。

(六)胃肠病变特征与鉴别诊断

(1)卡他性胃肠炎。

①仔猪黄痢。最显著的病变是卡他性胃肠炎及黏膜上皮的变性和坏死。胃膨胀并充满酸臭的凝乳块,胃底部黏膜潮红,部分病例有出血斑块,表面有多量黏液覆盖。小肠尤其是十二指肠膨胀,肠壁变薄,黏膜和浆膜充血、水肿,肠腔内充满腥臭的黄色、黄白色稀薄内容物,有时混有血液、凝乳块和气泡;空肠、回肠病变较轻,但肠内臌气很显著。大肠壁变化轻微,肠腔内

充满稀薄的内容物。

②猪胃线虫病。黏膜散在红点和覆盖多量黄色黏液,或见胃黏膜溃疡。虫体头部钻入黏膜,体部游离于胃腔中,其周围黏膜红肿。胃壁可见虫体包囊或充满红色液体的空腔,陈旧的病变见胃黏膜显著增生,胃壁肥厚,甚至形成瘤样结节。

③猪传染性胃肠炎。主要病变是卡他性胃肠炎。胃内积存凝乳块,黏膜充血和瘀血。肠腔积液,明显扩张,肠壁菲薄,几乎透明,肠系膜淋巴结肿胀。比较特征的病变是肠系膜淋巴管内缺少乳糜,用放大镜检查可见空肠绒毛短缩。

④隐孢子虫病。仔猪的主要眼观病变是胃黏膜充血,小肠由于充满气体和水样黄色液体而膨胀,肠壁变薄,肠黏膜呈现急性卡他性炎变化。肠系膜淋巴结肿大,切面湿润、多汁。镜检,在肠黏膜上皮细胞的纹状缘或微绒毛层内以及隐窝内,常可观察到大量隐孢子虫,其吸附部位通常缺乏微绒毛。

⑤猪轮状病毒性肠炎。腹泻仔猪病变多局限于肠,肉眼见肠道臌气,肠内容物呈棕黄色水样液及黄色凝乳样物质,肠壁菲薄、半透明。

(2)坏死性胃肠炎。

①猪胃溃疡。多发生于集约化猪场的断奶仔猪及生长猪。病变局限在胃底部与食管部,从过度角化、糜烂、溃疡直至穿孔均可见到。溃疡呈圆形或椭圆形。急性经过的溃疡呈黑红色或深褐色。慢性经过时呈灰黄色,底部粗糙,边缘隆起。溃疡性胃炎时往往伴发胃出血、肠卡他、肝实质变性、全身性贫血以及皮肤呈瓷白色。胃溃疡向深部发展可达浆膜层,偶见穿孔。胃内血性内容物与出血性溃疡病灶,是胃溃疡诊断的特征性变化。胃穿孔时,腹腔内必有凝血块及弥漫性或局灶性腹膜炎。慢性经过的胃溃疡,全身变化轻微,主要是溃疡局部肉芽组织增生而出现瘢痕形成,透过浆膜面即可见到。慢性胃溃疡出血的猪,因髓外造血,脾脏常肿大。

②猪痢疾。病理学特征为卡他性、出血性、纤维素性或坏死性盲肠与结肠炎。急性病例的典型病变为大肠松弛,呈暗红色,浆膜水肿而富有光泽。大肠肠壁与肠系膜充血、水肿,肠系膜淋巴结肿大。结肠黏膜下腺体通常比正常时明显,浆膜上出现稍隆起的白色病灶。结肠黏膜因显著肿胀而失去典型的皱褶,表面通常覆盖带有血液的黏液纤维素性斑块。结肠内容物稀薄如水,恶臭。

③炭疽。肠炭疽主要发生在小肠。多以肿大、出血和坏死的淋巴小结为中心,形成局灶性出血性坏死性肠炎病变。眼观,病初肠黏膜肿胀,呈红褐色。肠壁淋巴小结肿大,隆突于黏膜表面并常伴发出血,有时肿大的淋巴小结坏死并形成灶状溃疡。随着痈形病灶的形成,可见痈灶表面覆纤维素样坏死的黑色痂膜,邻接的肠黏膜呈出血性胶样浸润。

(3)假膜性肠炎。

①猪沙门氏菌病。亚急性和慢性型以顽固性腹泻和回肠及大肠发生固膜性肠炎为特征。特征性病变主要在大肠。眼观,后段回肠和各段大肠发生固膜性炎症。局灶性病变是在肠壁淋巴组织坏死基础上发展起来的。集合淋巴小结和孤立淋巴小结明显增大,突出于黏膜表面,随后其中央发生坏死,并逐渐向深部和周围扩展,同时有纤维素渗出,并与坏死肠黏膜凝结为糠麸样的假膜,这种固膜性痂块因混杂肠内容物和胆汁而显污秽绿色。坏死向深层发展并波及肌层时,则可引起纤维素性腹膜炎。少数病灶其坏死性痂块在坏死区周围发生分界性炎症和脓性溶解,随后腐离而脱落,遗留圆形溃疡,其后溃疡愈合而成瘢痕。

②猪瘟。以肠道病变为主的猪瘟称为肠型猪瘟,病变主要发生于大肠。眼观盲肠、结肠和

回盲瓣部淋巴滤泡肿胀,中心坏死呈栓子状,或坏死灶扩大形成轮层状,因其形似纽扣故称扣状肿,坏死多半以肠黏膜出血处或肿大的淋巴滤泡为基础。扣状肿眼观呈灰白色或灰黄色、干燥、隆突于肠黏膜表面。

(七)心脏病变特征与鉴别诊断

实质性心肌炎是心肌常见病变且多为局灶性。

(1)恶性口蹄疫。眼观心脏表面灰白、浑浊,于室中隔、心房与心室面散在有灰黄色条纹状与斑点样病灶,由于它与心肌红褐色底色相间似虎皮斑纹,故称为"虎斑心"。

(2)心肌炎。剖检多呈急性心力衰竭变化。眼观,右心扩张,有时出现轻度纤维素性心外膜炎。心脏最常见的受损区为肺动脉附近的右心室,心肌内见大小为 $2\sim15$ mm 多发性、散在的白色病灶或界限分明的、较大的融合性灰白色病灶,偶见局灶性白垩样斑点。

(3)猪桑葚心病。以实质性心肌炎为主要病变。眼观心腔扩张,心肌浑浊,色苍白或紫红;多数病例可见灰黄色的坏死条纹或灰白色的结缔组织疤痕;病变以左心室外膜下肌层最显著。

(八)呼吸系统病变特征与鉴别诊断

(1)卡他性肺炎。例如猪支原体肺炎,其肺脏病变呈现出典型的卡他性肺炎特点。因病程长短不同,其病变可有很大差异。初期病变是在肺的尖叶或心叶,见有单在蚕豆大至拇指大的淡红色至鲜红色稍湿润透明的病灶,压之有坚实感。随着病程的延长,尖叶、心叶及膈叶前部的病灶可融合扩大,病灶外观由红色变成红紫色,最终变成灰红色或灰黄色,病变的肺组织坚实,和正常组织的界限清晰。两侧肺组织的变化一般大致对称,但也有少数病例单发生一侧,并以右侧肺叶较为多发。切开肺脏的病变部,从切面流出黄白色带有泡沫的浓稠液体,小叶间结缔组织增宽,呈灰白色水肿状。病程长的病例,尖叶、心叶、中间叶和膈叶前部的大部分肺组织,变成灰白色或灰黄色质地较坚实的病灶。此种病变的肺组织比正常肺组织稍塌陷,与周围肺组织分界明显,切面较干燥,支气管内充满黏稠内容物。个别病例,由于叶间结缔组织的增生而使肺小叶变形,肺表面高低不平。

(2)纤维素性肺炎。是以支气管和肺泡内充填大量纤维素性渗出物为特征的急性炎症,常累及一个肺叶,甚至全肺。

①散发性猪肺疫。肺部病变特别显著,呈现纤维素性肺炎不同发展阶段的各种变化。病变可波及一侧或两侧肺叶的大部,但病变最多见的部位为尖叶、心叶和膈叶前部,严重时可波及整个肺脏。病变部与相邻组织界限明显。由于病程长短不同,切面呈现不同色泽的肝变样病灶。有的病灶切面呈暗红色,有的呈灰黄红色,有的病灶以支气管为中心发生坏死或化脓,有的发展为坏疽性肺炎。病灶部肺小叶间质增宽、水肿,故使整个肺切面往往形成大理石样花纹。病灶部周围组织一般表现瘀血、水肿或气肿。

②猪接触传染性胸膜肺炎。最急性病例,患猪流血色鼻液,气管和支气管充满泡沫样血色黏液性分泌物。其早期病变颇似内毒素休克病变,表现为肺泡与间质水肿,淋巴管扩张,肺充血、出血和血管内有纤维素性血栓形成。肺炎病变多发于肺的前下部,而在肺的后上部,特别是靠近肺门的主支气管周围,常出现周界清晰的出血性实变区或坏死区。急性病例,肺炎多为两侧性,常发生于尖叶、心叶和膈叶的一部分。病灶区呈紫红色、坚实,轮廓清晰。间质积留血色胶样液体,纤维素性胸膜炎明显。亚急性型病例,肺脏可能有大的干酪性病灶或含有坏死碎

屑的空洞。由于继发细菌感染，致使肺的炎性病变转变为脓肿，后者常与肋胸膜发生纤维性粘连。慢性病例常于膈叶见到大小不等的结节，其周围有较厚的结缔组织环绕，肺与胸膜粘连。

③猪瘟。胸型猪瘟，其全身性出血变化较急性轻，但淋巴结、肾和膀胱出血仍很明显。胸膜出血严重；常见一侧或两侧肺叶存有融合性卡他性肺炎或坏死性、化脓性肺炎。病变部肺表面隆起，无光泽，或附有纤维素性假膜，有时还见肺、肋胸膜粘连。肺炎灶质地坚实，切面多半呈暗红色、黄色或灰白色肝变状，并常见以支气管为中心形成化脓灶或坏死灶，心脏可见纤维素性心包炎或心外膜炎。

（九）脑脊髓病变特征与鉴别诊断

（1）非化脓性脑炎。脑软膜充血，脑实质有轻微的水肿和小出血点。有时可出现脑软化灶。慢性经过时常出现各种神经症状。

（2）狂犬病。以非化脓性脑炎和神经细胞胞浆内出现包涵体为其特征。本病眼观无特征性病变，仅见脑水肿，脑膜和脑实质的小血管充血，并见点状出血和轻度水肿。

（3）猪瘟。脑组织眼观病变通常不明显，偶见小脑、延脑和软脑膜出血。

（4）猪传染性脑脊髓炎。一般无明显的眼观病变。

（5）日本乙型脑炎。尸体剖检缺乏特征性眼观病变，仅见脑脊髓液增加，呈无色或淡黄色，有时浑浊，软脑膜瘀血，脑实质内有点状出血。严重者大脑皮质、基底核、丘脑、中脑等部位出现粟粒大小的软化灶。慢性病例可发现钙化灶。

（刘国文）

第二节　禽常见病理变化

（一）皮肤及皮下组织常见病变

（1）皮下出血。可发生于机体不同部位，多呈局灶性或弥漫性出血。除外伤或钝性挫伤外，多见于维生素 K 缺乏症、住白细胞虫病、小鹅瘟、鸭瘟、磺胺类药物中毒、高致病性禽流感等。

（2）贫血。鸡冠、肉髯、皮肤或可视黏膜色淡或苍白。常见于家禽痛风、传染性贫血、滑液囊支原体感染、鸡疏密螺旋体病、住白细胞虫病、肌胃糜烂症、黄曲霉毒素中毒、结核病、马立克氏病、禽白血病、禽弯曲杆菌性肝炎、硒缺乏症、鸡脂肪肝和肾综合征，还见于维生素的缺乏，如叶酸、维生素 K、维生素 B_{12} 及维生素 B_6 的缺乏。

（3）皮肤痘疹。在鸡的头部、鸡冠、肉垂、口角、眼周部位出现灰黄色或棕褐色干硬结节，突出于皮肤表面，最后结痂而愈。主要见于皮肤型禽痘。

（4）皮下水肿。皮下胶冻样渗出，见于雏鸡硒和维生素 B_1、维生素 B_6、维生素 E 缺乏症以及禽链球菌病。

鸡冠、眼睑、肉垂及面部皮下肿胀，常见于维生素 A 缺乏症、肿头综合征、鸡败血霉形体病、禽流感、传染性鼻炎等。

（5）皮炎。以羽毛稀少和皮肤角化过度为特征。烟酸缺乏出现腿部皮肤鳞片状皮炎；泛酸缺乏伴有头部、趾间和脚底皮肤炎;生物素缺乏可导致病鸡趾部、喙和眼周皮炎。

(6)皮肤肿瘤。见于鸡皮肤型马立克氏病,皮肤毛囊肿大,质地坚实,凸出于皮肤。

(7)皮下肉芽肿。皮下出现单个肿瘤样结节,质地稍硬,通常在注射疫苗尤其是油佐剂疫苗后发生。

(8)蜂窝织炎。胸、腹部皮下有浆液性、纤维素性或化脓性渗出物。鸡葡萄球菌病、大肠杆菌病、脐炎等可引起。

(二)呼吸系统常见病变

(1)鼻炎。主要见于鸡传染性鼻炎,并伴有结膜炎和面部水肿。

(2)喉部和气管炎症。喉部或气管黏膜呈卡他性、纤维素性或出血性坏死性炎症,有时纤维素性渗出物可充满整个喉气管腔。主要见于传染性喉气管炎、传染性支气管炎、白喉型禽痘等疾病。

(3)支气管炎症。大体解剖难以诊断,光镜下可见支气管黏膜充血、出血,黏膜下有大量炎性细胞浸润,常见于鸡传染性支气管炎。

(4)气囊炎。气囊浑浊、增厚,表面有纤维素性渗出物,有时在气囊内出现干燥坚实的黄白色渗出物。常见于鸡大肠杆菌病、鸡支原体病以及鸭传染性浆膜炎。

(5)肺炎。肺出血、水肿,或有黄白色肉芽肿结节。真菌性肺炎多由曲霉菌引起。沙门氏菌、大肠杆菌、巴氏杆菌、鹦鹉热衣原体等也可导致家禽肺炎。

(三)消化系统常见病变

(1)嗉囊扩张。嗉囊膨大,充满液体或气体。禽被倒提时从口中流出酸臭液体。常见于肌胃糜烂症、鸡新城疫、食盐中毒、神经型马立克氏病、家禽念珠菌病、毛细线虫病、磷中毒、维生素A缺乏和摄入腐败变质饲料等。

(2)腺胃炎。腺胃肿大,腺胃乳头充血、出血以及黏膜溃疡。病因包括传染性腺胃炎及日粮中含有生物胺、霉菌(如镰孢霉、橘青霉)及其毒素。

(3)肌胃糜烂。肌胃角质膜增厚、粗糙、龟裂、溃疡,呈暗绿色或黑色,角质层不易剥离。可致肌胃糜烂的病因包括:细菌(梭状芽孢杆菌、产气荚膜梭菌等)感染,真菌(曲霉菌、镰刀菌、白色念珠菌、鸟类胃酵母菌)感染,霉菌毒素(T-2毒素、二乙酰镳草镰刀烯醇毒素、单乙酰氧基镰草镰刀菌毒素)中毒,饲料中含有生物胺,饲料鱼粉变质或含量过高,以及维生素E、维生素B_{12}、维生素B_6和硒缺乏等。

(4)肝炎。包括变质性、出血性、坏死性、纤维素性肝炎。肝脏肿大、颜色暗红,表面有大小不等的出血点或弥漫性出血灶,以及坏死性结节。多见于传染性疾病,如鸡盲肠肝炎、包涵体肝炎、大肠杆菌病、巴氏杆菌病、沙门氏菌病等。

(5)肝脂变。肝脏肿大,呈浅褐色至黄色,质地脆,有时可见被膜下形成血肿。主要见于鸡脂肪肝综合征。

(6)胰腺炎。胰腺充血、出血,可见于禽流感或磺胺类药物中毒。

(7)肠炎。整个肠段都可发生,包括浆液性、卡他性、纤维素性、出血性、坏死性、增生性肠炎等多种类型。除饲料原因外,常见于寄生虫(球虫、绦虫、鸡组织滴虫、鸡住白细胞虫)、细菌(白痢沙门氏菌、伤寒沙门氏菌、大肠杆菌、巴氏杆菌、魏氏梭菌、空肠弯曲菌、绿脓杆菌)和病毒

（新城疫病毒、A 型禽流行性感冒病毒、轮状病毒）感染。

（四）心血管系统常见病变

（1）心包炎。心包积液，心包膜增厚、表面覆有纤维素性物质。常见于败血霉形体病、大肠杆菌病。

（2）出血性心肌炎。心肌有点状或条纹状出血，常见于金黄色葡萄球菌、大肠杆菌、巴氏杆菌等引起的败血症以及一些烈性病毒性传染病（如高致病性禽流感、新城疫）引起的心肌损伤。

（3）心脏扩张。心脏扩大，心室壁变薄，心房比心室更明显。常见于维生素 B_1 缺乏症（右心）、肉鸡腹水综合征（右心）、小鹅瘟（右心房）、硒缺乏症（左心）、雏番鸭细小病毒病（左心）。

（五）免疫系统常见病变

（1）脾炎。脾脏肿大、瘀血、出血，有散在的灰白色点状坏死灶。常见于鸡白痢、鸡伤寒、鸡副伤寒、鸡大肠杆菌性败血症、禽葡萄球菌病、鸡住白细胞原虫病和高致病性禽流感等多种疾病。

（2）法氏囊炎。法氏囊肿大、变圆，呈土黄色，外包胶冻样透明渗出物。黏膜皱褶上有出血点或斑，内有炎性分泌物或黄色干酪样物。严重病例法氏囊呈紫黑色。随病程延长，法氏囊萎缩变小，囊壁变薄，见于传染性法氏囊病。

（3）盲肠扁桃体炎。以盲肠扁桃体肿大、出血为主，见于许多病毒性疾病。

（六）泌尿生殖系统常见病变

（1）肾脏尿酸盐沉积。肾脏肿大、颜色斑驳；输尿管扩张，充满白色尿酸盐。常见于严重脱水、维生素 A 缺乏、内脏型痛风、磺胺类药物中毒、肾型传染性支气管炎、传染性法氏囊病、禽病毒性肾炎、禽流感、新城疫、肉鸡脂肪肝和肾综合征。

（2）肾脏出血性炎。以肾脏肿大、瘀血、出血为特点，见于许多细菌性和病毒性疾病。

（3）卵巢及输卵管炎。卵泡变形、充血、出血甚至破裂以及输卵管内有黄白色干酪样物。卵泡破裂致使卵黄液流入腹腔，引起卵黄性腹膜炎。可见于白痢沙门氏菌、副伤寒杆菌、大肠杆菌等感染。产蛋过多，饲料中缺乏维生素 A、维生素 D、维生素 E 等均可导致输卵管炎。

（七）骨骼、肌肉常见病变

（1）肌肉出血。多数由外伤引起。鸡传染性法氏囊病、住白细胞原虫病、传染性贫血病也可引起胸肌、腿肌等部位出血。

（2）骨骼发育不良。生长迟缓，四肢短小，行走困难，骨骼变脆、变形、变软或易折断。常见于饲料中钙磷比例失衡，维生素 D、锰、锌、镁等缺乏。

（3）关节型痛风。尿酸盐在关节腔及其周围组织中沉积，主要与饲喂高蛋白、高钙饲料有关。

（八）神经系统疾病常见病变

（1）脑软化。表现为共济失调，头向下或向后弯曲，或向一侧扭曲，两腿急速而有规律地抽动。镜下可见脑组织呈局灶性液化坏死。主要见于雏鸡维生素 E 和/或硒缺乏症。

（2）脑脊髓炎。通常无明显肉眼病变，镜下可见在脊髓灰质中神经元中央染色质溶解，脑组织可见淋巴细胞围管性浸润。主要见于禽脑脊髓炎病毒感染。

（九）肿瘤性疾病常见病变

家禽肿瘤多由生物性因素引起，可波及所有组织和器官。鸡马立克氏病可引起虹膜、羽毛囊、心脏、肝脏、脾脏、肾脏、卵巢、肌肉、神经等组织出现肿瘤，肿瘤呈白色或灰白色。鸡淋巴细胞性白血病可引起肝脏、肾、卵巢和法氏囊发生淋巴瘤。J-亚群禽白血病以肝脏、脾脏、肾脏、胸骨、肋骨等部位出现肿瘤结节为特征。

（谭勋）

【本章小结】

在猪、禽疾病（包括各种传染病）中，其组织器官呈现不同程度的变性、坏死、渗出和增生等炎症病理变化，不同疾病引起的相应的淋巴结、脾、心、肝、肾、肺等器官的病理变化尤为明显。只有熟悉掌握猪、禽各种疾病的特征性病理变化，才能在实习中通过病理剖检结果作出准确的判断，为治疗和控制疾病提供依据。在病理剖检和病变观察时，要注重理论与实践相结合，在识别猪、禽常见多发病病理变化、病变特征的基础上，做好猪、禽的主要疾病的类症鉴别。

第七章　兽医临床基本技术

【本章导读】
　　兽医临床基本技术是基于兽医学的基本理论、基本知识和基本技能,对疾病进行诊断治疗的方法。兽医专业实习是培养学生综合掌握动物疾病诊断和治疗的基本方法、基本技能的主要途径。本章内容是以兽医临床诊断和治疗的基本技能和实用技术为重点,综合专业基础和专业课程知识,以面向临床、突出实用。通过实习,提高临床操作技能和实践工作能力,为日后兽医临床工作的开展奠定坚实的基础。

第一节　动物保定

　　动物保定是临床兽医工作者必须具备的基本技术,临床兽医工作者在病畜临床诊疗过程中,为了保证人畜的安全和便于顺利进行诊查和治疗,必须对病畜进行必要的保定。

　　已经驯化的动物一般比较温顺,但常在陌生人接近时处于戒备状态,甚至可能本能地对人的接近进行反抗和攻击。因此,在接近动物之前,应了解并观察欲接近动物的自卫能力、行为习性及其惊恐和攻击人畜的神态。保定方法因动物的种类和治疗目的不同而异。下面介绍几种常见动物的保定方法。

一、牛的保定

（一）头部保定法

　　（1）徒手保定法。保定人员站于牛的颈侧,一手抓住牛的鼻绳或鼻环,一手拍打牛眼,并趁机用拇指与中指或食指捏住鼻中隔,加以固定。若牛无鼻绳或鼻环,保定人员左手应先握住牛的右边角根,右手从下向上将牛下巴托起,并顺着嘴端迅速转手握住鼻中隔以保定之(图7.1上)。

　　对性情暴躁的牛,捏住鼻中隔后用力提起并拉向保定者怀中,同时一手握住对侧牛角用力推压,保定人员背靠牛的颈部,两腿叉开。牛头在提、拉、推、压几种力量的作用下,头向后转位,便被牢牢固定在保定者怀内(图7.1下)。

　　（2）牛鼻钳子保定法。先用徒手保定法捏住鼻中隔,将鼻钳的两钳嘴抵入两鼻孔,并迅速夹紧鼻中隔,用一手或双手握紧(图7.2),同时牵拉鼻钳,亦可用绳系紧钳柄固定。本法是临床诊疗最基本的保定法。

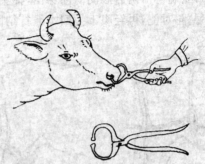

图 7.1　牛徒手保定法　　　　　　图 7.2　牛鼻钳子保定法

(3)单柱牛头保定法。把牛头靠近较粗的桩柱,利用拴角的缰绳由前向后绕于柱侧,至颈背侧后,再引向颈对侧,由颈下柱后拉回,用力拉紧。如牛头摆动时,把缰绳扭成环,套在嘴上,用力拉紧,头部则被充分固定(图 7.3)。

图 7.3　单柱牛头保定法

(二)站立肢蹄保定法

(1)前、后肢"8"字式保定法。为了防止牛前冲,可用"8"字式保定法捆绑牛两前肢的腕上部;为了防止后踢,可用"8"字式缠绕法保定牛的后肢(图 7.4)。

图 7.4　前、后肢"8"字式保定法

（2）捆缚后肢法。取3 m长绳索一条，一端打活结挽成小绳环，并经牛背部、对侧胸或腹部，从胸腹下拉回，把游离端插入绳环内，牛体被大绳环所绕。把大绳环后移，经腰、臀部滑落至跟结节上部，绳端再由两后肢间向前穿出，抽紧即可保定。如需较长时间的保定，可把绳的游离端经腰部抛向对侧，再经腹下拉回本绳打结固定（图7.5）。

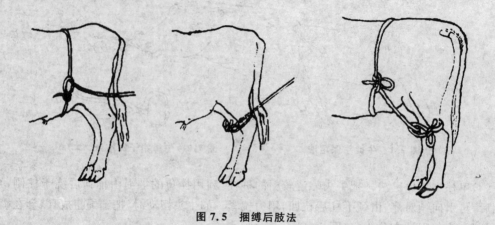

图7.5 捆缚后肢法

（三）柱栏内保定

（1）二柱栏保定。将牛牵至二柱栏旁，先做颈部活结保定使颈部固定在前柱一侧，再用一条长绳在前柱至后柱的挂钩上做水平环绕，将牛围在前后柱之间，然后用绳在胸部或腹部做上下、左右固定，最后分别在鬐甲和腰上打结。必要时可用一根长竹竿或木棒从右前方向左后方斜过腹，前端在前柱前外侧着地，后端斜向后柱挂钩下方，并在挂钩处加以固定（图7.6）。

（2）四柱栏保定。先将四柱栏的活动横梁按所保定的畜体高度调至胸部1/2水平线上，同时按该畜胸部宽度调好横梁的间距，然后牵畜入四柱栏，上好前后保定绳即可保定。必要时可加背带和腹带。适用于临床一般检查或治疗时的保定。

（3）五柱栏保定。保定时，可将牛头固定在前柱上（图7.7），其他同四柱栏保定。

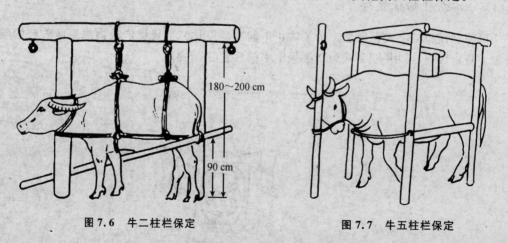

图7.6 牛二柱栏保定   图7.7 牛五柱栏保定

（4）六柱栏保定。保定时先将柱栏的胸带（前带）装好，由后柱间将牛牵入，立刻装上尾带（后带），并把缰绳拴在门柱的金属环上。这样牛既不能前进，也不能后退。为了防止牛跳起，可用扁绳压在鬐甲前部。为了防止牛卧倒可加上腹带。在尾柱间的横梁上有的装有铁环,是固定牛尾、拴尾绳的地方。诊疗或手术完毕,解除背带和腹带,解开缰绳和胸带,牛自前栏间离开。

(四)倒卧保定法

(1)腰背缠绕倒牛法。取8~10 m长的绳索一条,一端固定在牛角上或绕颈部一圈打活结,另一端沿非卧侧从前向后引至肘后环胸绕一圈做成第一绳套,向后引至肷部再环腹一周,做成第二绳套(图7.8)。由1~2人慢慢向后拉绳的游离端,牵牛人向前拉,牛即卧倒。牛卧倒后,要固定好牛头,勿摔伤其头角。

(2)勒压式倒牛法。取10 m长绳索一条,将绳对折,绳中部搭在颈上方,两绳端向下,经两前肢间向后,交叉后分别由胸侧上引,至腰背部再交叉,分别经腹部下行,由前向后穿过两后肢间(图7.9)。由两助手向后拉,牵牛人向前拉,三人同时用力,使牛四肢屈曲而卧倒。倒牛后,上侧绳端绕上侧后肢系部,下侧绳端绕下侧后肢系部,引向前拉紧固定。

图7.8　腰背缠绕倒牛法

图7.9　勒压式倒牛法

(王希春)

二、羊的保定

山羊、绵羊性情都比较温顺,一般检查时,用手握住两角或两耳,便可使头部固定。必要时,可进行下列保定。

(1)骑羊式保定法。保定人员骑在羊背上,两手握羊角,或一手握羊角(耳),一手上托下颌,两膝用力夹紧两侧胸壁,即可将羊牢固保定(图7.10)。为了保定得更为牢固,可将羊的臀部靠于墙角,以阻挡其后退。

(2)倒骑羊式保定法。保定人员背向羊头,面向羊尾,骑在羊背上,两手提握两侧膝襞处皱皮,并提高其后躯,两腿用力夹紧两侧胸腹部即可保定(图7.11)。

(3)倒羊法。保定人员站于羊倒卧侧,弯腰用双手分别抓住倒卧对侧的前后肢,轻轻上提,使倒卧侧前后肢均离开地面,再将羊背侧紧贴保定人员的两腿轻轻下滑,即可把羊平放于地面(图7.12)。

(4)围抱法。在羊身体一侧用两手分别围抱其前胸或股后部加以保定(图7.13)。用于一般检查或治疗时的保定。

图 7.10　骑羊式保定法

图 7.11　倒骑羊式保定法

图 7.12　倒羊法

图 7.13　围抱法

（王希春）

三、猪的保定

(1) 提耳保定法。保定人员两手抓住猪的两耳,并骑在猪鬐甲部,两手用力向上提举,使猪两前肢悬空,腹部朝前,同时保定人员用两腿紧紧夹住猪颈胸部固定(图 7.14)。

(2) 徒手提尾保定法。保定人员由猪后方接近猪,趁其不备,速用双手或单手抓住其尾部,并用力上提,使猪两后肢离开地面(图 7.15)。此法保定,只能在做短时间的诊疗时使用。

(3) 绳套保定法。取 3～4 m 长绳索一条,在绳的一端做一活套,猪被捉后,趁其嚎叫张口之际,把活套套在猪上颌犬齿后方,并收紧绳套,然后由一人拉紧保定绳的一端,猪越是后退,绳套勒得越紧,保定得越牢固(图 7.16)。

(4) 侧卧保定法。保定人员趁猪不备,迅速抓住猪的一条后腿。如抓住猪的左后肢,将其提离地面后,随即速向右侧前跨半步,并把腿贴靠在猪右胲腹部,右手抓住猪左侧胲部皱皮。此时,两手同时向上向怀内用力,右膝亦用力向上向左顶推猪右腹部,迫使猪左前肢或两前肢都离开地面,速抽出右腿且右手下压,则猪向右侧倾倒(图 7.17)。

猪倒卧后,保定人员两手分别抓住猪倒卧侧前后肢,并把两手臂和肘部压于猪倒卧上侧的肘后和膝前,保定人员两肘向下压,两手向上提,猪即被牢固保定(图 7.18)。

图 7.14 提耳保定法

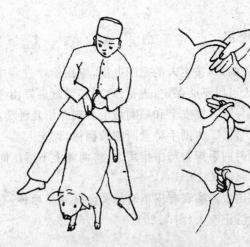

图 7.15 徒手提尾保定法

图 7.16 绳套保定法

图 7.17 徒手倒猪法

图 7.18 侧卧保定法

若需较长时间保定,猪放倒后,使其前后肢均集于腹下,并相互交叉,在交叉处用绳索做十字缠绕后打结固定。

(王希春)

四、犬的保定

犬能听主人的话,按主人的意图办事,但在诊疗过程中,可能会咬伤或抓伤医疗人员。对于性情温顺的犬可以不必保定,进行诊疗,必要时最好由主人进行保定,或使用一些强制性手段对其保定,以保证人畜安全和顺利施治。现介绍几种简单的保定方法。

(1)徒手开口法。由助手将犬两前肢握住,保定人员一手握上颌,一手握下颌,两手上下用力使犬张口,同时两手拇指与中指用力,将两侧上下唇压向口内,并使上下唇覆于白齿之上,犬则不能用力闭口(图7.19)。

(2)嘴套保定法。嘴套有皮革制品和金属制品两种,有不同型号,可选择大小适宜的嘴套给犬戴在嘴上,防止咬人(图7.20)。

图 7.19　徒手开口法　　　　图 7.20　嘴套保定法

(3)箍嘴保定法。用 1 m 左右的绷带(麻绳、尼龙绳均可)一条,先把犬嘴捆绑住,再将绷带的两头绕到颈部系结,以防止箍嘴绷带脱落。也可取 2 m 长细绳一条,先把箍嘴圈戴在内眼角下方,然后再交叉绳子成环套勒上下颌,如此 2～3 圈,则会将嘴箍住(图7.21)。

图 7.21　箍嘴保定法

(4)颈钳保定法。颈钳用金属制成,钳柄长 90～100 cm,钳端由两个长 20～25 cm 的半圆形钳嘴组成。保定时保定人员手持颈钳,张开钳嘴并套入犬的颈部,合拢钳嘴后,手持钳柄即可将犬保定(图7.22)。

(5)徒手侧卧保定法。先将犬作嘴套保定或箍嘴保定,然后保定人员两手分别抓住犬的前肢和后肢,将其提起,横放在平台上,并用抓前肢的手臂压住犬的颈部(图7.23)。

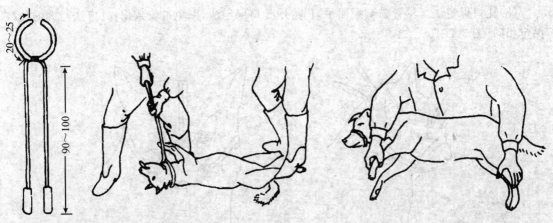

图 7.22　颈钳保定法(单位:cm)　　　　　　　　图 7.23　徒手侧卧保定法

　　(6)手术台保定。手术台保定是最为安全、可靠的保定法。手术台面要有一定弹性,以减少躯干、四肢的反向压力。保定绳应柔软结实,易结易解。如无特别的手术台,可用桌子代替,4 个桌子腿上拴上绳以备保定用绳,还要准备一些沙袋或海绵块,以便支垫身体防止其转动。

　　常用的保定体位有水平仰卧保定、侧卧保定、俯卧保定等。

(王希春)

五、猫的保定

　　猫善解人意,性情较温顺,但遇到陌生人或在诊疗时,会咬伤和抓伤人,因此,给猫诊疗时,也应进行适当的保定。

　　(1)徒手保定法。先抚摸其背部,然后用一手抓住猫颈部的皮肤,迅速抱住猫的全身或抓住两后肢并托起臀部(图 7.24);也可由保定人员抓住猫的颈背部皮肤,助手用双手分别抓住其两前肢和两后肢,将其牢牢固定。

　　(2)猫袋保定法。猫袋可用人造革或厚布缝制,袋的一侧是拉链,把猫装进后,即呈筒状,袋的一端装一条能拉紧并可放松的细绳。猫进袋后,先拉上拉链,再扎紧颈部袋口即可(图 7.25)。适当拉开拉链,露出后肢,即可注射,也可测量体温和灌肠等。

图 7.24　徒手保定法　　　　　　　　　图 7.25　猫袋保定法

（3）扎口保定法。尽管猫嘴短而平，仍可用扎口保定法，以免被咬致伤，其方法与犬的扎口保定相同（图 7.26）。

图 7.26　扎口保定法

（4）手术台保定。与犬的操作方法基本相同。

（王希春）

六、马属动物的保定

（一）头部保定法

（1）徒手拧耳保定法。操作者一手抓住笼头，另一手迅速抓住马耳，用力拧紧。如马性情暴烈，可于耳壳内塞核桃大石子再用力拧紧（图 7.27）。

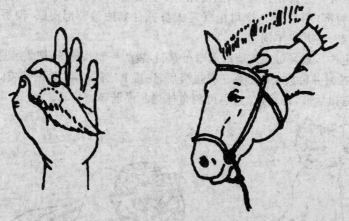

图 7.27　徒手拧耳保定法（石子塞于耳壳内）

（2）耳夹子保定法。一手抓住马耳，另一手迅速将耳夹子夹于耳根部并用力夹紧（图 7.28）。

（3）鼻捻子保定法。术者右手抓住笼头，持有绳圈的手自鼻梁向下轻轻抚摸至上唇时，迅速有力地抓住马的上唇，绳圈套住马的上唇，右手迅速拧紧鼻捻子（图 7.29）。

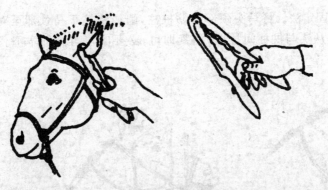

图 7.28　耳夹子保定法

图 7.29　鼻捻子保定法

(4)本缰代鼻捻子保定法。本法是用马的缰绳勒其上唇,可起到与鼻捻子相同的保定效果。把近马端缰绳自下而上折成绳圈,套住上唇,拉紧即可(图 7.30)。

(5)绊马索低头保定法。先将缰绳游离端由左向右绕过两前肢后部再折向前,穿过笼头再向后至两前肢间绕过横于两前肢后部的横绳后再向前用力拉紧,即可迫使马低头。若马挣扎反抗,则更易将缰绳拉紧,使头更低(图 7.31)。

图 7.30　本缰代鼻捻子保定法

图 7.31　绊马索低头保定法

（6）单柱头部固定法。将马头颈部紧贴桩柱，缰绳绕柱于马颈部至对侧后下行，通过马口腔或笼头下端，从头与桩柱间拉出，抽紧即可，必要时可再施加本缰代鼻捻子保定法（图7.32）。

图 7.32　单柱头部固定法

（二）站立肢蹄保定法

（1）前肢徒手提举法。术者站于鬐甲侧方，面向马的后躯，一手置于鬐甲部，一手从肩到肘向下抚摸至掌部，将鬐甲部稍向对侧推动，即可将前肢提起（图7.33），然后两手握抱前肢系部。

（2）前肢绳索提举法。用2～3 m长的绳索一条，一端系于欲提举前肢系部，一手推鬐甲使重心向对侧移动，一手用力提绳使该前肢抬起。

（3）后肢徒手提举法。术者面向马体后方，由鬐甲部逐渐靠近后肢，一手扶住髋结节做支点，另一手沿后肢由上至下抚摸至后肢跗部或系部，握住系部用力向后上方提举，当后肢离开地面后，保定人员立即把靠近马侧的腿前跨一步并屈膝，用腿弓托起后肢，一手握住被提肢的跗部，一手迅速用马尾缠绕被提后肢的系部，随即两手固定后蹄（图7.34）。

图 7.33　前肢徒手提举法　　　　图 7.34　后肢徒手提举法

（4）后肢绳索提举法。取 2 m 长绳索一条，一端用活结与马尾毛相结，另一端由前向后通过两后肢间绕在被提举后肢系部，由后向前从尾绳内侧穿出，拉紧游离端，该肢则被提举（图 7.35）。

（5）后肢前举法。取 4～6 m 长的绳索一条，一端绕颈基部一周，以活结固定，另一端向后从两后肢间通过，由内向外绕过被提举后肢的系部，折向前至颈侧，穿过颈基部的绳圈后拉紧，后肢即向前提举（图 7.36）。

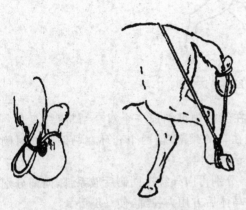
图 7.35　后肢绳索提举法

图 7.36　后肢前举法

（6）两后肢"8"字式保定。先将 7～8 m 绳的一端绕马颈部一周打结，绳的游离端由腋下向后至胸下时扭一小的绳圈，绳的游离端绕背胸一周后穿过小绳圈，游离端再向后通过两后肢间，由助手牵拉，再把绳圈向后推移至跗结节上部，拉紧游离端即可（图 7.37）。

图 7.37　两后肢"8"字式保定

（三）倒卧保定法（倒马法）

（1）单抽筋倒马法。先将 8～10 m 绳的一端绕马颈部一周打结，另一端通过腹下，从两后肢间引出，向后、外侧绕过倒卧侧后肢的系部，再通过腹下向前将绳的游离端从倒卧对侧颈部的绳圈穿过，再经背腰部引向卧侧后方，用手拉紧绳使马卧侧后肢悬起，举至腹下，术者紧贴马卧侧的股部，并将两肘压于马的臀部，用力拉绳并下压，马失去平衡而倒卧（图 7.38）。马卧地后，用绳的游离端固定另一后肢。

图 7.38　单抽筋倒马法

（2）双抽筋倒马法。取 12 m 左右长绳一条，在绳的中部结成一个双套结，使其双套一长一短。术者站于倒卧对侧马的颈中部，将套绳绕在马的颈部，使两个套环在马倒卧的对侧相套，并插入事先准备好的长约 25 cm，直径 3～4 cm 的木棒。

将绳的两个游离端穿过两前肢及两后肢之间，分别再向外绕过同侧后肢系部，向前分别穿过同侧颈绳，再向后引，由两侧保定者同时用力向马体后方用力拉绳，使马倒卧。

倒卧后，用力拉紧绳的游离端，使两后肢蹄尖靠近前肢肘部，将倒卧上侧的绳端盘结在颈部的木棒上，下侧绳绕过鬐甲部上引，盘结在颈部的木棒上（图 7.39）。

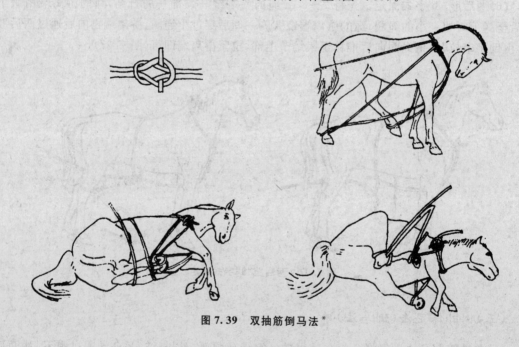

图 7.39　双抽筋倒马法*

（苏旭功）

---

* 图 7.1 至图 7.39 均引自《中国动物保定法》，赵阳生主编，1999 年。

第二节　消毒技术

消毒是指消除或杀灭外界环境中的病原体。消毒的目的是切断病原体的传播途径,预防传染病的发生和传播。主要有疫区消毒及临床消毒。

一、疫区消毒

疫区消毒是扑灭传染病的一项重要措施。消毒对象包括患病动物所在围栏、厩舍、隔离场地和分泌物、排泄物及受污染的一切场地、饮水池、用具等。通常,疫区在解除封锁前应定期进行多次消毒,患病动物隔离圈应每日或随时进行消毒。当患病动物解除隔离、痊愈或死亡以后,或在疫区解除封锁之前,必须进行全面彻底的大消毒。在进行消毒时,应根据病原体的特点,选择最佳消毒药物和消毒方法。

1. 机械性消毒

用机械的方法如清扫、洗刷、通风等清除病原体是普通且常用的方法,可使畜舍环境得到有效净化,并将家畜体表的污物去除。

2. 物理消毒法

(1)阳光、紫外线和干燥消毒。阳光中的紫外线有较强的杀菌能力,因阳光的灼热和水分的蒸发导致的干燥亦有杀菌作用,很多场合采用人工紫外线进行空气消毒。紫外线的杀菌范围广,可以杀死一切微生物,包括细菌、病毒、芽孢和真菌,不分细菌种类、有无抗药性等。紫外光的照射,可有效净化空气,明显减少空气中的细菌数量,同时可杀灭物体表面上附着的微生物。

(2)高温消毒。火焰灼烧和烘烤是简单而有效的消毒方法,但可造成物品损坏,实际应用并不广泛。当抵抗力强的病原体引起传染病(炭疽、气肿疽等)时,病畜的粪便、垫草、污染的垃圾和其他价值不大的物品,以及倒毙病畜的尸体,均可用火焰加以焚烧;畜舍的地面、墙壁可用火焰消毒;金属制品也可用火焰灼烧或烘烤进行消毒。

(3)煮沸消毒。煮沸消毒是较为常用、效果确实的消毒方法。大部分小芽孢病原微生物在100℃沸水中迅速死亡,煮沸 15~30 min 可以致死大多数芽孢,煮沸 1~2 h 几乎可以杀灭所有的病原体。各种金属、木质、玻璃用具,衣物等都可以煮沸消毒。

(4)蒸汽消毒。与煮沸消毒效果相似。蒸汽和化学药品(如甲醛等)并用,杀菌力可以得到加强;高压蒸汽在实验室和尸体无害化处理方面应用较多。

3. 化学消毒法

在兽医防疫实践中常用的化学消毒剂主要有:酚类(来苏儿、苯酚等)、醛类(甲醛、戊二醛等)、醇类、碱类(氢氧化钠、氧化钙等)、无机酸和有机酸、新洁尔灭、洗必泰、消毒净、度米芬、过氧乙酸、二氯异氰脲酸钠(优氯净)、氯胺(氯亚明)、次氯酸钠等。

4. 生物热消毒法

通过粪便堆沤发酵,基本可将粪便中的病毒、细菌(芽孢除外)、寄生虫等病原体杀灭。

5.中药消毒剂

随着消毒剂的广泛使用,病原微生物对化学消毒剂敏感性逐渐降低。此外,化学消毒剂毒副作用较大,中药源于天然,毒副作用小,不易产生抗药性,而且很多中药具有抗菌抗病毒活性。

二、临床消毒

1.手术人员的消毒

手术人员本身,尤其是手臂的消毒对防止手术创的感染具有重要意义,否则很难保证手术在无菌条件下进行。术前,应使用肥皂反复擦刷并用流水充分冲洗手臂,然后再化学消毒。手臂的化学消毒最好采用浸泡法,以保证化学药品均匀且有足够的时间作用于手臂的各个部位。常用 1∶1 000 的新洁尔灭溶液浸泡和拭洗 5 min,或采用同样浓度的洗必泰或度米芬溶液。也可以用 75%酒精浸泡或拭洗 5 min。浸泡前应将手臂上的水拭干,以免冲淡酒精浓度,影响消毒效果。

2.动物术部消毒

术部皮肤消毒最常用 5%碘酊和 75%酒精。在涂擦碘酊或酒精时要注意:a.如系无菌手术,应由手术区的中心部向四周涂擦;b.如为已感染的创口,则应由较清洁处涂向患处;c.已经接触污染部位的纱布,不要再转回清洁处涂擦。另外,碘酊涂擦后,必须等其完全干后,再以 75%酒精将碘酊擦去,以免碘沾及手和器械,带入创内造成不必要的刺激。

3.器械、敷料和其他物品消毒

(1)金属器械。最常用高压蒸汽灭菌和化学药物浸泡。若无上述条件,也可采用煮沸法。为保护手术刀片应有的锋利度,不宜高压灭菌,最好小块纱布包好后用化学药物浸泡消毒;对有弹性锁扣的止血钳和持针器等,要将锁扣松开以免影响弹性;注射针头或缝线等散碎小物品,最好放在一定小容器内,防止散落而造成使用上的不便。

(2)玻璃和搪瓷类器皿。若体积较小,可以采用高压蒸汽灭菌、煮沸灭菌或化学药物浸泡消毒;体积较大的器物如搪瓷盆,可倒入适量的医用酒精(95%)并点火燃烧消毒。

(3)橡胶制品。可高压灭菌(易老化、发黏、失弹性)或煮沸灭菌,也可采用化学消毒药浸泡消毒。在消毒灭菌时,应该用纱布将物品包好,防止橡胶制品直接接触金属容器而造成局部损坏。有些专用的插管和导管等,也可在小的密闭容器内用甲醛熏蒸法来消毒。

4.手术室的消毒

常用的方法包括:

(1)用 5%石炭酸或 3%来苏儿溶液喷洒可起到一定的消毒效果。但因这些药物都有刺激性,故消毒后必须通风换气以排除刺激性气味。

(2)人工紫外灯照射消毒。

(3)化学药物熏蒸消毒。效果可靠,消毒彻底。首先对手术室进行清洁扫除,然后将门窗密封,进行熏蒸消毒。

①甲醛熏蒸法。甲醛是一种古老、有不少缺点的消毒剂,但因其杀菌效果好,价格便宜,使用方便,所以至今仍然被采用。取一个抗腐蚀的容器,加入适量 40%的甲醛溶液,容器下方直

接用热源加热使其产生蒸汽,持续熏蒸 4 h,可杀灭细菌芽孢、细菌繁殖体、病毒和真菌等。也可采用高锰酸钾甲醛熏蒸消毒。

②乳酸熏蒸法。使用乳酸原液 10～20 mL/m³,加入等量常水,加热持续 60 min,效果可靠。

5.术后消毒

(1)手术后,手术人员脱去手术衣或隔离衣、手套、鞋套、口罩、帽子,放入双层黄色垃圾袋中,做好隔离标示,集中处理,在手术室门口更换准备好的清洁鞋、口罩、帽子方可外出。

(2)术后手术器械的消毒。术后需在手术室内将器械用 2 000 mg/L 的含氯消毒液浸泡 45 min,然后刷洗,再用准备好的清水清洗干净,最后擦干,放于铺好的未被污染的台布上包好。经这样的预处理后再根据实际需要进行相应处置。

(3)术后污物的消毒。所用敷料、一次性布类、一次性物品、报废布单等物品用不渗漏袋严密包裹,再套 1 个医用垃圾袋封口,并标示为特殊感染,立即送去焚烧;待送检的标本用专用标本袋装好或用 10%甲醛固定,再用干净袋子装好封口,立即送检,防止污染环境。

(4)术后物体表面及空气的消毒。物体表面,如手术床、器械车、推车、无影灯、墙壁、风口表面等要用 1 000 mg/L 的含氯消毒液擦拭;过滤网用 1 000 mg/L 的含氯消毒液浸泡 1 h 后用清水冲净晾干使用;墙壁要求擦到 2.5 m 以上,擦拭顺序为先干净后污染;手术室内污染物品送出后,封闭手术室,洁净系统持续开放 1 h 以上,1 h 后采集空气和物体表面细菌培养,合格后方可开放手术室。

(刘翠艳)

第三节　投药技术

一、水剂投药法

投服水剂常用的方法是简易经口投药法(也称灌药法)和胃管投药法。

1.简易经口投药法

投药用具在大动物可用啤酒瓶、橡皮瓶、灌角、竹筒等,在小动物可用汤匙和不安针头的注射器。依动物种类及用具不同,操作方法也不同。

(1)马属动物的投药法。通常用吊绳系在笼头上或绕经上颌,绳的另一端经过柱栏的横木后,将其拉紧,使马头吊起,吊起马头的高度以口角与眼角的连接线呈水平为宜。术者一手持药盆,一手持灌角,用灌角盛满药液从一侧口角处灌入药物。

(2)牛的投药法。通常由畜主或助手牵住牛绳,握住鼻中隔使牛头抬起。术者一手从牛一侧口角处伸入口腔,轻压舌头,另一手持药瓶自另侧口角伸入口腔,并向后送向舌背,抬高药瓶后部并轻轻振抖药瓶,若是橡皮瓶则可轻压药瓶,使药液流出,待牛吞咽后,再振抖或轻压药瓶,继续灌服,直至灌完。

(3)羊的投药法。羊的投药法与牛的相似,通常由畜主或助手提住羊角,或一手托住下颌,一手固定头部;术者一手从口角处伸入口腔,轻压舌头,另一手持药瓶从另一侧口角伸入口腔,

— 133 —

把药灌入。

（4）猪灌药法。较小的猪灌服少量药液时，通常由畜主或助手握住猪的两耳或两前肢，并提起其前躯，大猪则需进行仰卧保定，用木棍将嘴撬开，用药匙自口角处徐徐灌入药液。猪在保定时常发生鸣叫，鸣叫时应暂停灌服，待安静后再灌。

（5）犬、猫灌药法。通常将犬、猫站立保定，助手固定头部上、下颌，投药者一手持药瓶或抽满药液的注射器，另一手自一侧打开口角，自口角缓缓灌入或注入药液，让其自咽，咽完再灌。

2. 胃管投药法

（1）经鼻投药法。术者站于病畜前侧方，一手握住鼻端并掀起其外鼻翼，另一手持胃管沿鼻中隔慢慢送入，胃管前端到达咽腔时有抵抗，稍作停顿并作轻微的前后抽动，以引起吞咽动作，趁动物吞咽时，将胃管送入食道。明确判定胃管插入食道后，再稍向深部送进，连接漏斗即可投药。为安全起见，可先投给少量清水，证明无误后再行投药。投药完毕，再投入少量清水，用嘴向胃管内吹气后，立即折叠胃管游离端，徐徐抽出胃管。

（2）经口投药法。经口投药需先对动物进行适当的保定。猪常用提耳保定法或侧卧保定法。犬常用站立或侧卧保定法，猫则常用猫袋保定法。

确实保定后，再给病畜戴上开口器，从开口器中央的孔洞将胃管插入食道，其要领与经鼻投药法相同。

二、散剂投药法

在病畜尚有食欲，又不能经口、鼻投药，并且药量较少，又无特殊气味时，可将散剂药物同动物喜欢吃的饲料掺和在一起，让病畜自行吃下去。有些易溶于水的散剂药物，也可溶于水内让病畜饮用。

为使病畜能顺利吃完拌药的饲料，在给药前最好经过半天至一天的饥饿。

当大群投药时，可将动物按年龄和体质强弱分成小群投给，严防采食药量不均而中毒。

三、片剂、丸剂投药法

对大家畜，术者用一手从一侧口角伸入口中打开口腔，对猪则用木棍撬开口腔，另一手持药片、药丸自另侧口角送入其舌背部，使其闭口，待其自行咽下。如有丸剂投药器，则事先将药丸装入投药器内，术者持投药器自动物一侧口角伸入口中并送向舌根部，迅速将药丸打出，抽出投药器，待其自行咽下。必要时可给予少量的水。

对犬，术者以左手掌心横越犬鼻梁，以拇指、食指和中指握住鼻梁，用上颌两侧的皮肤包住上齿列，打开口腔。右手食指和中指夹持药片、药丸，送入舌根部，投药后快速抽出手指，将嘴合拢。

对猫的片剂、丸剂经口给药，需将猫进行猫袋保定，抬起猫的头部并稍向后倾斜，术者一手放在头部后方，用拇指和食指在口角两侧保定头部，并使其开口，另一手用药匙或药丸钳将药放入咽喉部，迅速合拢口腔，并轻叩下颌，以促使药物咽下。

（韩敏）

第四节　注射技术

一、皮内注射

(1)部位和方法。根据动物种类和注射目的不同,注射部位可选在颈部皮肤或尾根两侧的皮肤皱褶。注射部位常规消毒,左手捏提皮肤成皱褶,右手持注射器,使针头与皮肤呈30°角,刺入皮内约0.5 cm(感觉有较大阻力),推注药液至皮面形成一个小圆球即可。

(2)注意事项。针头不可刺入过深,注射部位不能按摩,避免挤压。皮内注射的部位、方法一定要准确,否则将会影响诊断和预防接种的效果。

二、皮下注射

(1)部位和方法。牛、马等大动物多在颈部两侧;猪在耳根后或股内侧;羊多在颈部两侧或股内侧;犬、猫在背部两侧、颈部或股内侧;禽类在翼下。注射时确实保定动物,注射部位常规消毒,左手食指和拇指捏提注射部位皮肤成皱褶,右手持注射器,使皮肤和针头呈30°~45°角,迅速刺入皮下,注入药液,拔出针头,局部再次消毒,并给以适当按摩,以促进药物分散吸收。

(2)注意事项。皮下注射因吸收较慢,每点不可一次注射药液过多,必须多量注射时,可分点进行。刺激性较强的药品不能做皮下注射,以防引起局部炎性肿胀和疼痛,甚至造成组织坏死。

三、肌肉注射

(1)部位和方法。大动物多在颈侧及臀部;犬在颈侧;猪在耳根后或臀部;禽类在胸肌或大腿部。注射部位应避开大血管及神经。确实保定动物,注射部位常规消毒,左手固定注射部位皮肤,右手持注射器垂直刺入肌肉后,将注射器的内塞回抽一下,如无血液抽出即可慢慢注入药液。注射完毕,用酒精棉球压迫针孔部,迅速拔出针头。为了安全起见,也可把注射针头取下,紧持针尾迅速刺入肌肉,然后接上注射器,注入药液。

(2)注意事项。有强烈刺激性的药物,如水合氯醛、钙制剂、浓盐水等,不能进行肌肉注射。长期进行肌肉注射的动物,注射部位应交替更换,以减少硬结的发生。刺入深度一般以针体的2/3为宜,以防针体折断。

四、静脉注射

1.部位和方法

(1)猪的静脉内注射。

①猪的耳静脉注射。注射部位常规消毒。左手压迫耳根静脉使其怒张,右手持注射器,使针头与皮肤呈30°~45°角刺入皮肤直到耳静脉内,回抽见血即为刺入血管,注入药液后涂擦碘酊。

②猪的前腔静脉注射。取站立或仰卧保定。站立保定时注射部位在第1肋骨与胸骨柄结

合处的前方,耳根至胸骨柄的连线上,距胸骨端1~3 cm处,持注射器稍斜向中央刺向第1肋骨间胸腔入口处,边刺入边回抽,见有血时即已刺入,徐徐注入药液。取仰卧保定时,胸骨柄可向前突出,并于两侧第1肋骨结合处的直前侧方呈两个明显的凹陷窝,用手指沿胸骨柄两侧触诊时感觉更明显,多在右侧凹陷窝处进行注射。持注射器由右侧凹陷窝处刺入,并稍斜刺向中央及胸腔方向,边刺边回抽,见回血后,即可注入药液,注完后涂碘酊消毒。

(2)马的静脉内注射。用左手拇指横压注射部位稍下方(近心端)的颈静脉沟,使脉管充盈怒张。右手持针头以45°角迅速刺入皮肤直到血管内,有血液流出即已刺入,然后将针头稍靠近皮肤,沿血管向前再稍推进,连接注射器或输液瓶注入药液。

(3)牛的静脉内注射。牛皮较厚,一般应用突然刺针方法。将牛确实保定,术者左手中指及无名指压迫颈静脉的下方,或用一根细绳将颈部的中1/3下方缠紧,使静脉怒张,右手持针头,对准注射部位并使针头与皮肤垂直,用腕的弹拨力迅速将其刺入血管,见有血液流出后,将针头再沿血管向前推送,然后连接输液器或输液瓶的乳胶管,注入药液。

(4)羊的静脉内注射。羊的静脉内注射方法与马的相似。

(5)犬的静脉内注射。犬的静脉内注射部位可选在前臂桡静脉、后肢外侧小隐静脉或后肢内侧面大隐静脉。用乳胶管结扎注射部位上方使静脉怒张。刺入静脉见到回血后顺静脉管进针少许,松开乳胶管,固定针头,即可注入药液。

2.注意事项

注射对组织有强烈刺激的药物,应先注射少量的生理盐水,证实针头确在血管内,再调换应注射的药液,以防药液外溢而导致组织坏死。

五、气管内注射

(1)部位和方法。注射部位根据动物种类及注射目的不同而有所差异。一般在颈部气管的上1/3处,腹侧面正中气管环之间。马、牛站立保定,前躯稍高于后躯,局部剪毛消毒;在气管环间将注射器针头刺入气管内,摆动针头有空虚感时,缓慢注入药液,注完后拔出针头,局部消毒处理即可。

(2)注意事项。注射前宜将药液加温至与畜体同温,以减少刺激。严重呼吸困难的病畜,禁止进行气管内注射。注射过程中如遇动物咳嗽时,应暂停,待安静后再注入。注射速度不宜过快,最好慢慢滴入。注射药液量不宜过多,牛、马20~30 mL。

六、硬膜外注射

1.马腰荐部硬膜外腔麻醉

注射部位是在第6腰椎和第1荐椎之间的间隙内。将家畜保定于柱栏内,术部剪毛、消毒,术者站于家畜臀部的一侧,用麻醉针头,垂直向下刺入5~7 cm。当刺穿椎间韧带时,有一种刺破纸的感觉,阻力随之骤减,即达麻醉部位,接上装有麻醉药的注射器,按压注射器活塞,阻力很小或无阻力,活塞自动下降,即表示位置准确,可将药液注入。否则应重新校正针头位置。

2.牛腰荐部硬膜外腔麻醉

注射部位在两髂骨外角连线与背中线交点后方2~3 cm处。较瘦的牛注射点在腰荐间隙的凹陷内正中点。操作方法与马相同。由于牛皮厚而坚韧,需先用较粗的针头刺一孔,然后再用 18 号针头沿此孔刺入,刺入深度一般为 4～7 cm。

七、胸腔注射

(1)部位和方法。马、犬、猫在右侧第 6 肋间或左侧第 7 肋间;牛、羊、猪在右侧第 5～6 肋间或左侧第 6 肋间。各种动物都是在与肩关节水平线相交点下方 2～3 cm,即胸外静脉上方沿肋骨前缘刺入。局部剪毛、消毒;术者以左手于穿刺部位将局部皮肤向前稍拉 1～2 cm,右手持连接针头的注射器,沿肋骨前缘刺入(因肋骨后缘有血管和神经)3～5 cm(刺入深度可依据动物个体大小及营养程度确定);注入药液后,拔出针头,消毒处理即可。

(2)注意事项。胸腔注射过程中,要防止空气进入胸腔,造成气胸。胸腔内有心脏和肺脏,刺入注射针时,一定注意不要损伤胸腔内的脏器。注入的药液温度应与体温相近。

八、腹腔注射

(1)部位和方法。注射部位,马在左侧肷窝部,牛在右侧肷窝部,一般站立保定,依据腹腔穿刺法进行。猪、犬、猫注射时将两后肢提起或将后躯稍抬高,仰卧保定,局部严格剪毛消毒;在耻骨前 3～5 cm 处,腹中线旁进针 2～3 cm,缓慢注入药液。猪在第 5、6 乳头之间,腹下静脉和乳腺中间进行。注完后拔出针头,局部消毒处理。

(2)注意事项。腹腔注射适用于无刺激性的药液,如进行大量输液,则宜用等渗溶液,最好将药液加温至接近体温的程度。腹腔内有各种内脏器官,在注射时,要防止损伤内脏器官。小动物腹腔内注射宜在空腹时进行,防止腹压过大,而误伤其他脏器。

(韩敏)

第五节　穿刺技术

穿刺应该用特制的套管针,也可用适宜的注射针头,应用前应该严格消毒,操作中应严格遵守无菌操作规则。

一、瘤胃穿刺

(1)穿刺部位。瘤胃穿刺部位在左侧肷部,髋结节与最后肋骨水平线的中点,距腰椎横突 10～20 cm 处。瘤胃膨气时,也可以左肷部瘤胃隆起最高的部位作为穿刺点。

(2)方法。病畜站立保定,术部剪毛、消毒后,术者一手推移局部皮肤,另一手持消毒的套管针与皮肤呈直角迅速刺入瘤胃。套管针刺入后,抽出针芯,使瘤胃内气体缓慢排出。如针孔被胃内容物堵塞,可插入针芯疏通。必要时可从套管向胃内注入制酵剂。抽取瘤胃液时,可用一细长针头插入套管,连接注射器,吸取瘤胃液。

放气完毕或抽取瘤胃液后,先向套管插回针芯,同时压紧针孔周围皮肤,拔出套管针,局部消毒。

二、瓣胃穿刺

（1）穿刺部位。瓣胃位于右侧第 7～10 肋骨间，穿刺点应在右侧第 8、9 肋间，肩关节水平线上、下 2 cm 的部位。

（2）方法。病畜站立保定，术部剪毛、消毒后，将 15～18 cm 长的消毒针头，沿肋骨前缘垂直刺入皮肤后，针头向左侧肘突方向刺入 8～15 cm，如感觉有阻力，并且针头随瓣胃蠕动旋转，即刺入瓣胃。注入少量生理盐水后迅速回抽，若见混有草屑，即可确证已刺入瓣胃内。向瓣胃内注入药物后，迅速拔针，术部进行消毒处理。

三、胸腔穿刺

（1）穿刺部位。马、犬、猫在右侧第 6 肋间或左侧第 7 肋间，牛、羊、猪在右侧第 5 肋间或左侧第 6 肋间，胸外静脉上方、肩关节水平线下方 2 cm 处。

（2）方法。大动物站立保定，犬、猫侧卧保定或取犬坐姿势，术部按外科常规剪毛、消毒，犬、猫先用盐酸普鲁卡因局部浸润麻醉。术者一手将术部皮肤稍向前移动，一手持适当大小的灭菌套管针(如无套管针，可用 12～14 号注射针头代替。针柄连接一小段胶管，接上注射器，防止空气进入胸腔)，沿肋骨前缘垂直刺入。刺入深度，大动物 2～4 cm，小动物 1～2 cm，当感觉阻力突然消失时，即表示刺入胸腔。拔出套管针针芯，或用与胶管连接的注射器抽取胸腔积液。穿刺采样或排液(气)完毕，应立即插回套管针针芯，然后一手紧压术部皮肤，一手拔出穿刺针，术部消毒。

四、腹腔穿刺

（1）穿刺部位。一般在腹下最低点，白线两侧任选一侧进行。马、牛在剑状软骨突起后方 10～15 cm，白线侧方 2～3 cm 处。在马，为了避开盲肠，宜在白线左侧；在反刍兽，为了避开瘤胃，宜在白线右侧；猪在脐后方，白线两侧 1～2 cm 处；犬在耻骨前缘至脐部腹中线的中点上。

（2）方法。大家畜柱栏内站立保定，犬取右侧卧保定。术部按外科常规剪毛消毒。术者一手将术部皮肤向侧方稍稍移动，一手持特制的腹腔穿刺套管针或大号注射针头，垂直刺入腹腔。刺入不宜过猛过深，穿透腹壁肌肉即可，以免伤及肠管。穿刺针刺入腹腔后，一手固定套管，一手拔出针芯，腹腔液经套管或针头可自动流出。若排液不畅，可由助手轻压两侧腹壁，以促使其充分排出；当肠系膜或网膜堵塞针孔而妨碍排液时，可缓慢摆动针头。

排液完毕，插回针芯，压紧针孔周围皮肤，拔出穿刺针，术部消毒。

五、心包穿刺

（1）穿刺部位。心包穿刺一般多用于牛，穿刺部位在左侧胸壁第 3～5 肋间，肩关节水平线下方约 2 cm 处，心脏叩诊浊音区内。

（2）方法。动物在柱栏内保定，并使左前肢向前伸一步，充分暴露心区，术部剪毛、消毒，一手将术部皮肤稍向前移动，一手持穿刺针沿肋骨前缘刺入。穿刺针选用灭菌的 18 号长针头，针柄接胶管，并将胶管的尾端用夹子夹住，以防空气进入胸腔。穿刺针刺入皮下后，去掉夹胶管的夹子，接上 10～20 mL 注射器，再向前下方刺入，边刺边抽。抽液完毕，一手紧压针刺点，一手拔针,术部消毒。

心包穿刺要小心、谨慎,切忌粗暴或进针过深,以免刺入心肌,甚至造成死亡。

六、膀胱穿刺

(1)穿刺部位。大动物多采用从直肠内向膀胱穿刺,小动物多采用腹壁外穿刺,部位在耻骨前缘下腹壁处。

(2)方法。马、牛柱栏内站立保定,首先用温水灌肠,清除宿粪,术者将一带有长胶管的针头握于手掌中,并使手呈锥形而伸入直肠,摸到膀胱后,以拇指和食指或中指捏住针头在膀胱充满的最高处将针头向前下方刺入,固定好针头至尿液排完。然后将针头拔出,握于掌中带出肛门。

猪、羊、犬、猫等小动物取侧卧保定,将左或右后肢向后上方牵引,使术部充分暴露。触诊确定膀胱位置后,术部剪毛、消毒,术者一手隔着腹壁固定膀胱,一手持消毒针头,在耻骨前缘下腹壁处或触诊确定的膀胱处,向膀胱刺入。针一旦进入膀胱内,尿液便从针头内流出。穿刺完毕,拔出针头,消毒术部。

(韩敏)

第六节 灌肠技术

根据灌肠目的,灌肠法可分为浅部灌肠和深部灌肠两种方法。

一、浅部灌肠

动物站立保定,把尾拉向一侧。将灌肠器的胶管一端插入肛门内 10~20 cm,另一端连接吊桶、漏斗或灌肠器,将药物、温水、肥皂水、淡盐水等输入直肠内,用于治疗直肠便秘,或便于直肠检查。对以人工营养、消炎和镇静为目的的灌肠,在灌肠前应先把直肠内的宿粪取出或灌肠排出。浅部灌肠用的药液量,大动物一般每次 1 000~2 000 mL,小动物每次 100~200 mL。灌肠溶液根据用途而定,一般用 1% 温盐水、林格尔氏液、甘油(小动物用)、0.1% 高锰酸钾溶液、2% 硼酸溶液、葡萄糖溶液等。

二、深部灌肠

(1)大动物深部灌肠。

①动物的保定和麻醉。保定同浅部灌肠。麻醉可施行后海穴封闭。

②装塞肠器。塞肠器有木制与球胆制两种。

木制塞肠器:一般长 15 cm,前端直径为 8 cm,后端直径为 10 cm,中间有直径 2 cm 的孔道,塞肠器后端装有两个铁环,塞入直肠后,将两个铁环拴上绳子,系在颈部的套包或夹板上。

球胆制塞肠器:将带嘴的排球胆剪两个相对的孔,中间插一根直径 1~2 cm 的胶管,然后再用胶黏合,胶管的一端露出 5~10 cm,朝向病畜头部一端露出 20~30 cm,连接灌肠器。塞入直肠后,由原球胆嘴向球胆内打气,胀大的球胆堵住直肠膨大部,即自行固定。

③灌肠的一般方法。将灌肠器的胶管涂液体石蜡或者肥皂水后插入木制塞肠器的孔道内，或与球胆制塞肠器的胶管相连接，液体即可慢慢注入直肠，再逐渐向直肠深处慢慢插入，让液体流入直肠内。如流速慢，可抽动一下胶管。边流边向漏斗(吊桶)内倾加液体，并随时用手指刺激肛门周围，使肛门紧缩，防止注入液体流出。灌完后拉出胶管，经 15～20 min 取出塞肠器，放下尾巴，解除保定。

(2)中、小动物深部灌肠。

①动物的保定。中、小动物可以站立或侧卧保定，并呈前低后高姿势。

②灌肠的一般方法。将灌肠器的胶管一端插入直肠，将另一端连接的盛有液体的漏斗或吊桶举高，同时压迫尾根及肛门，以免液体排出。也可用 100 mL 注射器连接在胶管另一端注入溶液，注完后捏紧胶管，再取下注射器。灌入量根据动物个体大小而定，一般幼犬或仔猪 80～100 mL，成年犬 100～500 mL，药液温度以 35℃为宜。

(韩敏)

第七节　洗涤技术

洗涤是用清水或药液冲洗体表和组织器官腔体内的病理性产物和污物，用来治疗某些疾病的一种基本方法。常用的洗涤液有清水、生理盐水、0.1%高锰酸钾溶液、0.1%新洁尔灭溶液、0.1%雷佛奴尔溶液、3%过氧化氢溶液、2%～3%硼酸溶液等。

一、体表的洗涤

大动物皮肤常用温水冲洗。洗涤犬、猫皮肤后用毛巾擦干，或用吹风机吹干，以免受凉感冒。犬、猫的面部不要用水或肥皂洗涤，只用湿毛巾擦拭即可。大动物及长期舍饲的家畜，常发生蹄叉腐烂，可用 0.1%新洁尔灭、0.1%高锰酸钾消毒液局部洗涤。

二、鼻腔的洗涤

目的在于清除鼻腔的分泌物及炎性产物，常用于治疗鼻炎。

大动物在柱栏内保定，小动物在治疗台上站立保定或侧卧保定，使其头部稍向下低垂，并加以固定。

大动物洗涤管可用胃管或适当粗细的胶管，术者一手固定鼻翼，另一手持连接吊桶或漏斗的洗涤管慢慢送入鼻道，高举吊桶或漏斗，液体自行流入鼻腔。小动物洗涤管可用细胶管或人用的导尿管，术者持洗涤管慢慢送入鼻孔，由助手把注射器中的洗涤液缓缓通过洗涤管注入鼻腔。

洗涤鼻腔时一定要注意病畜的头必须稍向下低垂，才能防止发生误咽，洗涤液才能自动流出。洗涤液的温度应接近体温，不宜太高或太低。

三、口腔的洗涤

常用于治疗口腔炎、舌及牙齿的疾病和清除口腔的污秽物。

方法：大动物柱栏内站立保定，小动物在治疗台上站立保定，使头部稍向下低垂。大动物（马、牛）可用自来水冲洗口腔的污秽物，口炎和牙齿疾病时，因自来水过凉，宜用温水或杀菌消毒剂。高举吊桶或漏斗，让液体自行流入口腔。小动物口腔洗涤选用的器材、药液及方法基本上与鼻腔洗涤的相同。

四、洗胃

洗胃的目的在于清除胃内过多的内容物，排除胃内的有毒物质，是治疗胃扩张、积食和中毒的常用方法。常用于单胃动物，偶尔应用于瘤胃的洗涤。

方法：参照本章第三节"一、水剂投药法"中的"胃管投药法"插入胃管。灌入洗液，待漏斗内尚剩余少量灌洗液时，迅速将病畜头压低，将漏斗倒转并放低至病畜胃的位置以下，利用虹吸原理将胃内容物导出，至胃中液体不流时再高举漏斗，继续灌入灌洗液，如此反复，直至流出液与灌洗液同样清亮或两者颜色相同时为止。

小动物的胃管插入胃内后，在胃管的外端口连接装有灌洗液的注射器，向胃内注完相当量的灌洗液后，再用注射器抽吸出胃内容物，反复灌洗，直至吸出的液体与灌洗液颜色相同为止。也可用兽用洗胃器。洗胃完毕后，反折胃管，缓慢拔出。

洗胃要选择适合的灌洗液，胃扩张、积食和中毒物质不明时，可选用温水或生理盐水，胃炎可选用1%～2%硼酸溶液或1%食盐水；幽门狭窄、胃内发酵、胃运动障碍可选用0.3%～0.5%水杨酸溶液；2%～5%碳酸氢钠液、石灰水上清液用于反刍兽瘤胃酸中毒以及大多数有机磷农药中毒，但敌百虫中毒不可用；0.1%高锰酸钾溶液适用于多种中毒，但1605、1059、3911、乐果等氧化后毒性增强，不宜选用。

吞服强酸或强碱等腐蚀性药物，禁忌洗胃，以免造成穿孔。消化道溃疡一般不作洗胃，在洗胃过程中若灌洗出的液体含血性物质，应及时停止洗胃。

五、洗肠

洗肠的目的主要是清除肠内的积粪、分解产物和炎性渗出物，需要反复注入和排出。所用的洗肠液有温水、肥皂水、1%食盐水、0.1%鞣酸溶液、0.1%高锰酸钾溶液等。

洗肠的方法和要领基本上与灌肠相同，参照本章第六节"灌肠技术"。重复灌洗，直到排出液体变澄清为止。洗肠前当直肠内有宿粪时，可通过直检，人工排除宿粪后，再灌入洗肠液。洗肠胶管插入肛门和直肠过程中，操作不要粗暴，以免损伤肠黏膜，特别是当动物努责时，操作更应慎重，防止造成肠壁穿孔。洗肠液的温度要适宜，一般应在36～40℃。妊娠早期、怀孕后期的母畜，洗肠时应慎重，压力要低，速度要慢；消化道出血、严重心血管疾病的病畜禁止洗肠。

六、腹腔的洗涤

腹腔洗涤的要领与腹腔穿刺法相同。穿刺针刺入腹腔，排完腹腔液后，从穿刺针孔注入洗涤液，用夹子夹住与穿刺针连接的胶管，轻压两侧腹壁，然后放出腹腔液，重新注入洗涤液，反复洗涤，直至从腹腔中流出的液体与洗涤液同样清亮或两者颜色相同为止。

七、膀胱的洗涤

洗涤膀胱主要用于母畜膀胱炎的治疗。公畜因尿道走向弯曲,临床上只用于公马。

洗涤膀胱通常应用与动物尿道内径相适应的导尿管,公畜的导尿管用橡胶制成,母畜的导尿管用金属制成。

洗涤膀胱的方法参照本章第九节"导尿技术"。导尿管插入膀胱,如有尿液即可自动流出。待膀胱内尿液排空后,用装有洗涤液的 100 mL 注射器连接导尿管,并向膀胱内注入相当量的洗涤液后,再用注射器抽吸出膀胱内的液体。如此反复注入和排出,直至吸出的液体与洗涤液同样清亮或两者颜色相同为止。洗涤膀胱在导尿管插入或拉出时,动作要缓慢,不要粗暴,以免损伤尿道黏膜和膀胱壁;洗涤液的温度应与体温相近。

八、子宫的洗涤

子宫的洗涤常用于子宫内膜炎的治疗,清洗子宫内的渗出物,促进黏膜的修复。

洗涤方法:大动物柱栏内站立保定,小动物诊疗台上站立或侧卧保定。首先彻底清洗外阴部。简易的洗涤法可用一硬质胶管或塑料管,后端连接漏斗或注射器,术者手臂消毒后,一手(大动物)或一指头(小动物)随带洗涤管管头从阴道伸入,触摸到子宫颈,然后将洗涤管管头通过子宫颈引入子宫内,由助手握持漏斗或注射器,慢慢注入药液,然后放低漏斗或用注射器抽吸,使子宫内液体倒流出来,重复操作,反复冲洗,直至排出液与洗涤液同样清亮或两者颜色相同为止。

如有条件,用开腔器开张阴道,暴露宫颈,用颈管钳把宫颈外口左侧下壁固定,并牵拉;再用颈管开张器扩张宫颈,然后插入子宫洗涤管。通过直肠检查确认洗涤管已插入子宫后,将颈管钳和洗涤管同时握住,洗涤管外端注入口连接胶管,用注射器把药液注入子宫内。注入的洗涤液可从洗涤管的排出口排出,反复冲洗直至排出液与洗涤液同样清亮或两者颜色相同为止。

洗涤完毕,取出洗涤管、颈管钳和开腔器。洗涤管插入子宫时应避免操作粗暴,以防子宫壁穿孔;所用器械必须严格消毒;洗涤液的温度应接近体温,以免过冷刺激子宫发生痉挛。

九、眼睛的洗涤

洗涤眼睛的目的在于治疗眼病,尤其是结膜炎、角膜炎,通过洗涤可清除结膜、角膜异物与化学物质、炎性分泌物和脱落的坏死组织等。常用的冲洗液有生理盐水、2%硼酸溶液、0.01%～0.03%高锰酸钾溶液、3%苏打水等。

常用的洗涤法有结膜囊冲洗法和泪道冲洗法两种。

(1)结膜囊冲洗法。大动物柱栏内站立保定,小动物诊疗台上站立保定或侧卧保定,并确实保定头部。灌注器一端连接胶管,一端安装冲洗嘴。术者用一手轻轻分开上、下眼睑(小动物可用两手分开眼睑),把灌注器连接的冲洗嘴前端斜向眼角,对准上下眼睑,用药液轻轻地冲洗结膜和角膜。在操作过程中由于动物骚动,洗眼器的前端有时能刺伤结膜或眼球,因此,冲洗嘴距眼睑以 3～5 cm 为妥。冲洗完毕,用消毒纱布擦干眼睑。

(2)泪道冲洗法。动物确实保定后,打开鼻孔找到鼻泪管的开口,马、骡开口在鼻翼外角的内侧,牛开口在鼻腔前庭的外侧壁上,位于下鼻甲的翼褶内侧。把连接胶管的冲洗针头(也可把注射针头磨钝磨圆滑制成)向上插入鼻泪管,用注射器抽取冲洗液,连接到冲洗针的胶管上,然后徐徐注入冲洗液,冲洗液便从鼻泪管在眼结膜的开口处流入眼房,边冲洗边轻揉上下眼睑,可把眼内异物冲洗干净。注射完毕,拔出冲洗针头。

(吴金节)

第八节 麻醉技术

一、局部麻醉

1. 局部麻醉药

局部麻醉药的种类繁多,但是常用的有普鲁卡因、利多卡因和丁卡因 3 种,前两者作用快,潜匿期短,有效作用期也短;后者作用慢,潜匿期长,有效作用期也长。

2. 局部麻醉方法

(1)表面麻醉。利用局部麻醉药透过黏膜或皮肤而阻滞浅表的神经末梢,称为表面麻醉。适用于眼、鼻、咽喉和尿道等处的浅表手术或内腔镜检查。根据不同的麻醉部位采用合适的保定方法。

(2)局部浸润麻醉。将局部麻醉药注射于手术区的组织内,阻滞神经末梢而达到麻醉作用,称为局部浸润麻醉。适用于皮肤和皮下组织的切开。根据不同的切口部位采用合适的保定方法。

(3)传导麻醉。在神经干周围注射局部麻醉药,使其所支配的区域失去痛觉,称为传导麻醉,也称为神经阻滞麻醉。其特点是使用少量的麻醉药产生较大区域的麻醉。传导麻醉常用的局麻药为 2%利多卡因或 2%～5%普鲁卡因。

①睑神经传导麻醉。适用于眼睑的检查和治疗,尤其对眼球术后防止眼睑挤压眼球有价值。动物侧卧保定,确实保定头部。

②臂神经丛传导麻醉。适用于动物前肢手术,动物站立保定。

(4)脊髓麻醉。将局部麻醉药注射到椎管内,阻滞脊神经的传导,使其所支配的区域无痛感,称为脊髓麻醉。根据局部麻醉药液注入椎管内的部位不同,又可分为硬膜外麻醉和蛛网膜下腔麻醉两种。

①硬膜外麻醉。适用于泌尿道、肠道、后肢的手术及断趾、断尾等。

②蛛网膜下腔麻醉。适用于腹部、会阴、四肢及尾部手术。动物俯卧或侧卧保定。

二、全身麻醉

1. 麻醉前准备

(1)掌握病情。首先了解现病史和既往病史,如是否患过呼吸系统和心血管系统疾病。体检时着重检查动物体质、营养状况、可视黏膜变化及生命指征,即呼吸、脉搏和体温等。结合实验室检查和其他特殊检查,对病情作出判断和估计。

(2)动物准备。一般择期手术的动物,应提前 1 d 住院,以便对动物作进一步的观察和体况评估,也利于动物适应动物医院的环境。

麻醉前,动物禁食 12 h,如系胃肠手术,应禁食 24 h。病情严重者不能急于手术,应在手术前给予积极治疗,待病情缓和,各系统功能处于良好状态时再进行手术。如系急腹症、严重外伤或脱水、酸中毒者,应尽快补液、输血或补碱;休克动物应根据病因,采取各种措施改善循环功能;呼吸系统感染者,应在控制感染后再手术;严重骨折者,应等待炎症减轻,体温正常时再手术。

(3)麻醉器械及药品的准备。为防止动物在麻醉期间发生意外事故,麻醉前应对麻醉用具和药品进行检查;对可能出现的问题,应全面考虑,慎重对待,并做好各种抢救器械和药品的准备。

2.麻醉前给药

常用的麻醉前用药主要包括:氯丙嗪、安定、隆朋(二甲苯胺噻嗪)、吗啡、阿托品。

3.常用的全身麻醉方法

(1)吸入麻醉。常用的吸入麻醉药有乙醚、氟烷(三氟乙烷、三氟溴氯乙烷)、安氟醚、异氟醚(异氟烷)。

(2)非吸入麻醉。小动物非吸入麻醉药有巴比妥类、氯胺酮、隆朋和神经安定镇痛药等,应根据动物品种及全身状况选用不同的非吸入麻醉药。巴比妥类,有戊巴比妥钠、硫喷妥钠、硫戊巴比妥钠。非巴比妥类,有氯胺酮、芬太尼-氟哌啶合剂、氧吗啡酮-乙酰丙嗪合剂、速眠新、舒泰。

(刘建柱)

第九节　导尿技术

一、导尿的目的和适应症

a.直接从膀胱导出不受污染的尿标本,作细菌培养,测量膀胱容量、压力及检查残余尿量,鉴别尿闭及尿潴留,以助诊断。b.为各种下尿路梗阻所致尿潴留动物放出尿液,以减轻痛苦。c.盆腔内器官手术前,导尿排空膀胱,避免手术中误伤。d.昏迷、尿失禁或会阴部有损伤时,保留导尿管以保持局部干燥,清洁。某些泌尿系统疾病手术后,为促进膀胱功能的恢复及切口的愈合,常需做留置导尿术。e.抢救休克或垂危患畜,正确记录尿量、尿比重,以观察肾功能。f.进行尿道或膀胱造影。g.膀胱内药物灌注或膀胱冲洗。h.探查尿道有无狭窄,了解少尿或无尿原因。

二、操作

动物仰卧保定,一般不需要麻醉,后肢拉向前方固定,用甘油润滑导尿管。

(1)公畜。术者握住阴茎暴露龟头,使尿道口张开,将导尿管缓缓插入膀胱,即有尿液流出。

(2)母畜。尿道口在阴道前庭,术者左手一指深入并压于阴道前庭腹侧,右手将导尿管沿手指腹侧插入阴门,在手指轻压下进入尿道口,导尿管推进到尿道黏膜时会有抵抗感,此时动作一定要温柔,继续向膀胱推进导尿管,即有尿液流出。

三、注意事项

严格无菌操作,预防尿路感染;插入导尿管时动作要轻柔,以免损伤尿道黏膜,若插入时有阻挡感可更换方向再插,见有尿液流出时再插入 1 cm,勿过深或过浅,尤忌反复抽动导尿管;选择导尿管的粗细要适宜;对膀胱过度充盈的患病动物,排尿宜缓慢以免骤然减压引起出血或晕厥;留置导尿时,应经常检查导尿管固定情况,必要时以无菌药液每日冲洗膀胱一次;每隔5~7 d 更换导尿管一次,再次插入前应让尿道松弛数小时,再重新插入。

(刘建柱)

第十节 止血法

血液自血管中流出的现象,称为出血。

一、出血的种类

1. 按照受伤血管分类

(1)动脉出血。鲜红血液呈喷射状,规律性起伏且与心搏动一致。必须立即止血。

(2)静脉出血。暗红的血液缓慢从血管涌出。较小的静脉出血一般能自行停止,或经钳夹、压迫后而停止出血。

(3)毛细血管出血。其色泽介于动静脉血之间,多呈渗出性点滴状出血,看不清血管所在。一般经压迫即可止血,也可自然停止。

(4)实质器官出血。见于实质器官的损伤或手术,出血不能自然停止,必须采取必要的止血措施。

2. 按照血液流至的部位分类

(1)外出血。血液由创伤或天然孔流到体外时称为外出血。

(2)内出血。血管出血后,血液集聚在组织内或腔体中,称为内出血。

二、常见的几种止血法

1. 药物止血法

注射或外敷止血药达到止血目的。常用止血药物有:

(1)安络血。即肾上腺色腙,能降低毛细血管通透性,增加毛细血管抗损伤的能力,缩短出血时间。可用于预防及治疗各种出血性疾病及外科手术出血,如鼻出血、内脏出血、血尿、手术后出血、产后出血等。

(2)维生素 K。主要作用是促进肝脏合成凝血酶原,促进凝血因子的合成,主要用于维生素 K 缺乏所致的出血性疾病。

（3）止血敏。又名酚磺乙胺。可增强血小板的功能，降低毛细血管通透性，缩短凝血时间。用于预防和治疗各种出血性疾病及外科手术出血。可肌肉和静脉注射。

（4）6-氨基己酸。拮抗纤维蛋白的溶解而发挥止血作用。主要用于纤维蛋白溶解所致的出血，对于手术出血以及渗血、消化道出血、产科出血有较好的止血效果。但泌尿系统手术或其他原因所致尿路出血应慎用，同时本品禁止与酚磺乙胺混合注射，否则易导致中毒。

（5）氨甲苯酸。为抗纤维蛋白溶解药，止血机理与6-氨基己酸相同，作用较强，毒性低，副作用小。对一般渗血疗效较好，适用于纤溶酶亢进的各种出血。

（6）肾上腺素。通常与局麻药合用进行局部止血。

（7）麻黄素。用1%～2%的麻黄素溶液浸湿纱布进行压迫止血，或用于鼻出血、齿槽出血的填塞止血。

（8）吸收性明胶海绵。适用于外伤性出血、手术出血、毛细血管渗血、鼻出血等。应用时，按出血创面的面积，将止血海绵敷于创口渗血处或填塞在出血的伤口内，再用纱布按压即可止血。

（9）常用的中草药。仙鹤草、紫珠草、三七参、云南白药。

2.机械止血法

（1）止血带止血。用橡皮管止血带或其代用品如绳索、绷带等，用足够的压力，在出血部位上部缠绕数周固定，保持一定时间，可暂时阻断血流。主要用于四肢、阴茎和尾部外伤出血或手术时止血。止血局部应垫敷以纱布或手术巾，以防损伤软组织、血管、神经。使用止血带时应有足够的压力（以止血带远侧端脉搏消失为度），放置时间不得超过2～3 h，冬季不超过40～60 min，在此时间内可将止血带临时松开10～30 s，然后重新缠扎。动脉出血时扎在伤口上部（近心端），静脉出血时扎在伤口下部（远心端），松紧适宜。

（2）压迫止血。对于静脉性及实质性出血，尤其是表面性出血，可用手指或纱布按压出血部位，达到暂时性止血的目的。另外，用纱布填塞或用药棉填塞压迫常能得到永久性止血效果。常用于鼻出血、阴道出血和直肠黏膜出血。为了提高压迫止血效果，可选用在温生理盐水、1%～2%麻黄素、0.1%肾上腺素、2%氯化钙溶液中浸湿后拧干的纱布块做压迫止血。紧急时，可用三角巾、干净手帕等进行压迫包扎。

（3）钳夹止血法。用止血钳夹住血管的断端进行钳压、捻转止血。常用于手术中小血管出血的止血。经钳夹扭转不能止血时，则应结扎。

（4）结扎止血法。是最常用而又确实的止血方法，多用于明显而较大血管出血的止血。结扎止血法有多种。

①单纯结扎止血法。用丝线绕过止血钳所夹住的血管及少量组织而结扎，在打结的同时，由助手放开止血钳，于打结收紧时，完全放松止血钳。本法适用于一般部位的止血。

②贯穿结扎止血法。是将结扎线用缝针穿过所钳夹组织后（勿穿透血管）进行结扎，常用的方法有"8"字缝合结扎及单纯贯穿结扎两种。贯穿结扎止血的优点是结扎线不易脱落，适用于大血管或重要部分的止血。在不易用止血钳夹住的出血点，不可用单纯结扎止血，而宜采用贯穿结扎止血的方法。

（5）填塞止血法。将灭菌纱布或止血纱布填塞于出血的腔洞内，达到压迫止血的目的。常在较深的部位出血，一时找不到血管断端，钳夹或结扎止血困难时使用。填塞止血时要填足够的止血纱布，才能起到压迫止血的作用，必要时做暂时性缝合或包扎固定，或用压迫绷带压迫。

填塞的纱布可浸上止血药物。保留时间一般为数小时或1～3 d。

（6）缝合止血法。常用于弥漫性出血止血，也可用于实质器官的止血。利用缝合的方法使两侧创缘紧密接触产生压迫作用而止血。如阴茎切断术时阴茎海绵体可利用缝合达到止血目的。

3. 烧灼止血法

（1）电凝止血法。利用高频感应电流，通过电极棒接触出血点，使组织蛋白凝固而达到止血的目的。此法止血迅速，适用于较浅表的皮下组织的小血管出血，或用于不易结扎的渗血。其缺点为止血效果不完全可靠，凝固组织可脱落而再次出血，所以对较大的血管仍以结扎止血为宜。

（2）烧烙止血法。使用电烧烙器或烧热的烙铁直接烫烙手术创面，使血管断端收缩闭锁，停止出血，是可靠的止血方法之一。多用于毛细血管面积大和静脉丛多的黏膜出血。缺点是损伤组织较多。

4. 输血

术前30～60 min，输入同种同型的血液，可增高血液凝固性，减少手术中的出血。动物患血小板减少症或凝血因子缺乏时，输入新鲜血液，可使原来低水平的凝血因子纠正到接近正常水平，提高凝血机能。输血量应根据病情的需要及体重等决定，一般为体重的1％～2％，一般情况下，牛、马1～2 L，猪、羊、犬200～300 mL，猫40～60 mL。

5. 冷却止血法

冷却止血是通过寒冷作用使血管收缩而止血的方法。长时间应用本法会导致组织坏死，而作用时间短又可造成再出血，因此本法仅用于内出血的止血，如关节扭伤引起的内出血而发生血肿的初期，最好用冷水浇注或用冰袋冷敷。

（潘家强）

第十一节　驱虫技术

对某一乡、村或牧场实施驱虫时，应根据掌握的寄生虫流行病学资料，或抽查一定数量的动物，以了解其寄生虫的感染情况，然后确定驱虫对象及范围。如动物群中同时感染了多种寄生虫，危害性最大的为重点驱除虫种。在确定驱虫对象时，还应视动物的体质强弱，有无其他严重脏器疾病和高热病患等情况而定。一般对严重脏器疾病或高热的病畜，应先做适当处理，待其好转后再驱虫。同时要考虑驱虫药的禁忌和副作用，以防发生不应有的损失。

在蠕虫成熟期前驱虫最好，此时正值其产卵前期，可收到彻底消灭病原体的效果。北方一般春秋季节各驱虫一次。幼年犬猫每月检查一次，成年犬猫每季度检查一次，发现有虫，立即进行驱虫。

为了达到一次用药能同时驱除多种寄生虫的目的，除选用广谱驱虫药外，还可两种药物同时使用，但必须先经过安全性和药效试验。对于畜禽和经济动物，以经济核算为前提，应选择无异味、适口性好的药。宠物一般会选择安全性好、高效的驱虫药，某些品种的宠物对某些药物过敏，如苏格兰和英格兰牧羊犬对伊维菌素类敏感，应禁用。

大部分驱虫药的用药量要根据动物体重计算,安全指数低的药物更应如此。

驱虫药的投药方法有口服、注射(皮下注射、虫体寄生局部注射、肌肉注射、静脉注射、腹腔注射、第三胃注射)、喷雾、喷淋、药浴。在此重点介绍药浴方法:

羊群体外寄生虫病可用药浴。药浴池有流动式和固定式两种。固定药浴池一般用水泥制作,流动药浴池又分为流动药浴车、帆布药浴池和小型浴槽等。羊只数量少,可采用流动药浴。一年中春秋各药浴一次。羊常用的药浴液主要是菊酯类。应选择晴朗、暖和、无风天气,上午进行,以便药浴后,羊毛在中午能干燥。先选用3~5只体质较差的羊试浴,无中毒现象,才可按计划组织药浴。临药浴前羊停止放牧和喂料,浴前2 h充分饮水,以防止其口渴误饮药液。先浴健康羊,后浴病羊,怀孕或有伤、生病的羊暂不药浴。药液应浸满全身,槽浴可用浴杈将羊头部压入药液内2次,但需注意不得呛水,以免引起中毒。固定池药浴一般是让羊从药浴池的一头下去自己游到另一头即可,流动药浴可将羊按倒于药浴池内,持续时间2~3 min。

宠物药浴后戴上嘴套或伊丽莎白圈,防止舔食皮肤上的驱虫药。

在驱虫之前,应先用少数动物进行预试,证明一定剂量安全有效后方可全面展开,以免发生中毒。体质过于衰弱、无相应的寄生虫的动物,不适宜作为预试动物。

试验过程中应观察动物的饮食欲、精神和粪便等,用药后1~15 d每日逐头两次采集粪便,检查体内寄生虫的排出情况和虫卵的数量,计算每克粪便中虫卵的数量(EPG)和虫卵减少率。驱虫疗效的判定,通常采用以下公式:

$$虫卵(幼虫)减少率 = \frac{驱虫前\ EPG - 驱虫后\ EPG}{驱虫前\ EPG} \times 100\%$$

$$虫卵(幼虫)消失率(转阴率) = \frac{驱虫前动物感染数 - 驱虫后动物感染数}{驱虫前动物感染数} \times 100\%$$

以虫卵测定疗效的方法,多用于自然感染动物,在驱虫后4周再进行粪便检查,用虫卵减少或消失的情况确定驱虫效果;以虫卵(幼虫)减少率表示驱虫率;虫卵(幼虫)消失率表示驱净率或转阴率。此法的优点是经济、省力、不必剖杀动物,缺点是欠精确,特别对使用虫卵检查法检出率较低的蠕虫如阔盘吸虫、分体吸虫、鞭虫等,更是如此。同时此法对蠕虫幼虫的驱虫效果也不易测定。

精计驱虫率能较准确地测定胃肠道蠕虫的驱虫疗效,尤其适用于大肠内寄生虫的驱杀效果测定。

$$精计驱虫率 = \frac{驱出虫数}{驱出虫数 + 残留虫数} \times 100\%$$

对寄生在消化道前部的体型较小的寄生虫,因虫体易被消化破坏,常给效果评价带来影响。

对寄生在其他脏器,如肝、肺、胰、肠系膜血管等部位的蠕虫驱虫效果的判定,可采用粗计驱虫率进行评价:

$$粗计驱虫率 = \frac{对照动物荷虫总数 - 驱虫后实验动物残留活虫数}{对照动物荷虫总数} \times 100\%$$

判断驱虫完全动物占试验驱虫动物的比率用驱净率:

$$驱净率 = \frac{完全驱虫动物数}{试验驱虫动物数} \times 100\%$$

驱虫后 1～2 d 内加强对动物的看护和管理,供给充足的清洁饮水,适当运动,注意有无副作用,如兴奋、不安、抑郁、下泻、震颤、流产、过敏反应等。驱虫前应根据驱虫药的药理特性,准备相应的解毒药物。驱虫后 5 d 内饲养于圈舍中,把排出的粪尿及厩肥褥草等堆肥发酵,深埋或烧毁处理,5 d 后应把动物驻留过的场地彻底清扫、消毒、以消灭环境中残留的虫体和虫卵。

(王凯)

第十二节　病料采集与送检技术

一、病料采集的原则

a.先排除后采样的原则。急性死亡的动物,如怀疑患有炭疽时,应先进行血液抹片镜检,排除后方可解剖。炭疽动物的样品采集应按农业部标准 NY/T 561 的 2.1.2 执行。b.应于动物死亡后 2 h 以内采集病料,最迟不得超过 4 h。尸体腐败后则失去检验价值。c.刀、剪等应事先清洗干净。用于采集病原学检验材料的所有器械及试剂必须灭菌或除菌。一套器械与容器只能采集一种病料。d.根据采样的目的、内容和要求合理选择样品采集的种类、数量和部位。e.采样人员应加强个人防护,严格遵守生物安全操作规范,防止病死畜禽病料对环境的污染和对采样人员的伤害。

二、病料的采集与送检

1.采样前的准备

(1)器械及容器。

①外科器具。剥皮刀、解剖刀、剪毛剪、骨剪、外科剪、手术刀、镊子、酒精灯、酒精棉球、碘酒棉球、注射器及针头。

②样品容器。采样箱、保温箱或保温瓶,青霉素瓶、广口瓶,平皿,采血管、离心管,易封口样品袋及塑料包装袋等。

③其他。试管架、塑料盒(1.5 mL 小塑料离心管专用)、载玻片、铝盒、瓶塞、缝线、无菌棉拭子、胶布、封口膜、封条、冰袋等。

(2)试剂。根据所采样品的种类和要求,准备不同类型的试剂,如抗凝剂、4%多聚甲醛、10%福尔马林磷酸盐(PBS)缓冲溶液和 50%甘油磷酸盐缓冲溶液等。

(3)记录和防护材料。不干胶标签、签字笔、圆珠笔、记号笔、采样单、记录本、口罩、一次性手套、乳胶手套、防护服、防护帽、护目镜、胶靴等。

2.样品采集的方法与要求

基本要求:从死亡动物或处于急性发病期的动物采集样品,病例要具有典型性和代表性。在进行尸体剖检时,应将尸体浸泡在消毒剂溶液中,防止羽毛及皮屑飞扬对病料造成污染。

采集病料之前,必须根据传染病的流行病学特点、临床表现和病理剖检的结果,对被检动物可能罹患的疫病做出初步的诊断,据此有针对性地采集最合适的病料进行微生物检验。对无法做出初步诊断的死因不明的动物,取材应尽量系统全面,或根据临床症状和病理变化特点有侧重地进行取材。有呼吸道感染症状者,采取的组织应包括气管、肺;有败血症症状的动物,采取的组织应包括血液、淋巴结、心、肝、脾等;有明显神经症状者,采取的组织应包括脑、脊髓;有黄疸和贫血症状者,采集的组织则应包含肝、脾等组织。

(1)细菌和病毒学检查材料。采集该类病料必须严格遵守无菌操作规范。所有容器和器械都需事先消毒,刀、剪、镊子用火焰消毒或煮沸消毒;PBS液和玻璃器皿等采用高压灭菌或干热灭菌。无法使用上述方法灭菌的试剂,可采用孔径为 $0.22~\mu m$ 的微孔滤膜过滤除菌。

①组织取材。将刀片在酒精灯上烧灼后烫烙脏器表面并迅速切开脏器,随后用灭菌的刀、剪、镊子从组织深部采取病料,每个样品取样质量为 $15\sim20$ g,放于样品袋或平皿中,如果不够可取全部脏器。用于病毒学检验的组织常用 50%甘油磷酸盐缓冲液保存。所采集的其他可疑组织材料也可置于上述保护液中保存或送检。不同个体的脏器应分别盛装,即使同一个体的不同脏器也应分开盛装。

②流汁病料取材。动物死后不久血液即发生凝固,但仍可从心室内采集到少量血液。死于败血症或某些毒物中毒的动物血液凝固不良,可从心室内采集到较多血液。其他液态病料,如痰、黏液、脓汁等,可用无菌注射器吸取后装入无菌试管中,或用无菌棉球、无菌棉拭子蘸取后,放入无菌试管中送检。凡装有病料的容器均要求直立,容器口棉塞要用熔化的石蜡或封口膜密封。

伴发水疱、脓疱或有分泌物的病毒性疾病,可采用病初的疱液、脓汁或分泌物,也可采集病灶的组织。最好在水疱、脓疱等未破溃前用无菌毛细吸管穿透疱皮直接吸取疱液、脓汁或分泌物,然后迅速用火焰封口。也可用无菌注射器吸取疱液、脓汁或分泌物后,立即混入等量的无菌缓冲液(如磷酸缓冲肉汤、10%灭活兔血清、10%生理盐水卵黄液或灭菌脱脂乳)中保存或送检。

③采血。应从急性发病期动物采集血液。采血部位清洗干净、酒精消毒,待干燥后,用注射器采集 $3\sim5$ mL 血液,盛于预先经抗凝剂(如肝素或 EDTA)处理的容器内。用于分离病毒的血液最好不用枸橼酸钠作抗凝剂。

④血清。无菌采全血 $3\sim5$ mL 分离血清,保存于 -20℃,避免反复冻融。为防止在运送过程中血清变质,可在血清中加入双抗(青霉素和链霉素)、0.5%石炭酸、0.01%的硫柳汞或0.8%的叠氮化钠防腐。某些病毒性传染病应分别采取病初和病后 $15\sim20$ d 的血清两份,以便进行比较。

⑤肠道及肠内容物的采集。选择有明显肉眼病变的区域,用灭菌生理盐水将肠内容物洗干净,采取肠道组织送检。亦可将肠管切开,用灭菌生理盐水冲洗干净后,再用烧红的手术刀片烫烙黏膜表面,将接种针插入黏膜层,取少量病料接种于培养基上。如需送检肠内容物,则可用吸管插穿肠壁后,从肠腔内吸出内容物,也可将肠管两端结扎后取出送检。

⑥涂片或触片。可用病灶组织、脓汁、血液等制成涂片或触片,自然干燥后送检。在所有涂片或触片的一端贴上标签,注明来源、是否固定等。供病毒或包涵体检查的玻片,要求十分清洁,须事先经清洁液浸泡,水洗后置于 50%酒精中备用。

(2)寄生虫学检查材料。

①怀疑有血液寄生虫时,可采集全血制成血涂片,用甲醇固定后送检。也可送检抗凝血。

②怀疑有消化道原虫时,可采集新排出的粪便,按蠕虫虫卵收集方法富集卵囊。在收集到的卵囊中加入 2.5%重铬酸钾,置室温中待其形成孢子,孢子形成后的卵囊可在 $5\sim20$℃条件

下保存 1 年。

③对于疑似组织内原虫感染的动物,可在死后剖检时,取一小块组织,做成抹片或组织切片后送检。

④发现有线虫感染时,可将虫体挑出,置于 4% 多聚甲醛或 70% 酒精中送检。绝大部分线虫在胃肠道,也有的在肺、肾,因此,送检时要注明虫体采集的部位。

(3)毒物学检查材料。要求容器清洁,无化学杂质,病料中更不能放入防腐消毒剂。一般而言,急性中毒的动物,应采取胃、肠内容物及肝脏、血液;慢性中毒病例,应采取内脏器官、毛发、骨骼及排泄物;在未知毒物中毒时,取材要尽可能全面且数量充足。每一种病料应该单独放在一个容器内,不要混合。病料由专人保管、送检,必要时应提供剖检材料及可疑的毒物。

(4)病理组织学取材。取材时应避免刮抹或用自来水直接冲洗。可用 PBS 缓冲液或生理盐水把组织表面的血液和组织液轻轻冲掉。大小以 2.0 cm × 2.0 cm × 0.3 cm 为宜,采取后应迅速投入 10% 福尔马林固定液中。固定液的用量应为组织块大小的 5～10 倍。横切的管状器官,可将其展平后贴于纸片上或固定于玻片上,投入 10% 福尔马林固定液中。肺组织可置于塑料包埋盒内或绑定在玻片上后投入固定液中。

(5)电镜材料。供电子显微镜检查用的病料必须新鲜,应在血液未停止流动(未凝血)前取材。因为组织一旦失去血流供应,细胞就处在缺氧状态,代谢过程随之发生改变,细胞内的一些酶将释放出来,导致细胞自溶,破坏细胞的超微结构。已经死亡的动物则完全失去取材检验的价值。一般要求在冰块上取材,取材大小不超过 1 mm^3。取材时动作要轻,刀锋要利,切组织时沿着一个方向切,避免任何牵拉和挤压造成的机械损伤。取材后于 1 min 内投入 1% 锇酸或 2.5% 戊二醛中进行固定。

3. 样品保存和运送

(1)样品保存。用于抗体检测的血清或血浆应于 −20℃ 冷冻保存,避免反复多次冻融。全血样品于 4℃ 冷藏保存,并在 1 周内送检。用于抗原和核酸检测的样品应在 −20℃ 以下冻存。需进行 RNA 检测的样品应在取样后立即置于 −80℃ 冰箱中或投入液氮中保存。其他可在短期内送检的样品可置于 2～8℃ 条件下保存。

(2)样品包装与运输。如无特殊要求,样品应在 2～8℃ 条件下运输。不同个体的样品应仔细分别包装,在样品袋或平皿外面贴上标签,注明样品名、样品编号、采样日期、保存方法等。标注放置方向,切勿倒置。可将包装好的样品置于保温容器中运输,在容器中放置冰袋或干冰。保温容器应密封(可采用熔化的石蜡封口),防止渗漏。交付运输前应将盛病料的容器表面用消毒剂擦拭好,以免散播病原。

用于病理组织学检验的材料,在组织块被充分固定后,用浸渍固定液的脱脂棉包裹,放置于广口瓶或塑料袋内,将口封固后装入金属容器内运输。

运输疑似高致病性传染性疾病的动物病料,其包装应当符合以下要求:

①内包装。必须有不透水、防泄漏的主容器,保证完全密封;必须有结实、不透水和防泄漏的辅助包装;在主容器和辅助包装之间填充充足的吸附材料,能够吸收所有的内装物。多个主容器装入一个辅助包装时,必须将它们分别包装。主容器的表面贴上标签,标明样本类别、编号、名称、数量等信息。

②外包装。外包装的强度应当充分满足对于其容器、质量及预期使用方式的要求;外包装应当印上生物危险标识并标注“高致病性动物病原微生物,非专业人员严禁拆开!”的警告语。

③包装要求。冻干样本的主容器必须是火焰封口的玻璃安瓿或者是用金属封口的胶塞玻璃瓶。液体或者固体样本只能用玻璃、金属或者塑料容器作为主容器,向容器中灌装液体时须保留足够的剩余空间,同时采用可靠的防漏封口,如热封、带缘的塞子或者金属卷边封口。如果使用旋盖,必须用胶带加固。冰、干冰或者其他冷冻剂必须放在辅助包装周围,或者按照规定放在由一个或者多个完整包装件组成的合成包装件中。内部要有支撑物,当冰或者干冰被消耗以后,仍可以把辅助包装固定在原位置上。如果使用冰,包装必须不透水;如果使用干冰,外包装必须能排出二氧化碳气体;如果使用冷冻剂,主容器和辅助包装必须保持良好的性能,在冷冻剂消耗完以后,应仍能承受运输中的温度和压力。

(谭勋)

第十三节　动物剖检技术

一、禽剖检技术

禽病病理剖检要全面系统,防止遗漏,尽可能保持病变的原貌,减少剖检过程中对其他组织的污染。一般程序如下:

(1)羽毛及皮肤的检查。主要观察皮肤有无肿瘤、脓肿、痘疹,面部、鸡冠、肉垂有无肿胀,皮下有无出血、痘疹、坏死,肛周有无粪便污染,羽毛有无脱落。相关疾病:皮肤型马立克氏病、葡萄球菌病、禽痘、禽流感、慢性呼吸道病、传染性鼻炎、肾脏疾病、肠道疾病、锌中毒、体外寄生虫病、严重营养不良、重度传染病、啄羽癖等。

(2)营养状况检查。相关疾病:马立克氏病、淋巴性白血病、禽伤寒、腺胃型支气管炎、肾型传支、营养失调等。

(3)将病禽剪断血管处死后用消毒液(水)浸湿。避免羽毛和灰尘污染环境和内脏。

(4)沿喙角剪开检查口腔与食管。观察有无结节、假膜等。相关疾病:维生素 A 缺乏症、念珠菌病、黏膜型禽痘等。

(5)在鼻孔的上方纵切上颌检查鼻腔和眶下窦。观察有无黏液、干酪样物。相关疾病:传染性鼻炎、黏膜型禽痘等。

(6)沿喉头检查喉气管,直达支气管分叉处。主要观察有无出血、血凝块、纤维素块、黏液及黄白色的隆起等。相关疾病:传染性喉气管炎、新城疫、慢性呼吸道病、禽痘等。

(7)检查头颈皮下有无胶冻样水肿、出血、干酪样物。相关疾病:慢性呼吸道病、肉鸡肿头综合征、传染性鼻炎、禽流感,注射疫苗不良反应等。

(8)检查胸腺有无萎缩。相关疾病:传染性贫血、肉鸡矮小综合征、网状内皮细胞增殖症等。

(9)用剪刀在腹部剪口,徒手将皮肤撕开,暴露胸部、腿部及嗉囊等。注意观察有无出血、苍白、肿瘤、囊肿,皮下有无水肿,嗉囊大小及完整性等。相关疾病:传染性法氏囊病、住白细胞原虫病、马立克氏病、胸部囊肿、白肌病、脐带炎、渗出性素质、新城疫、嗉囊卡他、嗉囊扩张、嗉囊穿孔等。

(10)将两腿向后扭转,并仰卧保定,平放在搪瓷盘内。用剪刀剪开股内侧肌肉,暴露两侧

— 152 —

坐骨神经。注意观察有无肿胀、出血。相关疾病:神经型马立克氏病、维生素 B_2 缺乏症。

(11)在胸骨的末端剪口,分别沿左右两侧肋弓剪至脊柱,两手用力,折断或剪断乌喙骨和锁骨,去掉整个胸骨。注意保持胸部气囊完整性。观察气囊有无混浊及分泌物,肺脏色泽、硬度等,有无腹水及其他渗出物等,有无腺胃穿孔。相关疾病:大肠杆菌病、慢性呼吸道病、肺炎、肉鸡腹水综合征、卵黄腹膜炎、新城疫、禽流感、禽霍乱、大肠杆菌病、衣原体病等。

(12)检查心包、心脏。相关疾病:肉鸡腹水综合征、鸡白痢、大肠杆菌病、马立克氏病、淋巴白血病、细菌性肉芽肿、白肌病、心力衰竭、败血症(新城疫、鸡瘟、禽霍乱、传染性法氏囊病)等。

(13)观察肾脏大小、色泽、肿瘤,输尿管有无结石、尿酸盐等。相关疾病:肾型传染性支气管炎、传染性法氏囊病、新城疫、禽流感、霉菌毒素中毒、维生素 A 缺乏、痛风、马立克氏病、淋巴白血病。

(14)观察法氏囊的大小、色泽、囊内渗出物、肿瘤等。相关疾病:传染性法氏囊病、新城疫、淋巴白血病。

(15)观察卵巢发育程度、硬度、形态、完整性、肿瘤及色泽等。相关疾病:禽伤寒、大肠杆菌病、新城疫、禽流感、喹乙醇中毒及其他造成产蛋下降的疾病、马立克氏病、淋巴白血病。

(16)观察输卵管的粗细,有无腐败性、脓性分泌物或煮熟样卵黄、蛋白样物质,有无缪勒氏管囊肿等。相关疾病:传染性支气管炎、减蛋综合征、禽流感。

(17)观察肝脏大小、硬度、形状、色泽、完整性、坏死点及肿瘤。相关疾病:肉鸡猝死综合征、蛋鸡脂肪肝综合征、肉鸡腹水综合征、弧菌性肝炎、禽霍乱、沙门氏菌感染、亚利桑那氏菌病、包涵体肝炎、马立克氏病、淋巴白血病。

(18)观察胆囊大小、胆汁色泽。相关疾病:肉鸡猝死综合征、肠炎。

(19)观察脾脏大小,有无坏死点、肿瘤等。相关疾病:禽流感、新城疫、马立克氏病、淋巴白血病、住白细胞原虫病等。

(20)观察直肠和泄殖腔有无出血、损伤。相关疾病:新城疫、传染性法氏囊病等传染性疾病,喹乙醇、磺胺药物等中毒病,啄肛。

(21)观察胰腺有无坏死斑、坏死点和出血点。相关疾病:禽流感、副黏病毒感染等。

(22)检查盲肠和盲肠扁桃体有无出血和肠内容物色泽、形状等。相关疾病:新城疫及其他病毒性传染病、盲肠球虫、组织滴虫病(黑头病)。

(23)观察小肠有无出血、肿胀、枣核样出血、坏死和肠内容物色泽、形状等。相关疾病:脐带炎、小鹅瘟、番鸭细小病毒病。

(24)检查卵黄大小、色泽等。相关疾病:脐带炎。

(25)观察腺胃有无出血、肿瘤、溃疡或穿孔和胃内容物色泽(绿色、褐色)等。相关疾病:新城疫、传染性法氏囊病、腺胃型传支、马立克氏病、鱼粉中毒、腺胃溃疡。

(26)观察肌胃有无溃疡和出血。相关疾病:鱼粉中毒、饥饿、新城疫。

(27)观察嗉囊大小、嗉囊壁完整性、内容物性状(黏液、褐色)、嗉囊壁有无结节。相关疾病:新城疫、嗉囊卡他、鱼粉中毒、念珠菌病等。

(28)去掉头盖骨,观察脑膜及脑有无出血、水肿、坏死和色泽异常等。相关疾病:脑脊髓炎、细菌性脑炎、维生素 E 缺乏症、食盐中毒、棉酚中毒等。

(29)观察骨骼硬度、形状。相关疾病:维生素 D 缺乏、钙磷代谢障碍、慢性氟中毒、锰缺乏、胆碱缺乏。

（30）取长骨纵切，观察骨髓的色泽。相关疾病：传染性贫血。

（31）观察跟腱、腓肠肌和肌腱有无肿胀、断裂、移位等。相关疾病：病毒性关节炎、锰缺乏、胆碱缺乏、生物素缺乏、锌缺乏等。

（32）观察关节是否肿大、有无波动感、内容物性状等。相关疾病：滑膜霉形体病、沙门氏菌感染、葡萄球菌感染、病毒性关节炎等。

二、猪剖检技术

剖检病（死）猪内容包括三个方面：a. 根据肉眼可见的器官病变，为现场诊断提供依据；b. 采集病变的器官组织进行组织病理学检查；c. 无菌采集病料进行细菌学、病毒学和血清学诊断。

剖检过程必须对全身各系统进行全面的检查，以免遗漏。在一个器官没有完全检查完毕之前不要动其他器官。

（1）动物左侧卧，进行外观检查。评价脱水程度和死亡时间，皮肤的损伤（包括被毛、蹄、趾间、吻、天然孔、体表淋巴结、会阴），关节、眼及耳的状况等。

（2）从右侧腋下进刀，切断右侧肩胛骨下的肌肉及皮下组织，将前肢外展，检查肩前淋巴结；由两侧切口继续向前切至下颌骨后缘并从内侧切开，检查下颌、咽背、腮淋巴结和头颈部其他淋巴结；向后到肛门，切右侧髋关节，打开右膝关节，展开后肢，检查关节液、膝上淋巴结和腹股沟淋巴结。

（3）在肋弓后打开腹腔，沿腰旁延伸至骨盆，在耻骨前缘横行切开腹壁，向腹侧掀开腹壁。

（4）剪开横膈膜，切除肋骨腹缘和肋软骨相连的肌肉，将肋骨沿背缘剪断并将肋骨与躯体分离，将其展开，暴露胸腔。取一根肋骨，完全剥离附着其上的肌肉，将肋骨折断，粗略地估计猪骨骼的强度。

（5）检查腹腔和胸腔，如果里面有渗出物、粘连、纤维素等存在，则可采集组织样品做培养，如果需要采集尿液和血液样本，用注射器从膀胱和心脏抽取。

（6）检查心包膜、心包液和心脏。

（7）触诊肺脏，多处切开肺脏，检查肺的实质和支气管；检查肺门淋巴结和相关的淋巴结。

（8）从两侧下颌骨的内侧切开口腔的皮肤和肌肉，用一个指头钩住舌头向后腹侧牵拉，切断其他的连接物和舌软骨，将舌往腹腔的一端拉出，使舌头游离，向后拉舌头。同时，从颈部肌肉上分离下食道与气管，在靠近胸腔入口处抓住食道和气管并向后拉，切断心、肺与胸壁的所有的连接物，使食道、气管和胸腔内脏器官完整地游离。

（9）检查口腔、会咽、扁桃体周围的淋巴结。剪开食道和气管，检查黏膜、分泌物和其他的异常变化。

（10）挤压胆囊看是否通畅。剪开胆囊，观察胆囊壁有无病变，胆汁是否浑浊、是否有沉淀物或结石。

（11）挤出肠道内粪便检查。分离直肠，使之游离，牵拉直肠切断肠道和肠系膜根部与背侧体壁间的所有连接物，将胃肠道拉出腹腔，放于一侧。

（12）在两肾前端找到肾上腺，纵向切开检查。如果要做组织病理学检查，保存于固定液。

（13）摘取两肾，观察其颜色、质地，表面和切面等。

（14）检查膀胱的浆膜层和充盈度，打开膀胱，检查膀胱的黏膜和尿液的性质。

（15）检查肝脏的颜色、质地、表面和切面等的变化。

（16）检查脾脏的颜色、质地、实质、表面和切面等的变化。

（17）分离并检查生殖道，尤其是母猪的卵巢、子宫和阴道。

（18）弯曲颈部找到寰枕关节，切开皮肤和肌肉，分离寰枕关节。沿眼眶后缘横向切断头颅，并延伸到两枕骨髁的连线上，呈45°角斜切开。

（19）切开头颅的皮肤，打开颅盖。将额骨横向切（锯）开，做第一切口。然后从枕骨髁的内角切向第一切口的外侧缘做第二切口，这一切线与头颅的中轴约呈45°角。在另一侧做同样的第二切口。此时即可完整地撬开颅盖骨。检查脑膜和脑实质，必要时采集病料送检。

（20）在两侧第1、第2对前白齿间的连线上，将鼻腔横断切开，观察鼻甲骨的形状和变化。

（21）检查胰腺、肠系膜、肠系膜淋巴结，剪开胃和各段肠管检查其内容物和黏膜。

（22）检查骨膜、骨硬度、骨髓、骨骼肌。

（23）在检查过程或剖检完毕时，对所有的病变要做简单的描述性记录，并存档。如果要进行细菌学、病毒学、血清学或组织病理学检查，须附上复制的记录材料。

（王凯）

第十四节　实验室常用检验技术

一、常用毒物分析技术

通常检验时送检材料的量往往较少，而且不能重复采样。因此，检验人员在检验之前，要对已知情况做周密地研究和分析，在排除急性传染病的前提下，考虑毒物的可能来源，选取检验的最佳方向和缩小检验的范围。要进行空白试验和已知对照试验，以便检查操作是否正确，反应结果是否可靠。

（一）毒物的一般检验程序

（1）预试验。预试验的目的是利用简单的方法，做初步的探索，提供检验的方向，决定检验的方法和步骤。包括：

①颜色。有的毒物具有特殊的色泽。例如：白色可能为砒霜、升汞、氰化物等；绿色可能为含砷农药巴黎绿、铜盐等；黄红色可能为氧化汞、氧化铅、硫化砷等。

②气味。某些毒物具有特殊的气味。例如：氰化物有苦杏仁味；有机磷农药、磷化锌等有蒜臭味；六六六有霉味；滴滴涕有水果香味。

③碱性。可用石蕊试纸、pH试纸及刚果红试纸检验检材的酸碱性。如氰化物呈强碱性，生物碱呈弱碱性，酚呈弱酸性。

④灼烧试验。如检材系纯毒物可进行灼烧试验，根据灼烧时发出蒸气的颜色或灼烧后升华物的颜色、结晶形状，找出确定毒物的线索。例如：砷升华后呈无色透明的四方体或八面体结晶；汞升华后呈黑色不透明小圆球附着于器壁上。

⑤化学预试验。如生物碱加沉淀试剂产生沉淀，重金属用雷因希氏铜片法进行预试等，以

便确定某些毒物的存在。

在全面了解情况及预试验的基础上确定检验程序、检验方法及检验材料的分配。第一次检验最多使用检材的 1/3，另 1/3 作为重复检验及定量用，保留 1/3 以备复核用。

（2）确证试验。经过预试验，找到确定毒物的线索后，必须进行毒物的化学确证试验。若是无机化合物，检验它的阳离子和阴离子；若是有机物，检验各种官能团。确证反应所选择的方法必须灵敏可靠，方法不一定多，但应选择不同性质的反应。

（3）定性检验。根据被检毒物的特殊化学反应，判断某种毒物是否存在，因此，使用的化学反应必须容易辨认。在毒物检验中，一般情况下很少进行含量测定，在大多数情况下，只要确定是什么毒物，便可达到检验的目的。但在某些情况下，对某种毒物进行含量测定也具有重要意义。如食盐本来是动物体必需的物质，只有测定其含量后，才能确定是否发生食盐中毒。

（4）动物试验。利用动物试验，可初步探索检材中是否有毒和所含毒物的量能否引起中毒。通过试验动物的临床症状或剖检变化的观察，可推测出毒物的种类。一般试验所采用的动物有青蛙、小白鼠、家兔等。可直接饲喂或灌胃，亦可将毒物分离提取后，给试验动物皮下、肌肉或腹腔注射。如观察检材中是否有刺激性或腐蚀性的毒物存在，可涂于动物的皮肤或黏膜上观察效果。

由于许多毒物常具有相似的毒性作用，引起的中毒症状也大致相同，因此，动物试验最好在化学试验的基础上进行，互为验证，才能得出正确的结论。

（二）常见毒物分析

1. 亚硝酸盐的检验

亚硝酸盐属于水溶性毒物，可直接取剩余饲料、呕吐物、胃内容物或血液等为检材。

（1）联苯胺-冰醋酸法。

①原理。亚硝酸盐在酸性溶液中将联苯胺重氮化成一种醌式化合物而呈现棕红色。

②试剂。联苯胺，冰醋酸。

③操作。取胃内容物或残余饲料的液汁 1 滴，滴在滤纸上，加 10% 联苯胺液 1~2 滴，再加 10% 冰醋酸液 1~2 滴，如有亚硝酸盐存在，滤纸即变为棕色，否则颜色不变。

（2）变性血红蛋白检查。取血液少许于小试管内，于空气中振荡后正常血液即转为鲜红色。振荡后仍为棕褐色的，初步可认为是变性血红蛋白。为进一步确证，可用分光光度计测定，详见郭定宗主编的《兽医内科学》。

（3）分光光度法。

①原理。亚硝酸盐采用盐酸萘乙二胺法测定，试样经沉淀蛋白质、除去脂肪后，在弱酸条件下亚硝酸盐与对氨基苯磺酸重氮化后，再与盐酸萘乙二胺偶合形成紫红色染料，与标准管比较，计算含量。

②试剂。0.4% 对氨基苯磺酸溶液，0.2% 盐酸萘乙二胺溶液，亚硝酸钠标准贮存液（0.1 g 亚硝酸钠溶解于 500 mL 水中），亚硝酸钠应用液（亚硝酸钠标准贮存液用水 1∶40 稀释）。

③操作。取样品 10 g，加少许玻璃砂和 70℃ 热水，研磨成粥状，将上清液转入 100 mL 容量瓶中，余下的沉渣再重复上述步骤，如此数次，最后将加入容量瓶中的上清液定容至刻度，如颜色深，可加少许活性炭过滤，弃去先滤出的 10 mL 溶液，其余供分析用。

　　准确移取亚硝酸钠应用液 0、0.5、1.0、1.5、2.0、3.0、4.0、5.0 mL，分别置于 50 mL 带塞比色管中，于标准管和样品管中分别加入 2 mL 0.4% 对氨基苯磺酸溶液，静置 3～5 min 后，加入 1 mL 0.2% 盐酸萘乙二胺溶液，加水至刻度，摇匀，静置 15 min 后用 2 cm 比色皿，调节零点，于波长 538 nm 处测吸光度，绘制标准曲线。以样品管吸光度，在工作曲线上求出含量。

　　离子色谱法亦可用于亚硝酸盐的检测。

　　2. 氰化物的定性检验

　　氢氰酸很不稳定，因此检材要及时检验，一般采取剩余饲料、呕吐物、胃内容物等为检材，其次是血液及肝脏、肌肉组织。

　　(1) 普鲁士蓝法。

　　① 原理。在碱性溶液中，氰离子与亚铁离子作用生成亚铁氰化钠，进一步与三氯化铁作用，生成蓝色的普鲁士蓝化合物。

　　② 试剂。10% 酒石酸溶液、10% 硫酸亚铁溶液 (用前新鲜配制)、10% 氢氧化钠溶液、10% 盐酸溶液、1% 三氯化铁溶液。

　　③ 操作。称取样品 5～10 g 于 150 mL 锥形瓶中，加水 20～30 mL 使呈糊状。取直径大于锥形瓶口的滤纸 1 张，在滤纸中心滴加 10% 硫酸亚铁溶液和 10% 氢氧化钠溶液各 1 滴。在锥形瓶中加入 10% 酒石酸溶液 5 mL，迅速将滤纸紧盖瓶口。将锥形瓶置于 60℃ 热水中 20～30 min。取下滤纸，在滤纸上滴加 10% 盐酸 2 滴，1% 三氯化铁溶液 1 滴。如有氢氰酸或氰化物存在，滤纸出现蓝色斑点 (值得注意的是，该反应过程较慢，需要一段时间，故如果出现阴性，还应该放置一段时间，结果才可靠)。

　　(2) 苦味酸试纸法。

　　① 原理。游离氢氰酸在酸性条件下遇碳酸钠生成氰化钠，氰化钠再遇苦味酸即生成异氰紫酸钠，呈玫瑰红色。

　　② 试剂。1% 苦味酸溶液、10% 酒石酸溶液、10% 碳酸钠溶液。

　　③ 操作。称取样品 10 g 置于 150 mL 锥形瓶中，加水 20～30 mL，将样品浸没。

　　制备苦味酸试纸：将滤纸浸泡在 1% 苦味酸溶液中，在室温下阴干，剪成 50 mm×8 mm 的纸条备用。临用时再滴加 10% 碳酸钠溶液使之湿润。

　　在锥形瓶中加入 10% 酒石酸溶液 5 mL，使之呈酸性。立即将苦味酸试纸夹于瓶与瓶塞之间，使试纸条悬垂于瓶中 (勿接触瓶壁及溶液)。置于 40～50℃ 水浴锅中 30 min。如有氢化氰或氰化物存在，少量时试纸呈橙红色，多量时呈红色。本反应非氢氰酸特有，有一些干扰，因此，如结果为阴性，说明无氢氰酸，如为阳性则需进行确证实验。

　　3. 黄曲霉毒素 B_1 的检验

　　(1) 直接筛选法。取可疑饲料样品 2.5 kg 分批盛于盘内，摊一薄层，直接放在 365 nm 波长的紫外灯下观察。如有黄曲霉毒素 B_1，则可见到蓝紫色荧光。若未见到荧光，可将饲料颗粒捣碎后再观察，若仍无荧光，则为阴性样品。

　　(2) 薄层色谱法。

　　① 原理。样品中的黄曲霉毒素 B_1 经提取、柱层析、洗脱、浓缩、薄层分离后，在 365 nm 波长紫外灯光下产生蓝紫色荧光，根据其在薄层扫描仪上的图谱来分析黄曲霉毒素 B_1 的含量。

②试剂。

有机溶剂:无水乙醚、三氯甲烷、丙酮、甲醇、乙腈、苯、正己烷。

苯-乙腈混合液:取 98 mL 苯,加 2 mL 乙腈混匀,避光放于冰箱保存。

三氯甲烷-甲醇混合液:取 97 mL 三氯甲烷,加 3 mL 甲醇混匀。

10 μg/mL 黄曲霉毒素 B_1 标准溶液(用时将苯-乙腈混合液稀释至相应溶度)。

次氯酸钠溶液:取 100 g 漂白粉,加 500 mL 水,搅拌混匀。另取 80 g 工业用碳酸钠溶于 500 mL 温水中。将上述两者混匀,澄清后过滤使用(用于浸泡清洗接触了黄曲霉毒素的容器)。

③操作。把粉碎过筛的样品(按 GB/T 14699.1 处理),加水湿润后,通入三氯甲烷过滤。取滤液 50 mL,加入 100 mL 正己烷混匀后过层析柱,并用 150 mL 三氯甲烷-甲醇液洗脱层析柱,将滤液在 50℃以下水浴挥发干,再用苯-乙腈溶液转移得到纯化样液。

通过点板,用乙醚预展后,再用氯仿-丙酮(92∶8)展开,在 365 nm 紫外光下观察。在扫描仪上绘制黄曲霉毒素 B_1 扫描图谱,以斑点面积积分值为纵坐标,标准品(按 GB/T 14699.1 配制)浓度为横坐标,绘制标准曲线,建立回归方程,得到样品的黄曲霉毒素 B_1 含量。

此外,胶体金试纸法、酶联免疫吸附法(ELISA)和生物检验法亦用于黄曲霉毒素的检测。

4.有机磷农药的检验

常见的检测有机磷农药的分析方法主要有:酶抑制法、色谱法、光谱法、免疫法、化学发光技术等。

检材的采取与处理:a.采样。食入中毒,可采取呕吐物、剩余饲料或可疑物,已死亡家畜可采取胃内容物、血液、肝脏等;皮肤接触中毒,可采取血液及接触部位的组织;呼吸道吸入中毒,可采取血液及呼吸系统的组织。b.提取与分离。有机磷农药绝大多数具有脂溶性,易溶于有机溶剂中。最常用的是氯仿和苯,可提取 80%～90%。有机磷农药易挥发水解,中毒后要及时进行检验。如果不能马上检验,应将检材放于冰箱内保存。

(1)B·T·B全血试纸法。

①原理。有机磷进入机体后,与胆碱酯酶结合,使其活性受到抑制,从而导致神经末梢乙酰胆碱蓄积致病。血液胆碱酯酶可使乙酰胆碱水解生成胆碱和乙酸,乙酸的产生可引起 pH 的改变,用溴麝香草酚蓝(B·T·B)作指示剂,观察颜色变化情况,从而推算出胆碱酯酶活性。

②试剂。乙酰胆碱试纸条的制备。称取溴麝香草酚蓝 0.14 g,溴化乙酰胆碱 0.23 g(或氯化乙酰胆碱 0.185 g),溶于 29 mL 无水乙醇,用 0.4 mol/L 氢氧化钠溶液调 pH 至 7.4～7.6(溶液呈灰褐色)。然后将定性滤纸条(5 cm×5 cm)浸入溶液中,浸泡 2 min,取出阴干,剪成 1 cm×1 cm 的小片(试纸条呈淡黄色),贮存于棕色瓶中避光保存备用。

③操作。取试纸片两块,分别置于洁净的载玻片两端,一端纸片中央加病畜末梢血液 1 滴(也可用血清),另一端加健康动物血清(或健康马血)1 滴。标记后,立即加盖另一载玻片,用橡皮筋扎紧。置于 37℃温箱中,20 min 后取出,观察纸片颜色。根据纸片颜色估计酶的活性(表 7.1)。

表 7.1 颜色变化与酶活性的关系(路浩,兽医常见毒物检验技术,2010)

纸片颜色	酶的活性/%	中毒程度
红色	80～100	正常
紫红色	60	轻度中毒
深紫色	40	中度中毒
蓝色	20	重度中毒

(2)薄层色谱法。

①原理。利用被检测物经显色后同标准有机磷农药比较来定性,用薄层扫描仪来定量的测定方法。

②试剂。溴酚蓝试剂、5%柠檬酸-丙酮溶液、农药标准液、展开剂、高效硅胶 GF254 薄层板、层析缸。

③操作。取检材提取浓缩液适量点样,各种农药标准品点样 3～5 μg,放层析缸内展开剂中进行展开,展开后薄层板晾干,浸溴酚蓝至板上出现均匀蓝色,取出用电吹风吹干,浸 5%柠檬酸-丙酮溶液至背景呈纯正的浅黄色,农药斑点为蓝黑色,根据比移值(Rf)不同进行定性,薄层扫描仪进行定量。

$$Rf＝原点到斑点的中心距离/原点到溶剂展开前沿的距离$$

(3)碘化铋钾试验。

①试剂:碘化铋钾。甲液:次硝酸铋 0.85 g 加水 40 mL 及冰醋酸 10 mL。乙液:碘化钾 5 g 溶于 20 mL 水。使用时取甲、乙液各 5 mL,加 20 mL 冰醋酸、60 mL 水,混匀备用。

②操作。将精制提取液滴于滤纸上,加碘化铋钾试液 1 滴,观察颜色。碘化铋钾可对 1605、1059、3911、乐果、敌敌畏等呈红色反应,对敌百虫不起反应。因此,只要碘化铋钾试验呈阳性,就表明有机磷农药的存在,对于碘化铋钾不起反应的敌百虫可用检验敌百虫的方法。

(4)敌敌畏和敌百虫检验——间苯二酚法。

①原理。敌敌畏或敌百虫水解后,产生醛类物质,与间苯二酚反应生成粉红色化合物。

②试剂。1%间苯二酚酒精溶液(临用前现配)、5%氢氧化钠酒精溶液。

③操作。在定性滤纸中心滴加 5%氢氧化钠酒精溶液 1 滴,1%间苯二酚酒精溶液 1 滴,稍干,滴检液数滴,在烘箱或小火中微加热片刻,若出现粉红色,即有敌敌畏或敌百虫存在。也可在试管中加提取液 1～2 mL,加碳酸钠粉末 0.1 g,水浴加热使其溶解,加入固体间苯二酚 0.1 g,若水浴微热即呈红色,放置出现荧光表明有敌敌畏或敌百虫存在。本法的灵敏度为 1～10 μg/L。

还可用放射免疫测定法和酶联免疫吸附法检测,目前市场上已有试剂盒。

5.磷化锌的检验

检材的采取:磷化锌中毒时,可采取呕吐物、胃内容物、剩余饲料和可疑饲料等作为检材,其中以剩余的饲料最好,其次是呕吐物和胃内容物。磷化锌在潮湿的空气中、偏酸的胃内容物或腐败饲料中易分解,应及时进行检验。

（1）溴化汞、硝酸银试纸法。

①原理。磷化锌在酸性条件下分解，产生磷化氢，磷化氢遇溴化汞（或碘化镉汞）作用生成黄色；遇硝酸银生成黑色。

②试剂。10％盐酸溶液、1％硝酸银溶液、5％溴化汞醇溶液、碘化镉汞溶液（取碘化镉 1 g、碘化汞 2 g，共溶于 100 mL 蒸馏水中）、醋酸铅棉花（将脱脂棉浸入 20％醋酸铅溶液中，取出挤干溶液，阴干，贮于干燥瓶中备用）。

③操作。取检材适量放入 100 mL 平底烧瓶中，加 10％盐酸 5 mL，瓶口安装一盛有醋酸铅棉花的干燥管，管上部再安装一个"丫"形玻璃管。在"丫"形玻璃管的两个分管中，一管放入沾有溴化汞或碘化镉汞溶液的试纸条，另一管放入沾有硝酸银溶液的试纸条。将烧瓶微热（50℃左右）30 min，如有磷化氢存在，溴化汞试纸条显黄色，硝酸银试纸条显黑色（碘化镉汞试纸条显橙色）。

④注意事项。如果检材新鲜没有腐败时，可不加醋酸铅棉花；硫化氢也可使硝酸银试纸条变黑，醋酸铅棉花可使硫化氢与醋酸铅反应生成黑色硫化铅，以除去硫化氢干扰。

（2）磷钼酸铵反应。

①原理。磷化物在硝酸的作用下，氧化成磷酸，再与钼酸铵反应，生成磷钼酸铵而呈黄色沉淀，沉淀用氨水溶解后，再与镁盐作用，生成磷酸镁铵白色沉淀。

②试剂。5％钼酸铵溶液、10％氯化镁溶液、浓硝酸、氨水。

③操作。取检材 10 g，用水蒸气蒸馏法提取。取蒸馏液 5 mL 于蒸发皿中，加浓硝酸 2 mL，充分混合，置水浴上蒸干，加水 2 mL 溶解并转移至试管中，加钼酸铵溶液 1 mL，在 50℃水浴中加热，如有磷化物存在，即生成黄色沉淀，离心弃去上清液，沉淀用氨水溶解，再加氯化镁溶液，可生成白色结晶状磷酸镁铵沉淀。

（3）硫氰汞锌结晶反应。

①原理。锌在微酸性溶液中与硫氰汞铵作用，生成白色硫氰汞锌十字形和树枝状结晶。

②试剂。取氯化汞 8 g，硫氰酸铵 9 g，加水到 100 mL 配成硫氰汞铵试剂。

③操作。取磷化氢定性检验后的检材滤液 1 滴于载玻片上，加硫氰汞铵试剂 1 滴，在显微镜下观察，如有锌存在，立即生成白色十字形和树枝状的硫氰汞锌结晶。

还有钼酸铵-联苯胺反应和硫氰汞铵-硫酸钴反应等方法也可用于磷化锌的检测。

6. 氟乙酰胺的检验

检材的采取与处理：检材以剩余饲料、呕吐物、胃内容物为最好，其次是血液、尿液、肝及肾，也可同时采取可疑饲料和饮水。

固体检材（如干饲料）：可采用有机溶剂直接提取法。检材粉碎，用甲醇或乙醇、醋酸乙酯、氯仿浸泡，在 50～60℃水浴中浸泡 1～2 h（室温浸泡 4～6 h），过滤，滤液在 60℃水浴挥发近干，残渣氯仿精制两次，如颜色过深，可用活性炭脱色，最后挥去溶剂，残渣加少量甲醇溶解供检验用。

液体检材：可直接用氯仿振摇提取 3 次，合并提取液（若含有水分，应加无水硫酸钠适量），置水浴挥发近干，残渣用甲醇溶解供检验用。

半固体检材（呕吐物、胃内容物、内脏组织）：检材捣碎加 2～3 倍无水硫酸钠研磨后，再用甲醇（或乙醇、氯仿）提取，浓缩后供检验用。

（1）显微镜观察法。取 1 滴检液于载玻片上挥干，若有氟乙酰胺，显微镜下可见细棒状似雪花的结晶。为进一步确认，可在载玻片上放两根火柴，上面再放一载玻片，其上加 1 滴水，用酒精灯小火加热,上面载玻片见到升华的结晶时,取下在低倍镜下观察可见结晶呈长刀锯齿状。

(2)奈氏试剂法。

①原理。在强碱条件下,氟乙酰胺可水解生成氨,氨与奈氏试剂作用,生成橘红色沉淀。

②试剂。奈氏试剂的配制:碘化钾 8 g,碘化汞 11.5 g,溶于少量蒸馏水中,定容至 50 mL,静置过夜,取上清液置棕色瓶中保存备用。

③操作。取处理后的检材水溶液 1～2 mL,加奈氏试剂 1 mL,若存在氟乙酰胺,在滴加奈氏试剂约 30 s 后,溶液颜色会由淡黄色→亮黄色→黄色→深黄色,2 min 后逐渐浑浊,最后生成橘红色沉淀。

(3)异羟肟酸铁反应。

①原理。在碱性条件下,氟乙酰胺与羟胺反应,生成异羟肟酸,在酸性条件下再与三价铁作用,生成紫色异羟肟酸铁。

②试剂。10%盐酸羟胺溶液、10%氢氧化钠溶液、5%盐酸溶液、1%三氯化铁溶液。

③操作。取检液 1 mL 于试管中,加入 10%盐酸羟胺 0.5 mL,再用 10%氢氧化钠溶液调至碱性,于酒精灯上缓慢加热至沸,冷却后,加 5%盐酸溶液调 pH 至 3～4,再加 1 滴 1%三氯化铁溶液,如有氟乙酰胺存在,则呈现紫色。注意应作阴性和阳性对照管。

④注意事项。本试验中加入酸、碱的量直接影响检验结果,若酸多则可出现假阴性,加碱多则可出现假阳性,故加入氢氧化钠的量与盐酸的量必须相等。

(李文平)

二、常用传染病检验技术

畜禽传染病,除少数如破伤风、狂犬病等可根据流行病学、临床症状做出诊断外,多数需要通过实验室检验加以确诊。常用实验室检验技术包括:病原学检验、免疫学检验和分子生物学检验。

(一)病原学检验

1.病原菌的分离与鉴定

(1)细菌的分离培养。细菌分离培养是指从被检材料中分离出所需菌株的过程。细菌分离方法有平板划线接种法、倾注平板培养法和 L 棒涂布法,细菌培养方法包括需氧培养法、二氧化碳培养法和厌氧培养法,具体操作方法可参阅王秀茹主编的《预防医学微生物学及检验技术》。

(2)制片、染色、显微镜观察。

不同样品的制片方法不同。对于组织脏器材料,用灭菌剪刀剪取一小块,以其新鲜切面在玻片上压印成一薄层;对于液体样品可直接用接种环取材于玻片中央均匀涂成一薄层;对于固体培养物、粪便等,先取少量生理盐水置玻片中央,然后取少量检样在液滴中由内向外均匀涂布成一薄层。

革兰氏染色法是最常用的染色方法,经染色后的抹片置油镜下观察细菌的形态、大小、排列方式和染色特性,以快速了解检样中有无细菌及其形态特征,对于形态典型的细菌,如炭疽杆菌即可直接确诊。

（3）菌落特征观察。所要观察的菌落特征包括：形态、大小、颜色、透明度、隆起度、表面性状和边缘状况。

（4）生化试验。生化试验在细菌鉴定中极为重要，常做的项目有糖分解试验、甲基红试验、维-培试验、枸橼酸盐利用试验、吲哚试验、硫化氢试验、氧化酶试验、脲酶试验等。

（5）细菌药敏试验。细菌药敏试验是指在体外测定抗菌药物抑制或杀死细菌能力的试验。其检测意义在于为临床用药提供依据，避免盲目用药造成的药物中毒或细菌耐药性。药敏试验的方法有纸片扩散法、稀释法、打孔法和自动测定仪法等，其中纸片扩散法是最为常用的方法，具体操作方法可参阅王秀茹主编的《预防医学微生物学及检验技术》。

（6）动物试验。将待鉴定的菌液人工感染敏感实验动物或本种动物，根据动物的发病情况、临床症状和病理变化以及再分离病原，判定细菌有无致病性。

2. 病毒的分离与鉴定

（1）病毒的分离培养。病毒分离培养是指从被检材料中分离出所需毒株的过程。分离培养方法包括动物接种法、禽胚接种法和细胞培养接种法。动物接种法多用于检测病毒的毒力；禽胚接种法是分离禽类病毒常用的方法；细胞培养接种法是分离病毒效果最好、应用最广泛的一种方法。病毒在动物、禽胚或细胞培养中的增殖情况，可通过观察动物和禽胚死亡或观察细胞病变来判断。

（2）病毒的形态学检查。临床标本经粗提浓缩后用磷钨酸盐染色，电镜下可直接观察病毒的大小、形态、结构以及病毒在细胞内增殖的动态过程，获得诊断。某些受病毒感染的细胞内，可形成与正常细胞结构和着色不同的包涵体斑块。用光学显微镜检查包涵体，根据其形态、染色、存在部位可辅助诊断某些病毒病。例如检查到病犬大脑海马胞浆中有嗜酸性包涵体，即可确诊为狂犬病。

（3）血凝与血凝抑制试验。某些病毒具有凝集某种（些）动物红细胞的能力，并且可被特异抗体所抑制。利用这种特性设计的试验称血凝与血凝抑制试验，以此判断被检材料中有无病毒存在。

（4）病毒中和试验。细胞培养中进行中和试验可用于病毒实验室诊断。将病毒与已知的中和抗体混合作用一段时间后，再感染动物或细胞时，不再出现发病死亡或细胞病变现象，以此鉴定病毒。

（二）免疫学检验

免疫学检验是传染病诊断和检疫中常用的特异、快速和敏感方法，包括血清学试验和变态反应。

1. 血清学试验

血清学试验是利用抗原抗体特异性结合反应的原理进行检测的，可以用已知抗原检测患病动物血清中的特异性抗体，也可以用已知抗体来检测被检材料中的抗原。检测血清中特异性抗体需检查双份血清，恢复期抗体滴度超过病初抗体滴度 4 倍时才具有诊断意义。常用的血清学试验方法有以下几种。

（1）凝集试验。凝集试验是指颗粒性抗原或可溶性抗原（或抗体）与载体颗粒结合成致敏颗粒后,它们与相应抗体(或抗原)发生特异性反应,在电解质存在下,形成肉眼可见的凝集现象。凝集试验的种类、原理与用途见表7.2。

表7.2 凝集试验的种类、原理与用途

凝集试验种类	原理	用途
直接凝集试验	颗粒性抗原直接与抗体结合,在电解质作用下,出现肉眼可见的凝集现象	菌种鉴定和血清学分型
间接凝集试验	将可溶性抗原或抗体吸附于颗粒性载体表面,然后再与相应的抗体或抗原反应,形成凝集现象	检测病毒可溶性抗原或抗体
桥梁凝集试验	以抗球蛋白抗体为桥梁,连接红细胞表面的 IgG 抗体,使红细胞发生凝集	不完全抗体检测
协同凝集试验	IgG 类抗体与葡萄球菌 A 蛋白连接,再与相应抗原反应,形成凝集现象	细菌和病毒的快速检测

(2)沉淀试验。沉淀试验是指可溶性抗原与抗体结合,当两者比例合适时,在一定的介质中可出现不透明沉淀物的现象。沉淀试验的种类、原理与用途见表7.3。

表7.3 沉淀试验的种类、原理与用途

沉淀试验种类	原理	用途
环状沉淀试验	可溶性抗原与相应抗体比例适当时,在两者接触面上形成肉眼可见的沉淀环	菌种鉴定和血清学分型
琼脂扩散沉淀试验	可溶性抗原与相应抗体在琼脂糖凝胶中自由扩散,当二者相遇且比例适当时,形成肉眼可见的白色沉淀线	对抗原或抗体做定性或半定量分析

(3)免疫荧光技术。用荧光色素标记特异性抗体,然后用荧光标记抗体浸染标本,使抗体与标本中的病原抗原发生结合反应,细胞内的病原抗原可被荧光素标记特异性抗体着色,在荧光显微镜下呈现斑点状荧光,根据所用抗体的特异性判断为何种病原感染。该技术具有快速、特异和定位优点,广泛用于各种病原的鉴定和亚细胞水平定位。

(4)酶联免疫吸附试验(ELISA)。将抗体或抗原包被到固相载体表面,与待测样品中的抗原或抗体发生反应,再加入酶标抗体与免疫复合物结合,最后加入酶反应底物,根据底物被酶催化产生的颜色及其吸光度值大小进行定性或定量分析。

2. 变态反应

变态反应是指动物患某些传染病后,可对病原体或其产物的再次进入产生强烈反应。能引起变态反应的物质称为变态原,如结核菌素、鼻疽菌素等,将其注入患病动物时,可引起局部或全身反应,故其可用于传染病的诊断。传染性变态反应常用于马鼻疽、结核病、副结核病、布鲁氏菌病、马传染性贫血检疫。

(三)分子生物学检验

分子生物学检验技术是以病原体的核酸为研究对象,通过鉴定病原核酸分子来诊断传染病的。常用的分子生物学检验方法主要是核酸杂交技术、PCR 技术和基因芯片技术。

1.核酸杂交技术

核酸杂交技术的原理是双链 DNA 在加热或碱处理下变性解开成单链,然后与已知核苷酸探针进行杂交,再用放射自显影技术或用生物素-亲和素系统进行检测,以确定待测核酸中有无与探针 DNA 同源的 DNA 存在。因此,可利用特定的病原基因作为探针,用核酸杂交方法检测标本中有无相应的病原核酸来诊断疫病。

2.PCR 技术

PCR 技术是通过体外酶促合成特异性 DNA 片段的方法。该方法主要由高温变性、低温退火和适温延伸三个步骤反复循环构成。即在高温下,待扩增的靶 DNA 双链受热变性成为两条单链 DNA 模板;然后在低温下,两条人工合成的寡核苷酸引物与互补的单链 DNA 模板结合,形成部分双链;最后在 Taq 酶作用下,以 $5' \rightarrow 3'$ 方向延伸,合成 DNA 新链。如此经过 25～30 个循环后,将扩增产物进行电泳,可见到特异性 DNA 带。该技术具有特异性强、敏感性高(检出 fg 水平)、简便快速等优点,广泛应用于疫病诊断。

3.基因芯片技术

基因芯片技术的原理是将已知的成千上万个特异性基因探针,高密度有序排布于硅片载体上,产生二维 DNA 探针阵列,然后与标记的待测样品进行杂交。芯片上的信号通过共聚焦显微镜或激光扫描仪进行扫描检测,由计算机记录杂交结果,然后对杂交位点及其信号强弱进行分析,并与探针阵列的位点进行比较,得到待测样品的遗传信息,从而判断标本中的特异性病原体的存在。该技术的优点是一次性可以完成大量样品 DNA 序列的检测和分析,解决了传统核酸杂交技术的许多不足,在疫病诊断方面有着广阔的应用前景。

(李槿年)

三、常用寄生虫病诊断技术

(一)蠕虫病诊断技术

1.粪便检查

多数蠕虫寄生于消化道或与消化道相通的器官中,其虫卵、幼虫、虫体、虫体节片(碎片)可随宿主粪便排出;有些寄生于呼吸道的蠕虫,其虫卵和幼虫随痰液到口腔,又被动物咽下最后也随粪便排出;一些寄生于血液的蠕虫,所产的虫卵也可随血流到达肠壁,并进入肠腔而随粪便排出。因此粪便检查在蠕虫病的诊断中具有重要意义。

(1)蠕虫虫体检查技术。可将粪便置于较大的容器中,加入 5～10 倍的清水(或生理盐水),搅拌均匀,静置待自然沉淀,然后将上层液体倾去;再重新加入清水,搅拌沉淀;反复操作,直到上层液体透明为止。最后将上层液倾去,取沉渣置大培养皿内,先后在白色和黑色背景上,以肉眼或借助于放大镜寻找虫体。

(2)蠕虫虫卵检查技术。

①直接涂片法。在洁净载玻片的中央,滴 2～3 滴甘油与生理盐水的等量混合液,用竹签或小镊子挑取一小块粪,混合均匀涂开,在粪膜上覆以盖玻片,用显微镜趁湿检查虫卵。

②集卵法。此法是利用虫卵和粪渣中的其他成分的比重差别,将较多粪便中的虫卵集聚于小范围内,易于检出。集卵法又分漂浮法和沉淀法。

饱和盐水漂浮法:取粪便约 5 g 放入玻璃杯或塑料杯内,加少量饱和盐水,用玻璃棒将粪便搅拌均匀,再加入粪便 20 倍量的饱和盐水,经 60 目铜筛过滤于烧杯中,静置 30 min,用直径 5～10 mm 的铁丝圈,与液面平行接触以沾表面液膜,然后抖落于载玻片上检查。此法对大多数线虫卵、绦虫卵及某些原虫卵囊有效,但对吸虫卵、后圆线虫卵和棘头虫卵检出效果较差。

沉淀法:其原理是利用虫卵比重比水大的特点,让虫卵在重力作用下,自然沉于容器底部,然后进行检查。

③锦纶筛淘洗法。取粪便 5～10 g,加水调匀成糊状,先用 40 或 60 目铜筛过滤,滤液再用 260 目锦纶筛过滤一次,并在锦纶筛中加水冲洗,直到冲出的液体清澈透明为止,最后取锦纶筛内的附着物涂片镜检。此法操作迅速、简便,适用于较大虫卵(大于 60 μm)的检查。

(3)蠕虫卵计数技术。虫卵计数法可以用来粗略推断动物体内某种或某些蠕虫的感染强度,以及判定药物的驱虫效果。虫卵计数的结果常以每克粪便中的虫卵数(EPG)表示。

(4)蠕虫幼虫检查技术。

①幼虫检查法。

贝尔曼氏法:取粪便 15～20 g,放在漏斗内的金属筛(或纱布)上,漏斗下接一长约 10 cm 的橡皮管,并用止水夹夹住,将漏斗放在漏斗架上,加入 40℃温水至淹没粪便为止,静置 1 h 后松开止水夹,用离心管接取胶管下端的水,倾去离心管内的上层清液,把沉淀物摇匀,镜检幼虫。

平皿法:取 3～4 个粪球置于盛有少量热水(不超过 40℃)的玻璃平皿上,5～10 min 后,将粪球取出镜检幼虫。

②毛蚴孵化法。该法主要用于日本分体吸虫和东毕吸虫的检查。这类吸虫卵在清水中 20～30℃条件下,6 h 内绝大部分活卵可孵化成毛蚴,毛蚴具有向光性、向上性和向清性的特点,同时又有在水面下直线游动的习性。

2. 肛门周围刮下物检查

这是诊断马尖尾线虫病的特有方法。采用牛角药匙,蘸取 50%甘油水溶液,然后轻刮肛门周围、尾底和会阴部皮肤表面,将刮下物直接涂布于载玻片上,即可镜检。

3. 血液内蠕虫幼虫检查

有些丝虫目线虫的幼虫,可在血液中出现,因此可依靠血液中幼虫的检查,诊断疾病。方法如下:取新鲜血液一滴于载玻片上,覆以盖玻片,在低倍镜下检查,可见微丝蚴在其中活动。如血中幼虫量多,可推制血片,按血片染色法染色后检查。如血中幼虫很少,可采血于离心管中,加入 5%醋酸溶液以溶血。待溶血完成后,离心并吸取沉渣检查。

4. 尿液检查

寄生于泌尿系统的蠕虫(如有齿冠尾线虫),其虫卵常随尿液排出,可收集尿液进行虫卵检查。最好采取清晨排出的尿液,收集于小烧杯中,沉淀 30 min 后,倾去上层尿液,在杯底衬以黑色背景,肉眼检查即可见杯底沾有白色虫卵颗粒。

（二）螨病诊断技术

1.病料的采集

疥螨、痒螨等大多寄生于家畜的体表或皮内，因此应刮取皮屑，置于显微镜下寻找虫体或虫卵。

刮取皮屑时，应选择患病皮肤与健康皮肤交界处。刮取时先剪毛，然后使刀刃与皮肤表面垂直刮取皮屑，直到皮肤轻微出血。

2.检查方法

（1）疥螨、痒螨的检查方法。

①显微镜直接检查法。将刮下的皮屑，放于载玻片上，滴加10％氢氧化钠溶液或50％甘油水溶液，加盖玻片后镜检。

②虫体浓集法。先取较多的病料，置于试管中，加入10％氢氧化钠溶液浸泡过夜或在酒精灯上煮沸数分钟，使皮屑溶解。然后待其自然沉淀，虫体即沉于管底，弃上层液，吸取沉渣涂片镜检。

（2）蠕形螨的检查方法。蠕形螨寄生在毛囊内，检查时先在动物四肢的外侧、腹部两侧、背部、眼眶四周、颊部和鼻部的皮肤上按摸有否砂粒样或黄豆大的结节。如有，用小刀切开挤压，看到有脓性分泌物或淡黄色干酪样团块时，则可将其挑在载片上，滴加生理盐水1～2滴，均匀涂成薄片，上覆盖玻片，在显微镜下进行观察。

（三）原虫病诊断技术

寄生于动物的病原原虫，根据其寄生部位的不同，可分为血液原虫、生殖道原虫、消化道原虫和组织内原虫等，不同原虫的病料采集和检查方法各有不同。

1.血液内原虫检查

用消毒过的针头自耳静脉或颈静脉采取血液。此法适用于血液中的伊氏锥虫、梨形虫和住白细胞虫。检查方法有以下几种：

（1）鲜血压滴标本检查。将采出的血液滴在载玻片上，加等量的生理盐水与之混合，覆以盖玻片，立即置于显微镜下用低倍镜观察。发现有运动的可疑虫体时，换高倍镜检查。冬天室温过低，应先将玻片在酒精灯上或炉旁略加温，以保持虫体的活力。由于虫体未染色，检查时应减弱视野中光线的亮度。本法适用于检查伊氏锥虫。

（2）涂片染色标本检查。将采集的血液滴于载玻片一端，按常规推制成血涂片，晾干。滴甲醇2～3滴于血膜上，使其固定，然后用姬氏或瑞氏液染色。染色后用油镜观察。此法适用于各种血液原虫。

（3）虫体浓集法。取一离心管，加入3.8％枸橼酸钠溶液1～2 mL，静脉采血5～8 mL，充分混匀，低速（500～700 r/min）离心3～5 min，然后将含有少量红细胞、白细胞和虫体的上层血浆，用吸管移入另一离心管中，并补加一些生理盐水，离心（1 500～2 000 r/min）10～15 min，弃去上层液体，吸取沉淀物，涂制血片，染色镜检。此法适用于伊氏锥虫病和梨形虫病检查。

2.生殖道原虫检查

(1)牛胎儿毛滴虫检查。采集母牛阴道和子宫的分泌物,流产胎儿的羊水、羊膜、第四胃内容物或公牛包皮冲洗液,立即置于载玻片上镜检。也可以用姬氏液染色镜检。

(2)马媾疫锥虫检查。采取病畜浮肿部皮肤或丘疹的抽出液、尿道以及阴道黏膜的刮取物,制成压滴标本或染色标本(姬氏液染色)镜检。黏膜刮取物中最易发现虫体。

3.粪便内原虫检查

(1)球虫卵囊检查。采取新排出的粪便,按蠕虫虫卵的检查方法,或直接做成抹片检查,或经过浓集法处理后检查。为观察孢子形成后的卵囊,可将浓集后的卵囊加 2.5％重铬酸钾溶液,在 25℃温箱中培养,待其孢子形成。

(2)隐孢子虫检查。标本的采集与球虫相似,但本虫卵囊较小,常用沙黄-美蓝染色法或抗酸染色法染色后镜检。

(3)结肠小袋纤毛虫检查。取新排出的粪便一小团,置载玻片上,加 1～2 滴加温的生理盐水,混合,挑去粗大的粪渣,覆以盖玻片,在低倍显微镜下检查,即可见到活动的虫体。也可滴加碘液进行染色。虫体经碘液染色后,细胞质呈淡黄色,核则透明。

4.组织内原虫检查

有些原虫可以在动物身体的不同组织寄生。一般死后剖检时取一小块组织,以其切面在载玻片上做成抹片、触片,或将小块组织固定后做成组织切片,染色检查。抹片或触片可用瑞氏染色法或姬氏染色法染色。

患弓形虫病的病畜,生前诊断可取腹水制成抹片,以瑞氏液或姬氏液染色后检查,可以找到滋养体。

患泰勒原虫病的病畜,常呈现局部体表淋巴结肿大,采取淋巴结穿刺物,进行显微镜检查,以寻找病原体。方法是,用注射器和较粗的针头,刺入淋巴结,抽取淋巴组织,拔出针头,将针头内容物推挤到载玻片上,涂成抹片,固定,染色,镜检,可以找到柯赫氏蓝体。

此外,目前已有一些免疫学诊断技术和分子生物学诊断技术用于动物寄生虫病的诊断。

(刘翠艳)

第十五节　特殊诊疗技术

一、X 射线诊断技术

(一)仪器的分类

X 射线诊断技术从伦琴发现 X 射线后出现的早期 X 射线机到现在,已经进入数字化时代,出现了 CR(计算机 X 射线摄影)系统、DR(直接数字化 X 射线摄影)系统、DSA(数字减影血管造影)系统等,由于 CT(电子计算机断层扫描)、CR、DR 等费用昂贵,兽医临床主要还是应用 X 射线机。

（二）在兽医临床的应用

1. 骨折

骨折线是骨折最主要的征象，应拍正、侧位两张照片，彼此互成直角，寻找骨折线。一般骨折线很明显，当发生完全骨折且断端重叠时不存在骨折线，但重叠部分密度增高；嵌入型骨折也没有骨折线，但嵌入部分密度增高，且骨皮质与骨小梁连续性消失，骨长度缩短，所以寻找骨折线时要全面观察、具体分析。

2. 脱位

脱位在X线摄片上可以看见关节窝和关节头的正常解剖关系发生改变，关节的两骨端发生部分或全部移位。

3. 椎间盘突出

椎间盘突出表现为椎间隙狭窄或上下宽窄不均，有些犬的椎间隙内有钙化灶，椎间孔也变小、影像模糊不清且密度增高。多数病例与狭窄的椎间隙相邻的椎间隙内发生钙化。

4. 营养性骨病

佝偻病骨密度降低，长骨末端呈羊毛状或蛾蚀状；骨软症长骨骺板增宽，干骺端膨大，边缘不整齐并呈凹陷，长骨弯曲，骨密度降低、皮质变薄，骨髓腔增宽，骨小梁稀疏；营养性继发性甲状腺机能亢进症，全身骨密度极度降低，骨组织与周围组织不易分辨，骨小梁稀疏甚至消失，长骨皮质薄如纸状或线状。

5. 食管扩张或阻塞

犬食管扩张常由喂食骨头引起。X线摄片显示食管膨大，阻塞物为金属和骨块时易辨别；影像不清晰可食道造影，帮助判断阻塞程度及阻塞物的形状和位置。

6. 胸肺疾病

（1）支气管和肺部疾病。X线摄片，支气管炎显示肺部支气管阴影增粗紊乱；肺脏充血和水肿，肺叶阴影普遍加重，肺门血管纹理显著；卡他性肺炎，肺脏有大小、形状和密度不均匀的斑点状阴影，边缘模糊不清，沿肺脏纹理分布；纤维素性肺炎，充血期仅见肺脏纹理增粗，肝变期肺脏有大片均匀浓密阴影，溶解期呈不均匀的片状阴影；肺炎早期病变区肺脏纹理增粗，透明度降低或呈密度稍高的模糊影，病变进展至实变期，呈均匀的致密影，如果病变波及一个肺叶，则这个肺叶边缘模糊，消散期实变区的密度从肺边缘开始逐渐减低，由于病变的消散不均匀，多表现为散在、大小不等和分布不规则的斑片状致密影，易被误认为肺结核。

（2）膈疝。犬发生膈疝时，小肠进入胸腔，X线摄片见心膈三角区有中等密度且边界不整齐的阴影，透视还可看到阴影蠕动；当胃与肝脏进入胸腔时，透视在椎膈三角区见到大片致密且边界清晰的阴影，大部分肺叶被阴影所占据。

7. 泌尿系统结石

X线摄片，输尿管结石呈扁豆或米粒大的致密影，密度多不均匀，形状扁长，其长轴与输尿管走向一致；膀胱结石可为圆形或卵圆形，边缘光滑或毛糙，可随体位而改变位置，但总在膀胱最低处；尿道结石多见于公犬的尿道弯曲部位，多呈长形米粒大致密影，与尿道走向一致。

8.肿瘤

X线摄片,实体肿瘤多为占位性病变,有单发的肿块阴影,边缘不整,多呈分叶或毛刺状;消化道肿瘤呈充盈缺损;肾脏肿瘤,肾脏的阴影增大,多为局部增大凸起,边缘不甚规则;犬膀胱肿瘤膀胱造影时充盈缺损,膀胱壁僵硬且固定,容易与膀胱结石混淆,但膀胱肿瘤不随体位改变位置。

9.胃肠异物

X线摄片可初诊,造影检查时,影像出现长条、团块或充盈缺损等不规则的现象,多次拍片都在同一部位,无法向下移动。

X线检查的操作及注意事项参照仪器说明书。

（韩博）

二、内窥镜诊断技术

(一)仪器的分类

内窥镜经体表插入的器械,窥视有关脏器的变化。从最初的硬式内窥镜、纤维内窥镜、电子内窥镜至胶囊内窥镜已有120多年的发展史。

(二)在兽医临床的应用

兽医临床上主要使用的是纤维内窥镜(以下简称内镜)。应用于犬猫疾病方面的主要有腹腔镜、胸腔镜、胃镜、肠镜、结肠镜及关节镜等。而在犬猫疾病中应用最多为腹腔镜和消化道内镜。

1.呼吸道内镜

大动物的呼吸道检查一般是借用人的结肠镜(180 cm×13.5 mm),其长度足以达到肺部。家畜可在六柱栏内站立保定,一般不需镇静。内窥镜通过鼻孔进入鼻腔,检查鼻甲骨、筛骨迷路、咽、喉一直到肺,在咽部可通过咽鼓管咽口进入咽鼓管囊。

2.消化道内镜

消化道的前部是内窥镜检查可行的部位,可以进行胃及食道疾病的检查,还可取黏膜活组织检查,通过活检进行镜下治疗,如止血,注射硬化剂、黏胶,取异物,切割治疗胃结石,镜下切除良、恶性肿瘤,消化管狭窄扩张、放支架,镜下用激光切割肿瘤、狭窄,注射肉毒素治疗贲门失弛缓,镜下缝扎治疗食管裂孔疝;镜下十二指肠乳头切开、取石、碎石、胆管引流等多种治疗。

消化道内镜分上消化道内镜、下消化道内镜、胶囊内镜。上消化道内镜又分食管镜、胃镜、十二指肠镜。食管镜在治疗食管机能障碍已经有很大的发展,在直视下取出异物和扩张狭窄的食管。胃镜目前已取代食管镜,胃镜可检查食管、胃直至十二指肠上段。许多例子中,胃镜要比X射线照相术在诊断胃或十二指肠上部疾病要好。胡延春等将药物直接通过纤维胃镜送达胃黏膜表面,极大地提高了胃炎的治愈率。十二指肠镜主要检查及治疗胆道和胰腺疾病。下消化道内镜可检查直肠、乙状结肠直至回肠末端。犬和猫表现有大肠或直肠慢性疾病时用结肠镜检查,动物表现典型的大肠或小肠疾病时用回肠镜检查。胶囊内镜是一种新型内镜,主要适用于消化道隐性失血和其他小肠疾病，一次性使用，几乎无痛苦，无交叉感染，可以检查小肠病变。

近两年国内引进小肠镜，可以自口或肛门插入，检查食管、胃、小肠和大肠全程；亦可取活检，做治疗，填补了上述内镜检查的空缺，使消化道内镜检查更加彻底。

3. 其他内镜

包括鼻镜、咽镜、喉镜、支气管镜、视频耳镜、关节内镜。支气管镜检查可从下呼吸道采集样品。视频耳镜在小动物外耳炎和中耳炎疾病诊疗中被广泛应用。犬的关节内镜是近10年中意义重大的科学和技术进步，将极大地推动犬关节疾病的诊断和治疗。

内窥镜的操作及注意事项参照仪器说明书。

（韩博）

三、超声影像诊断技术

（一）仪器的分类

根据超声回声显示方式的不同，超声仪可分为A型、B型、M型、D型和C型等。B型超声仪是目前人医和兽医临床上应用最多的超声仪。

B型超声（brightness mode）简称B超，又称成像超声波或B型实时断层超声波，属于二维图像，是辉度调制型，以光点的亮度表示回声的强弱，当扫描速度超过每秒24帧时，则能显示出脏器的活动状态，又称为实时显像。根据探头和扫描方式的不同，又可分为线形扫描、扇形扫描和凸弧扫描。

（二）在兽医内科疾病诊断中的应用

1. 消化系统疾病的诊断

（1）胃肠道异物或肠梗阻。动物吞食骨块、毛球等不易消化的异物会引起肠梗阻等病症的发生。B超是诊断此类疾病最直接和有效的方法，特别是对具有规则外形的胃肠道异物。胃肠道异物可分为高密度物质、中密度物质、低密度物质、纤细物4种类型，它们的诊断意义各不相同，由于梗阻部位的肠管不通，其前方肠管内有液体蓄积，故在声像图上较易观察到无回声暗区。

（2）肠套叠或肠缠结。动物发生肠套叠时，声像图横截面的典型征象为低回声与强回声相间的同心圆特征或靶环特征，纵断面呈"套筒"影。王华强等用B超诊断奶山羊小肠缠结，回声图像显示：当探头与躯体呈垂直方向时，可见到长方形无回声暗区；当旋转探头方向时，无回声暗区的形状也随之呈不规则的改变；当探头旋转至与躯体纵轴平行时，在同一超声切面上可见到许多直径 2～3.5 cm 的圆孔状暗区；当声束一次横扫整个病变肠管时，切面上的这种圆孔状无回声暗区为偶数，圆孔暗区外缘即肠壁呈低回声环带增厚。

（3）肝胆疾病。国外已有用B超诊断肝脓肿、脂肪肝和奶牛肝静脉扩张的报道。Tiemessen 等用B超技术、剖腹探查、肝脏活组织检查和尸体解剖对犬肝脏疾病进行诊断比较，发现B超对诊断肝脏疾病的准确率达90%。蒋启荣等对牛的肝胆进行超声断层扫描，初步对正常牛的肝脏超声扫描图片进行了描述。

2.泌尿系统疾病的诊断

(1)肾脏病变的诊断。一般来说,B超诊断肾脏疾病比 X 射线诊断技术准确率高,并能特异性地诊断出具体病灶区,对肾脏疾病和输尿管疾病是最有效的诊断方法。在肾脏病变方面,B超主要用于诊断肾积水、肾囊肿及肾实质性病变等。肾脏 B 超对液体物质的诊断非常准确,因此对肾盂积水、肾囊肿的诊断准确率极高。肾脏 B 超显示肾实质性病变不如肾积水那样明显,但肾脏内肿瘤的大小、数目和部位,可以很好地显示出来,有助于作出正确的诊断。

(2)尿路结石的诊断。

肾结石:肾结石与肾组织在声学性质上有很大的差别,肾结石常为强回声,因此即使很小的肾结石也能用肾脏 B 超检查出来,但需要仔细扫查。

膀胱结石:膀胱在充盈时声像图容易识别,膀胱壁为完整、光滑的回声带,其内部尿液呈均匀无回声的暗区。膀胱结石的声像图为膀胱内出现点状或团块状强回声,且回声后方伴有声影。强回声可随体位的改变而移动。另外,B超也能发现和诊断膀胱上皮细胞癌。

尿道结石:尿道结石的影像表现为强回声位于增宽的尿道内,如果完全阻塞,该部位尿道附近会扩张。但是很小的结石用 B 超诊断则无声影,泥沙样结晶体则更为困难,特别是雄性犬猫尿道阻塞,因其尿道本身纤细不易作出诊断,故需结合临床检查进行确诊。

(三)在兽医外科方面的应用

1.手术

B超对手术定位有较大帮助。超声引导穿刺技术具有直观、快速、准确、损伤小的优点,已在医学界得到广泛应用,在疾病的诊治上发挥着重要作用。B超已应用于牛体人工培植牛黄的监测。目前,由于在兽医临床上进行肾脏移植手术的病例很少,在名贵犬种患尿毒症时,偶尔使用,因此用 B 超对肾脏移植手术的检查也相应很少。肾移植手术后,了解移植肾脏情况,对掌握移植术后的排异现象、肾脓肿、手术后血肿和尿液渗出等情况都很有价值。

2.创伤疾病的诊断

(1)腰椎间盘脱出及切除术后椎管内观察。超声诊断犬椎间盘脱出、脊椎脱位和脊髓受到压迫等效果良好。B超诊断犬的髋关节是否发育异常,准确率达 87% 以上。B超可以检查腰椎间盘突出症术后椎管内的改变,探头可通过切除椎板后的间隙,清楚地显示硬脊膜的波动,椎管径线及相应腰椎管前壁和神经根周围的解剖及病理变化;可显示由于手术的干扰和损伤,所致的硬膜外脂肪纤维化、硬膜外间隙消失及切除椎间盘后病灶处的团块样回声。

(2)内脏损伤的诊断。腹部外伤时,B超能较准确地判断内脏有无损伤,所损伤的脏器部位、程度及内出血的数量。肝、肾、脾实质性脏器挫伤、破裂时,B超检查发现这些脏器有不同程度的肿大与形态改变,实质密度不均,回声紊乱,腹腔可见形态不规则液性暗区;而空腔脏器损伤或穿孔及腹腔内小血管破裂时,B超只能见到腹腔内液性暗区,一般不易直接看到损伤图像,容易漏诊。目前,B超已用于引导腹腔穿刺、肝脏穿刺检查,有助于及时、正确地诊断疾病。

（四）在兽医产科学方面的应用

1.卵巢疾病的诊断

（1）卵泡囊肿。卵泡囊肿是导致母牛不育的重要原因之一。正常发育的卵泡内充满液体，不反射超声波，超声影像显示黑色的无回声区域，体积相对较小。卵泡发生囊肿时，超声影像显示亦呈黑色的无回声区域，但体积较大，直径大于 25 mm，膜厚度小于 3 mm。

（2）黄体囊肿。由于黄体反射声波的能力很强，在指示屏上能产生出明亮的图像，因此 B 超能够有效地检测出黄体的体积大小及在卵巢中的位置，以此判断黄体是否正常。当发生黄体囊肿时，超声影像显示囊肿周围边缘有一个产生回声的界限，黄体囊肿内呈黑色的无反射结构，直径大于 25 mm，膜厚度大于 3 mm。尤其应注意的是，在超声影像诊断过程中，卵泡囊肿与黄体囊肿的主要区别在于，黄体囊肿周围边缘有一个产生回声的界限，而卵泡囊肿则没有。

（3）持久黄体。持久黄体是妊娠黄体在分娩或流产后，周期黄体超出正常时间而不退化，可使母牛发情周期停止，长时间不发情，血浆孕酮水平保持在 1.2 mg/mL 以上，间隔数天进行 B 超监测一次，连续数次，若黄体持续存在，便可做出正确诊断。

2.子宫疾病的诊断

（1）子宫内膜炎。正常生理状态下，超声图像显示白色，轮廓清晰，子宫肌层与其他组织界限明显。当母牛发生子宫内膜炎时，子宫内有炎症渗出物，且呈游离状态，超声图像显示所在区域不产生回声或回声减弱，子宫腔轮廓模糊不清；当有子宫积脓时，超声图像显示子宫体积增大，宫壁清晰，宫腔内有大量脓液。

（2）子宫囊肿、胎儿残余物或异物。若母牛发生子宫囊肿，超声图像显示子宫囊肿是一个无活动性、不产生回声、边缘整齐的结构；若子宫内含有胎儿残余物或异物如骨骼、木乃伊等，超声图像显示这些物质产生回声明显，图像呈明显的白色，由此可以确诊。

（3）产后子宫复原不全。母牛产后需经一段时间子宫才能完全复原，一般初产牛子宫约在产后 40 d 复原完全，经产牛约需 50 d，母牛产后子宫是否完全复原，超声图像技术是快速而准确的诊断方法。当奶牛子宫复原接近完全时，超声图像显示子宫轮廓清晰，子宫内膜增厚，子宫肌层与其他组织界限明显，图像白色，尤其是子宫颈白色明显。

3.孕期疾病的诊断

（1）妊娠早期诊断。国外应用超声影像技术进行奶牛早期妊娠诊断已早有报道，近年来，该项技术在我国奶牛生产中也已广泛应用。奶牛配种后 12～14 d 超声图像显示出子宫内出现不连续无反射小区，即为聚有液体的小泡，并且胚泡所在的子宫角总与黄体同侧，可疑为妊娠，但不能确诊；22～24 d 超声图像显示出子宫内有少量胎水，有时可以显示出胚胎，此时即可确诊，因此，奶牛妊娠诊断的最早时间应为配种后 22 d；27～30 d 超声图像显示出胚体心跳，形状呈 C 形，可以进一步确诊。

（2）胎儿死亡。超声图像技术诊断预示胎儿死亡的主要依据是胎儿心跳，胚胎死亡之前，心跳明显减少。Kastelic 等对 7 头探测到孕体后发生胚胎死亡的奶牛进行了研究，之后又进行了诱导胚胎死亡研究，结果表明，胚胎死亡之前心跳明显减少。另外，胎动消失，胚囊中充满液体暗区，观察不到胚芽，子宫内回声紊乱，不能辨清胎囊、胎盘和胎儿结构，孕体发育迟缓等都预示着胚胎死亡。

（3）胎儿难产。在母牛妊娠后期，通过观察超声图像中的胎位、胎势、胎向并比较胎儿和母体的骨盆大小，很容易预测母牛分娩时是否会发生难产，及时采取防范措施和发生难产时救助的准备工作。

4.乳房疾病的诊断

（1）乳房炎。奶牛正常乳腺超声图像由浅至深，依次为：皮肤，边界光滑，整齐，呈强回声区；皮下脂肪，边界不整，呈低回声区；乳腺外缘，呈稍强回声区；乳腺腺叶及小乳管，呈中等强度回声区；乳池呈无回声暗区。发生乳房炎时，发炎区回声普遍增强，粗糙，腺叶与小乳管影像不明显，据此可诊断奶牛乳房是否发炎及炎症程度如何，有助于奶牛乳房炎的诊断与治疗。

（2）乳头狭窄。Will S.等用超声影像技术检查奶牛的乳头，方法是将奶牛乳头浸在玻璃或塑料水杯中，探头在杯外探查，乳池超声影像呈无回声空虚区，静脉丛的血管、乳头管、乳头壁呈强回声区，清晰可见。Saratsis P.等应用此法诊断出 60 头奶牛乳头狭窄，并诊断出部分奶牛乳头黏膜撕裂，准确地描述出撕裂的范围和位置。

5.睾丸疾病的诊断

正常生理状态下，奶牛睾丸的超声影像呈现均质、适度的回声结构，集中位于睾丸纵隔，纵位影像呈强回声线，横位影像呈圆点状；睾丸囊和皮肤影像呈致密强回声线包围睾丸实质；鞘膜两层之间影像呈无回声区；附睾头与附睾尾回声减弱，附睾体影像模糊不清。当睾丸发生病变时，如睾丸囊肿、睾丸炎、精索囊肿、阴囊疝等，超声影像技术均能做出诊断。

6.副性腺疾病的诊断

超声影像技术在奶牛副性腺方面的作用主要是诊断副性腺囊肿、积液、肥大、萎缩等。当副性腺发生囊肿、积液、肥大时，超声影像显示出副性腺体积增大，失去正常的小叶状结构；当副性腺发生萎缩时，超声影像显示副性腺体积减小，回声增强。

在兽医临床中，利用 B 超可以清晰地显示各脏器及周围器官的各种断层图像，图像富于实体感，接近于解剖的真实结构，有助于早期确诊。目前国内动物疾病的 B 超诊断主要局限于犬、猫等小动物，而在大动物方面应用较少。随着奶牛业的快速发展，B 超诊断将逐渐应用于大动物疾病的诊治，尤其是在产科学方面将发挥更重要的作用。

B 超仪的操作及注意事项参照仪器说明书。

（冯士彬）

四、心电图诊断技术

自从 Einthoven 于 1897 年首先用弦线电流计描记出心脏的动作电流以及 Tehermaker 于 1910 年描记出马的第一张心电图以来，各国学者对动物心电图正常值及其在疾病时的变化进行了颇多的研究，并已用于兽医临床实践。目前，心电图检查已经成为兽医临床上一项重要的非创伤性辅助诊断方法，尤其对心律失常、心脏肥大、血液电解质紊乱等具有重要的诊断价值。

（一）仪器的分类

心电图机按照功能可分为图形描记普通式心电图机（模拟式心电图机）和图形描记与分析诊断功能心电图机（数字式智能化心电图机）。按一次可记录的信号导数来分，常用的有动物三道数字式心电图机、动物六道数字式心电图机、动物单道心电图机等。

（二）在兽医临床的应用

（1）分析与鉴别各种心律。心律不齐是由于心脏起搏能力和兴奋传导发生障碍时引起的。前者有由窦房结的窦性起搏异常所引起的窦性心动过速、窦性心动迟缓、窦性心律不齐和由窦房结以外的异位性起搏所引起的期外收缩、阵发性心动过速、心房颤动、心室颤动、心搏脱逸、心律脱逸等，后者有传导阻滞、窦房传导阻滞、房室传导阻滞、心房内传导阻滞、心室内传导阻滞等。

（2）判断心肌受损的程度和发展过程。心肌受损有心肌梗死、心肌病变、心肌炎等。心电图对心肌受损原因、部位、范围、程度、性质等的判断，都具有极重要的临床诊断价值，如心肌梗死是缺血型、损伤型还是坏死型，梗死发生的部位，是新发生的还是陈旧性的等。

（3）确定有无心房、心室肥大及肥大程度。肺源性心脏病、高血压性心脏病及某些其他病因可造成单侧或双侧心房、心室肥大。

（4）用毛地黄、奎尼丁、普鲁卡因酰胺、锑剂、吐根碱治疗疾病时易引起蓄积中毒，导致心电图改变。因此，可用心电图监测、控制用药安全。

（5）进行妊娠诊断，确定胎儿数目及死活。

（6）ST 段上抬是一种常见心电图异常，动物静脉滴注肾上腺素或去甲肾上腺素就会出现类似的病理改变。

（7）对其他疾病和电解质紊乱的辅助诊断。如心包积液、心包炎、心肌炎、心肌病、心瓣膜病、急性心内膜炎、肺源性心脏病等疾病，以及高钾、高钙、高镁、低钾、低钙、低镁血症等。

（8）在动物麻醉中的应用。动物麻醉和手术前运用心电图监测动物有无心力衰竭。在动物麻醉中运用心电图协助麻醉药物的监测，便于发现药物的毒性反应，及时调整麻醉药物剂量；监测麻醉对心血管功能的影响，提高麻醉的安全性。

心电图检查的操作及注意事项参照仪器说明书。

（冯士彬）

五、生化分析仪诊断技术

生化分析仪是采用光电比色原理来检测和分析体液中某种特定生命化学物质的仪器。全自动生化分析仪由电脑控制，完全由机器自动完成所有生化分析步骤，其工作原理基于分光光度法，基本测定原理依据比尔定律。

（一）仪器的分类

自动生化分析仪根据进样和反应方式分为连续流动式、离心式、分立式三大类。

连续流动式是第一代自动生化分析仪，优点是结构简单，价格便宜，无比色杯差异，缺点是互染率高，每次使用后都需要长时间的冲洗才能进行下一次测定，速度慢。离心式全自动生化分析仪的优点是减少样品间的互染，提高了分析速度；缺点是自动化程度低，只能按项目进行检测，不同的比色杯存在吸光度差异等。分立式全自动生化分析仪继承了离心式全自动生化分析仪的优点，又克服了其大部分致命缺点，因此分立式已经全面取代了离心式。

（二）在兽医临床的应用

自动生化分析仪在兽医临床诊疗中主要可应用于以下方面。

（1）肝功能检查。检测项目包括：总蛋白（TP）、白蛋白（Alb）、球蛋白（GLB）、碱性磷酸酶（ALP）、丙氨酸氨基转移酶（ALT）、天门冬氨酸氨基转移酶（AST）、γ-谷氨酰转肽酶（γ-GT）、总胆红素（TBIL）、直接胆红素（DBIL）、前白蛋白（PA）、胆碱酯酶（CHE）、精氨酸酶（ARG）、单胺氧化酶（MAO）等。检查适应症包括：各种肝胆疾患，如急慢性肝炎、坏死性肝炎、肝硬化、脂肪肝、奶牛酮血症、肝胆肿瘤、胆管炎症、胆管阻塞、用药过程中肝脏功能监测、有机磷中毒、黄曲霉毒素中毒、各种溶血性疾病以及其他损害肝胆的相关疾病。

（2）肾功能检查。检测项目包括：白蛋白（Alb）、尿素氮（BUN）、胱抑素 C（Cys C）、钙（Ca）、肌酐（Cre）、尿素（Urea）、葡萄糖（GLU）、微量总蛋白（M-TP）、微量白蛋白（MA）、无机磷（P）等。检查适应症包括：急慢性肾炎，肾功能衰竭，肾病综合征，糖尿病，痛风，肾脏肿瘤，镉、汞等重金属中毒以及其他损害肾脏的相关疾病。

（3）脂肪代谢功能检查。检测项目包括：载脂蛋白 A-I（APOA）、载脂蛋白 B-I（APOB）、总胆固醇（TCHO）、高密度脂蛋白胆固醇（HDL-C）、低密度脂蛋白胆固醇（LDL-C）、甘油三酯（TG）等。检查适应症包括：肥胖综合征、脂肪肝综合征、高血脂症、糖尿病、肾病、肝脏病变等。

（4）心肌功能检查。检测项目包括：肌酸激酶（CK）、肌酸激酶 MB 同工酶（CKMB）、乳酸脱氢酶（LDH）、天门冬氨酸氨基转移酶（AST）、α-羟丁酸脱氢酶（HBDH）、肌红蛋白（MYO）、肌钙蛋白（Tn）等。检查适应症包括：急慢性心肌炎、创伤性心包炎、心肌变性、心肌坏死、心肌梗死、白肌病及高山病等。

（5）贫血相关检查。检测项目包括：铁（Fe）、触珠蛋白（HP）、转铁蛋白（TRF）、不饱和铁结合力（UIBC）、铁蛋白（FER）等。检查适应症包括：贫血综合征。应结合血细胞检查、肝功能检查等区分贫血的原因。

（6）微量元素和电解质检查。检测项目包括：锌（Zn）、铁（Fe）、铜（Cu）、钾（K）、钙（Ca）、钠（Na）、镁（Mg）、氯（Cl）、磷（P）等。检查适应症包括：矿物质、微量元素代谢障碍性疾病，呕吐、腹泻、中暑、肾功能衰竭等各种导致水盐代谢紊乱的疾病。

（7）特定蛋白检查。检测项目包括：免疫球蛋白 A（IGA）、免疫球蛋白 G（IGG）、免疫球蛋白 M（IGM）、补体 C3（C3）、补体 C4（C4）、C 反应蛋白（CRP）、超敏 C-反应蛋白（CRPH）、微量白蛋白（MA）、前白蛋白（PAB）、转铁蛋白（TRFN）、触珠蛋白（HPT）、类风湿因子（RF）、抗链球菌溶血素 O（ASO）、α1-酸性糖蛋白（AAG）、α-抗胰蛋白酶（AAT）、β2-微球蛋白（B2M）、铜蓝蛋白（CER）等。检查适应症包括：各种感染性疾病、相关免疫性疾病、相关代谢障碍性疾病及相关遗传性疾病等。

（8）其他检查。自动生化分析仪可以检测的项目还有很多，可以根据临床需要进行选择。如血清淀粉酶（AMS）可用于犬急慢性胰腺炎的诊断，血清脂肪酶（LIP）可与淀粉酶一起诊断犬急性胰腺坏死；血液酮体浓度可用于奶牛酮血症的辅助诊断；红细胞丙酮酸激酶（PK）可作为犬遗传性丙酮酸激酶缺乏症的诊断指标；血浆铜蓝蛋白酶（Cp）可作为铜缺乏症的重要诊断指标等。

（卞建春）

六、血细胞计数仪诊断技术

血细胞计数仪又叫血细胞分析仪、血球仪等，是指对一定体积全血内血细胞异质性进行自动分析的临床检验常规仪器。目前，血细胞计数仪在兽医临床上已得到广泛使用。

（一）仪器的分类

血细胞分析仪按自动化程度分为半自动血细胞分析仪、全自动血细胞分析仪、血细胞分析工作站、血细胞分析流水线；按检测原理分为电容型、电阻抗型、激光型、光电型、联合检测型、干式离心分层型和无创型；按仪器分类白细胞的水平分为三分类、五分类血细胞分析仪。

三分类把白细胞分成：中性粒细胞（大细胞）、淋巴细胞（小细胞）、其他白细胞（中间细胞）。

五分类把白细胞分成：中性粒细胞、淋巴细胞、嗜酸性粒细胞、嗜碱性粒细胞、单核细胞。

现代血液分析仪主要综合应用了电学和光学两大原理，用以测定血液有形成分（细胞）和无形成分（血红蛋白）。电学检测原理包括电阻抗法和射频电导法；光学检测原理包括激光散射法和分光光度法。激光散射法检测的对象有两类：染色的和非染色的细胞核、颗粒等成分。

血细胞分析仪基本结构包括机械系统、电学系统、血细胞检测系统、血红蛋白测定系统、计算机和键盘控制系统等，以不同的形式组成。

（二）在兽医临床的应用

全自动血细胞计数仪在兽医临床诊疗中主要可应用于以下方面。

（1）红细胞与血红蛋白检查。检测项目包括：红细胞计数（RBC）、血红蛋白（Hb）、红细胞压积（HCT）、平均红细胞体积（MCV）、平均红细胞血红蛋白含量（MCH）、平均红细胞血红蛋白浓度（MCHC）、网织红细胞绝对值（RTC♯）、网织红细胞百分比（RTC%）、有核红细胞绝对值（NRBC♯）、有核红细胞百分比（NRBC%）、红细胞体积分布直方图（HRD）。检查适应症包括：呕吐、腹泻、严重烧伤、渗出性腹膜炎、中暑等血液浓缩性疾病；犬和猫等真性红细胞增多症；慢性阻塞性肺病等骨髓制造红细胞的机能亢进性疾病；各种类型的贫血，贫血前提下可根据红细胞指数（MCV、MCH、MCHC）鉴别贫血的类型，如 MCV、MCH、MCHC 均正常可能是再生障碍性贫血、急性失血性贫血、溶血性贫血、骨髓病性贫血引起的正常细胞贫血，MCV 和MCH 升高、MCHC 正常可能是维生素 B_{12}、叶酸、钴等缺乏引发的大细胞贫血，MCV 和 MCH下降、MCHC 正常可能是慢性感染、炎症、肝病、尿毒症、恶性肿瘤、中毒等引起的单纯小细胞贫血，MCV、MCH、MCHC 均下降可能是缺铁性贫血，铁粒幼细胞性贫血，珠蛋白生成障碍性贫血引起的小细胞低色素贫血。HRD 是根据红细胞体积大小和离散情况由仪器自动制成，它对贫血类型的诊断意义较大，分析时应结合红细胞直方图中波峰的形态和位置、波底的宽度以及有无双峰现象等加以判断。

（2）白细胞及白细胞分类检查。检测项目包括：白细胞计数（WBC）、三分类［淋巴细胞绝对值（LY♯）、淋巴细胞百分比（LY%）、中间细胞绝对值（Mid♯）、中间细胞百分比（Mid%）、中性粒细胞绝对值（NEUT♯）、中性粒细胞百分比（NEUT%）］、五分类［中性粒细胞绝对值（NE♯）、中性粒细胞百分比（NE%）、淋巴细胞绝对值（LY♯）、淋巴细胞百分比（LY%）、单核细胞绝对值（MO♯）、单核细胞百分比（MO%）、嗜酸性粒细胞绝对值（EO♯）、嗜酸性粒细胞百分比(EO%)、嗜碱性粒细胞绝对值(BA♯)、嗜碱性粒细胞百分比(BA%)]、白细胞体积分布直方图(HWD)。检查适应症包括:大多数细菌性传染病和炎性疾病、白血病、恶性肿瘤、尿毒症、酸中毒等可见 WBC 增多;某些病毒性传染病、原虫感染、某些革兰氏阴性菌(沙门氏菌、结核杆菌等)感染、各种疾病的濒死期、再生障碍性贫血、砷等重金属中毒等可见 WBC 减少,WBC 减少还见于长期使用如磺胺类药物、氯霉素、氨基比林、水杨酸钠等药物。NE 变化的临床意义与 WBC 相似,但在分析 NE 增多和减少的变化时,要结合白细胞总数的变化及核象变化进行综合分析。核象变化既可反映白细胞的成熟程度,又可反映某些疾病的病情和预后。寄生虫病、过敏、湿疹及皮肤炎等可见 EO 升高;感染性疾病和严重发热性疾病的初期及尿毒症、毒血症、严重创伤、中毒、过劳等可见 EO 减少。LY 升高常见于感染性疾病、急性传染病的恢复期及淋巴性白血病等;LY 减少见于 NE 绝对值增多时的各种疾病,还见于淋巴组织受到破坏(如结核病、流行性淋巴管炎等),应用肾上腺皮质激素、免疫抑制药物和放射线治疗等。MO 增多见于慢性感染性疾病、原虫病,还见于疾病的恢复期及使用促肾上腺皮质激素、糖皮质类激素等药物;MO 减少见于急性传染病的初期及各种疾病的垂危期。HWD 是根据白细胞体积大小和离散情况由仪器自动制成,当白细胞分类的比例异常或出现异常细胞时,白细胞直方图曲线峰的高低、数量和低谷区的特征将会出现一些变化,可用于疾病诊断。

(3)血小板检查。检测项目包括:血小板计数(PLT)、血小板平均体积(MPV)、血小板分布宽度(PDW)、血小板体积分布直方图(HPD)。检查适应症包括:PLT 增多见于急性感染、慢性粒细胞白血病、失血、溶血、骨折、骨髓增生性疾病如原发性血小板增多症和真性红细胞增多症等;PLT 下降见于再生障碍性贫血、白血病、血小板减少性紫癜、脾功能亢进、某些真菌毒素中毒、蕨类植物中毒、全身性自身免疫性疾病、巴贝斯虫病等原虫感染等。MPV 用于出血倾向及骨髓造血功能变化判断,以及某些疾病的诊断治疗,常结合 PLT 变化一起分析,如可用于鉴别血小板减少的原因。骨髓造血功能损伤致使血小板减少时,MPV 减少;血小板在周围血液中破坏增多而减少时,MPV 增大;血小板分布异常致血小板减少时,MPV 正常。PDW 是反映血液内血小板容积变异的参数,以测得的血小板体积大小的变异系数表示。PDW 在正常范围内表明血小板体积均一性高;PDW 增多提示血小板体积大小不均,个体间相差悬殊;PDW 减少提示血小板减少。HPD 是反映血小板体积大小分布的曲线图,将其与 MPV、PLT 结合在一起综合分析,可更好地诊断血小板功能障碍相关疾病。

(卞建春)

七、尿常规分析仪诊断技术

尿常规是医学检验"三大常规"(血常规、粪常规、尿常规)项目之一,尿液检查对临床诊断、判断疗效和预后有着十分重要的价值。不少肾脏病变可以直接导致蛋白尿或者尿沉渣中出现有形成分以及尿比重的改变。某些全身性病变以及机体其他脏器病变也可影响尿液改变,如糖尿病、血液病、肝胆疾患、流行性出血热等。尿常规分析仪是目前尿液检查最常用的仪器。

(一)仪器的分类

(1)按工作方式分。可分为湿式尿液分析仪和干式尿液分析仪。其中干式尿液分析仪主要用于自动评定干试纸法的测定结果,因其结构简单、使用方便,在兽医临床普遍应用。

(2)按测试项目分。可分为 8 项尿液分析仪、9 项尿液分析仪、10 项尿液分析仪、11 项尿液分析仪、12 项尿液分析仪、13 项尿液分析仪和 14 项尿液分析仪。

(3)按自动化程度分。可分为半自动尿液分析仪和全自动尿液分析仪。

(二)在兽医临床的应用

(1)尿液物理性状检查。检测项目包括:尿比重。检查适应症包括:脱水性疾病、渗出性胸膜炎及腹膜炎、急性肾炎、糖尿病时,尿比重会增高;肾脏机能不全时引起多尿、尿比重降低,在间质性肾炎、肾盂肾炎、非糖性多尿症及神经性多尿症、牛酮病时,尿比重有时也可降低。

(2)尿液化学性状检查。检测项目包括:尿 pH(pH)、尿蛋白(PRO)、尿葡萄糖(GLU)、尿酮体(KET)、尿胆红素(BIL)、尿胆原(URO)、尿潜血(BLD)、亚硝酸盐(NIT)、维生素 C (VC)等。检查适应症包括:草食动物在某些热性疾病、长期食欲不振、营养不良、采食困难及某些营养代谢病(如酮病)等尿液变为酸性;肉食动物在泌尿系统炎性疾病时尿液变为碱性;杂食动物尿液显著偏酸或偏碱都是不正常的。急慢性肾炎、汞镉等重金属中毒、庆大霉素等药物中毒、尿道感染、前列腺炎、膀胱炎、肝脏疾病、糖尿病、猪瘟等传染病侵袭时可出现病理性蛋白尿。肾脏疾病引起肾小管对葡萄糖的重吸收作用降低、脑神经疾患(如脑出血、脑脊髓炎)、化学药品(如松节油、水合氯醛等)中毒及肝脏疾病等可出现病理性糖尿。酮血症、羊妊娠毒血症、仔猪低血糖症等糖代谢障碍性患畜尿液可出现酮体。各种类型的黄疸患畜尿胆红素阳性。溶血性疾病和肝实质性疾病(如急慢性肝炎)时,尿胆原可明显增加;当完全阻塞性黄疸时,尿胆原呈阴性反应。泌尿器官疾病(如肾炎、结石、感染、药物损害等)、某些全身性感染性疾病(如牛焦虫病等血孢子虫病,炭疽、猪瘟)、尿路邻近器官疾病(如阴道及子宫炎症、出血等)、过劳、牛地方性血尿等患畜尿潜血阳性。尿液中是否存在亚硝酸盐可反应泌尿系统细菌感染的情况,常作为泌尿系统感染的筛查试验。尿常规中维生素 C 的意义主要用于提示尿液隐血、胆红素、亚硝酸盐和葡萄糖检测结果是否准确,防止维生素 C 过高导致上述项目的假阴性结果。

(3)尿液细胞成分检查。尿白细胞(LEU)。检查适应症包括:肾炎、肾盂肾炎、膀胱炎和尿道炎。健康动物的尿液中有少量的白细胞,尿液中出现多量白细胞说明肾或尿路存在炎症。

(卞建春)

八、血气分析仪诊断技术

血气分析仪是利用专门的气敏电极在较短的时间内测定血液中酸碱度(pH)、二氧化碳分压(PCO_2)和氧分压(PO_2)等相关指标的仪器,在兽医临床中常作为检测机体中是否存在酸碱失衡以及缺氧程度的一种手段,在急性呼吸衰竭诊疗、外科手术、抢救与监护过程中起着重要的作用。

(一)仪器的分类

血气分析仪分为干式血气分析仪和湿式血气分析仪,相对应的原理是荧光法和电极法。干式血气分析仪是用测试片来测试的仪器,主要以便携设计为理念,常配有内置电池,有自动存储功能,测试流程简捷,部分机器在断电后仍可继续测试样本。其劣势为测量的项目及精准度受限。湿式血气分析仪,即传统血气分析仪,有测试精准度高、测试成本较低、仪器使用寿命长等优点。其劣势是需要保养及维护,不便于搬动。

传统血气分析仪主要包括三种不同的电极(pH、PO_2、PCO_2)、进样室、CO_2空气混合器、放大器元件、数字运算显示器和打印机等。

(1)pH 测定系统。血液中的氢离子与玻璃电极膜中的金属离子进行交换,产生膜电位,与参比电极进行比较测量后得出血液的酸碱度。

(2)PCO_2电极。CO_2电极与 pH 电极不同的是其外表面有一层CO_2可自由透过、其他离子不能透过的聚四氟乙烯或者硅胶膜,CO_2透过后影响了电解液的 pH,而PCO_2的对数与 pH 呈直线关系,进而测定CO_2的浓度。

(3)PO_2电极。与前两者不同的是PO_2电极利用的是电位法,血液中的O_2在铂阴极表面不断还原,阳极不断产生 AgCl 沉积在电极上,氧化还原反应产生的电流强度与PO_2成正比,进而测定PO_2的程度。

(二) 在兽医临床的应用

(1)血气分析仪常规检测项目。

①直接检测项目。酸碱度(pH)、氧分压(PO_2)、二氧化碳分压(PCO_2)、钠(Na)、钾(K)、钙(Ca)、葡萄糖(GLU)、乳酸(HL)和血细胞压积(HCT)等。

②计算分析结果。包括实际的碳酸氢根(AB)、标准碳酸氢根(SB)、二氧化碳总量(TCO_2)、剩余碱(BE)、标准剩余碱(SBE)、缓冲碱(BB)、氧饱和度($SatO_2$)、血色素的总量(Hb)等。

(2)血气分析仪在兽医临床诊疗中的应用。主要应用于:a.代谢性酸中毒。指标变化:AB、SB、BB、PCO_2下降,AB<SB。临床意义:见于疾病过程中由于发热、缺氧、循环衰竭或病原微生物及其毒素作用引起的体内分解代谢加强,乳酸、酮体、氨基酸等酸性物质生成增多;急性或慢性肾功能不全时,体内代谢产生的磷酸等酸性物质不能经肾脏排出;严重腹泻、肠阻塞等时,体内碱性物质丧失过多。b.呼吸性酸中毒。指标变化:通常有PCO_2增高,pH 减低,AB、SB、BB 增高,AB>SB,BE 正值加大。临床意义:主要见于呼吸中枢抑制(脑炎、脑膜脑炎、脑中毒、颅内损伤等)、呼吸肌麻痹(有机磷中毒等)、呼吸道阻塞(慢性支气管炎、支气管哮喘等)、胸廓和肺部病变(肺水肿、肺气肿、肺大面积萎缩或纤维化等)等引起的肺泡通气减弱;心力衰竭特别是右心衰竭等引起的血液循环障碍。c.代谢性碱中毒。指标变化:pH、PCO_2、AB、SB 和 BB 都升高,BE 正值增大,AB<SB,常有低钾血症。临床意义:主要见于剧烈呕吐、盐皮质激素过多和有效循环血量不足引起的酸丢失过多;摄入过多的碱性物质加上肾功能不全时。d.呼吸性碱中毒。指标变化:pH 增高,PCO_2、AB、SB、BB 均下降,AB<SB,BE 负值增大。临床意义:在发热、脑膜炎、血中氨增多(肝性昏迷)等情况下,呼吸中枢兴奋性升高,引起呼吸过度。

应注意的是,在疾病发展过程中,不同的酸中毒或碱中毒可相继或混合出现,并且可以相互转化,如呼吸性碱中毒合并代谢性碱中毒、呼吸性酸中毒合并代谢性酸中毒、呼吸性碱中毒合并代谢性酸中毒、呼吸性酸中毒合并代谢性碱中毒和代谢性酸中毒合并代谢性碱中毒等。在兽医临床实践中,应充分认识实际情况的复杂性,并根据具体情况正确判断。

(卞建春)

第十六节　助产技术

救助难产时,可供选择的方法有手术助产和药物催产两类,前者又大致可分为针对胎儿的手术(如牵引术、矫正术、截胎术)和针对母体的手术(如剖腹产术、阴门切开术等)。采用何种方法助产则需根据难产的具体情况而定。

一、大动物常用助产技术

(一)牵引术

牵引术主要适用于原发性产力不足、轻度的胎儿与母体产道大小不适应,也适用于轻度胎势、胎位异常而胎儿又较小的情况。

正生时,可将产科绳套在胎儿球节上牵拉前肢,也可握住胎儿下颌或用手指掐住胎儿眼窝牵拉头部;对于大家畜,可用产科绳套在胎儿耳后,然后将绳结移入口腔牵拉头部;牵拉胎猪时,可用中指及拇指捏住胎儿两侧上犬齿,并用食指按住鼻梁牵拉胎儿,或掐住两眼窝牵拉。倒生时,可用产科绳系在后肢的系关节上,也可徒手牵拉胎儿两后肢。无论牵引前肢还是后肢,均应先拉一条腿,再拉另一条腿,交替进行。

产道干燥时需先润滑产道;牵拉时用力要均匀,方向要与骨盆轴方向一致,切忌用力猛拉。

(二)矫正术

矫正术适用于胎儿的胎势、胎向和胎位出现异常所造成的难产。矫正方法如下:

1. 胎势异常

(1)头颈姿势异常。

①头颈侧弯。轻度侧弯,可先用手推胎儿颈基部,腾出点空间后,顺手握住胎儿下颌向外拉。侧弯严重时,可先用产科榩顶在头颈侧弯对侧的肩部向前推,同时用产科绳套住胎儿下颌向外拉。

②头颈后仰。可用产科榩顶在胎儿颈基部向前推,同时将胎头压向其身体一侧,使之转变成头颈侧弯,然后再按头颈侧弯处理。

③头颈下弯。下弯程度较轻时可用手钩住胎儿唇部向上抬,同时用拇指按压胎儿鼻梁向前推,使胎儿唇部越过骨盆前缘进入骨盆腔;下弯程度严重时,可用产科榩顶在胎儿一侧肩部向前推,同时用产科绳套住胎儿下颌向外拉。

④头颈捻转。先将胎儿推回子宫内,用手掐住胎儿眼眶或一侧下颌骨支扭正,然后再拉出。

(2)前肢姿势异常。

①腕关节屈曲。可由助手用产科榩顶在胎儿颈基部或屈曲侧前肢的肩部向前推,术者用手握住胎儿掌骨向前上方用力抬,然后顺势下滑握住胎儿蹄子,在尽力向上抬的同时将蹄子拉入产道。也可用绳子系住屈曲前肢的系部向外拉的同时,术者用手向前上方推屈曲

的腕关节。

②肘关节屈曲。先将产科绳系在屈曲前肢球节上方,术者向前推胎儿的同时牵拉屈曲前肢。

③肩关节屈曲。一侧肩关节屈曲时,由助手将产科梃顶在胎儿另一侧肩部向前推,术者手握屈曲前肢的前臂下端向后拉,使之转变成腕关节屈曲,然后再按腕关节屈曲矫正。双侧肩关节屈曲通常很难矫正。

(3)后肢姿势异常。

①跗关节屈曲。矫正方法与腕关节屈曲相似。

②髋关节屈曲。矫正方法与肩关节屈曲相似。

2.胎位异常

(1)侧位。正生时,两前肢球节上分别系上产科绳交由两助手,术者用手拉胎儿下颌。向外拉时,上侧肢向胎儿腹侧拉,用力稍大些;下侧肢向胎儿背侧拉,用力稍小些。倒生时,方法与此相同,还可于两后肢间插一木棒,用绳子固定牢,然后用力转动木棒带动胎儿转动。

(2)下位。先把一侧肢拉直伸入产道并向对侧拉,然后用手钩住胎儿鬐甲(正生时)或髋部(倒生时)向相反的方向抬,使之变成侧位,然后再按侧位矫正。

3.胎向异常

难以矫正者尽快进行剖腹产。

施行矫正术时应设法使母畜保持前低后高的体位,以便于将胎儿推回子宫进行矫正。必要时,可采取局部麻醉的办法抑制母畜的努责和子宫阵缩,并可向子宫内灌注润滑剂。

(三)截胎术

截胎术主要用于牵引或矫正无效,且胎儿已死亡的难产。方法如下:

1.头部手术

(1)破坏头盖骨。胎儿脑腔积水导致颅部过大时,可用力在其头顶中线作一纵向切口,排出积水,并取出部分头盖骨。

(2)头骨截除。胎头过大,楔入产道而不能产出时,可用指刀或隐刃刀在其耳后作一深而长的切口,然后将线锯条嵌入切口,将线锯管前端伸入胎儿口中,把头骨锯成上下两部分。

(3)头部截除。头颈姿势异常或肩关节屈曲无法矫正时,可用绳导将线锯条或胎儿绞断器的绞索绕过胎儿颈部,将线锯管或绞断器的导管顶在胎儿颈基部,将其锯断或绞断。

2.前肢手术

(1)前肢截除。有开放法和皮下法两种。因开放法操作较为简单,在临床上较为常用,故只介绍开放法。首先在预定截除前肢的系部拴上产科绳,交由助手尽量向外牵拉前肢,术者在胎儿肩胛骨背缘作一深而长的切口,切透皮肤肌肉及软骨,将线锯条嵌入其中,将线锯管前端抵在肩前部开锯。

(2)腕关节截断术。适用于腕关节屈曲无法矫正时。用绳导将线锯条或钢绞索绕过桡腕关节或上下列腕关节(腕部伸屈时,用手摸可感觉到横的凹槽),管的前端抵在腕关节前,将其锯断或绞断。

3.后肢手术

(1)后肢正常前置时的截除术。用绳导将线锯条或绞索从预定截除的胎儿后肢下方经腹股沟向上绕过髋结节,线锯管/导管前端顶在对侧坐骨结节与尾根之间进行截除。

(2)坐骨前置时的后肢截除术。用绳导将线锯条或绞索绕过胎儿屈曲后肢与躯干之间,将线锯管或导管前端抵于对侧坐骨结节与尾根之间进行截断。

(3)跗关节截断术。同腕关节截除术相似,但截断部位应在跗骨之下,以便拉胎儿时绳子不会滑脱。

4.胸部手术

包括胸腔缩小术、胸部截除术和胎儿截半术,但因操作复杂,需要特殊器械,生产上基本不再使用。

注意事项:a.截胎所用的锐器进出产道时,需用手小心保护其尖、刃部分,以免划伤产道。b.使用线锯截除肢体时,需事先在欲开锯的部位作一深而长的切口,切开皮肤与肌肉,然后将锯条嵌入其中。c.施行截胎术前,需用绳将预定截除的肢体缚牢,以便截除后取出。d.截胎术所形成的骨质断面需用大块消毒纱布保护起来,以防损伤产道。

(四)剖腹产术

由各种原因导致的难产,经牵引术和矫正术无法解决,而此时母子状态均良好时,可行剖腹产术。方法如下:

1.术部

牛、羊、马相似,选择切口的原则是:胎儿在哪里摸得最清楚,就靠近哪里作切口。常用的有腹侧切口和腹下切口两类。前者在髋结节下方,由后上向前下方沿腹内斜肌方向做切口;后者又有5处切口,即乳房前方腹白线、腹白线与左(右)乳静脉之间、乳房与左(右)乳静脉外侧5~8 cm的平行线上。猪一般在左侧或右侧髋结节下方约10 cm处,向前下作一斜行切口。牛、马的切口长度为30~35 cm,猪、羊的切口长度为15~20 cm。

2.手术步骤

(1)保定。左侧卧或右侧卧保定,将前后肢分别绑缚,并将头保定。

(2)麻醉。行腰旁神经干传导麻醉并配合局部浸润麻醉。

(3)备皮。同常规外科手术要求。

(4)打开手术通路。同一般腹腔手术要求。

(5)拉出子宫。双手伸入子宫下方,隔着子宫壁握住胎儿肢体,小心将子宫角大弯拉出切口,用消毒的大块纱布塞于子宫与切口之间,防止肠管涌出及切开子宫时胎水流入腹腔。

(6)切开子宫。沿孕角大弯作一与腹壁切口等长的切口(切开牛、羊子宫时要注意避开子叶)。猪子宫切口可在一侧子宫角与子宫体交界处,以便通过该切口取出双侧子宫角内的胎儿。

(7)拉出胎儿。先剥离子宫切口附近的胎膜,将其拉出切口之外刺破,排出胎水。然后将胎儿拉出,断脐,交与助手处理。

(8)剥离胎衣。尽可能将胎衣完全剥离取出。若胎衣不易剥离,则必须将切口附近胎衣剥离并剪除,以免缝合到子宫上。

(9)缝合子宫。子宫内投放抗生素,先行全层连续缝合子宫切口,再行浆膜肌层连续内翻缝合。温生理盐水清洗子宫壁,然后将其还纳于腹腔。

(10)手术通路的闭合。同普通腹腔手术。

3.注意事项

子宫拉出切口后,表面要覆盖浸有生理盐水的消毒纱布,以防子宫壁干燥。发生子宫捻转时,应先矫正后再切开子宫壁。

(五)阴门切开术

适用于阴门狭窄造成的难产。方法如下:

母畜站立或侧卧保定,一般不需麻醉,或局部浸润麻醉。外阴作常规外科消毒后,用手术刀或产科刀在一侧阴唇上方作一斜向上的切口,切口大小及深度依实际需要而定。一侧切开不能拉出胎儿时,可在对侧再作一切口。拉出胎儿后,常规缝合切口。

二、小动物常用助产技术

(一)药物助产

药物催产前,应了解母畜之前是否有过强烈努责,并检查母体产道和胎儿的胎向、胎位和胎势是否正常。若母畜之前已有过强烈努责但迟迟不见进展,或检查发现母体产道或胎儿有异常,则不能采用药物助产。药物助产可肌肉注射催产素,犬 3~20 IU,猫 2~5 IU,间隔30 min 连用 3 次。如无效,应尽快实施手术助产。

(二)产道助产

将母畜仰卧保定,用温消毒液(如 0.1%新洁尔灭或高锰酸钾溶液)清洗消毒外阴部。术者一只手轻压母畜腹壁,将胎儿挤向产道,另一只手食指伸入产道检查母体产道及胎儿是否有异常,必要时可配合使用 B 超或 X 线检查。若经检查胎儿胎向或胎势出现异常,可尝试隔着腹壁用拇指及食指捏压胎儿,同时另一手食指从产道配合进行矫正,然后用肠钳、止血钳或敷料钳夹住胎儿前置部位拉出。

(三)剖腹产术

若经药物助产或产道助产无效,应尽快施行剖腹产。犬、猫应全身麻醉,仰卧保定。按常规腹部手术要求备皮,在脐孔后腹中线作切口,切口长度 10~15 cm。打开腹腔后,捏住胎儿肢体缓慢将一侧子宫角拉出切口,并用消毒的大块纱布填塞在子宫与腹壁切口间。子宫的切开与缝合同猪的剖腹产术。腹壁创口应置绷带,术后犬、猫应戴上伊丽莎白圈或嘴套,以防舔咬创口。

(刘亚)

第十七节 流行病学调查与疫情处理

一、流行病学调查

流行病学调查是通过询问、信访、问卷填写、现场查看、测量和检测等多种手段,全面系统地收集与疾病事件有关的各种资料和数据,并进行综合分析,得出合乎逻辑的病因结论或病因假设的线索,提出疾病防控策略和措施建议的行为。

(一)个案调查

个案调查是指对个别发生病例及周围环境进行的流行病学调查。个案调查方法有电话询问、邮寄调查问卷、现场查看和必要的检验等。

(二)暴发调查

对某养殖场或某一地区在较短时间内集中发生较多同类病例所作的调查,称为暴发调查。具体步骤如下:

(1)组织准备。包括组成调查组,明确调查目的和任务,准备防护设备及必要的资料,做好实验室支持工作等。

(2)确定暴发存在。一般认为暴发时疾病的发生在时间和空间上均比较集中。暴发时间的确定,从发病高峰时间向前推一个常见潜伏期即可。

(3)核实诊断。首先从流行病学角度判断疫病的时间、地点和群间分布是否与该病的一般规律相符。其次根据症状、病变和实验室检测进行核实。

(4)建立病例定义。根据病畜的主要临床症状、病理变化、分布特征和实验室检测四项指标确立标准来确定可疑病例、疑似病例和确诊病例。

(5)核实病例并记录相关信息。核实病例的目的在于根据病例定义尽可能发现所有可能的病例,并排除非病例。

(6)描述性分析。

①描述疾病三间分布特点。

时间分布。根据时间顺序,对疾病发生、接触暴露因素、采取控制措施、评估控制效果等主要事件进行排序。并根据发病时间制作流行病学曲线显示疫病流行强度,推断暴露时间或潜伏期、传播方式、传播周期,预测可能的发病趋势,评估所采取措施的效果。

空间分布。用地图等显示病例的地区分布特征,可提示暴发的地区范围,有助于建立有关暴露因素、暴露地点的假设。

群间分布。描述何种动物发病多、何种动物发病少,发病与年龄、性别、饲养方式、用途的关系,以及发病群的免疫状况、饲养方式、管理水平等多个方面。描述疫病的群间分布特征,有助于提出有关风险因素、传染源、传播方式的假设。

②探求病因。通过计算不同畜群的袭击率(罹患率)和不同动物种别、年龄和性别的特定因素袭击率,有助于发现病因或与疾病有关的某些因素。

③判断暴发同源性及暴露次数。一次同源性暴发在时间、空间相结合的直方图呈现对数正态而稍偏左的分布表,且疾病出现到结束所经历的时间分布近似一种疾病的潜伏期分布;若暴发是多源性的,则病例分布呈由少到多逐渐增长的趋势,病例出现至结束的时间较长。

(7)建立假设并验证。

①建立假设。是利用上述步骤获得的信息来说明或推测暴发的来源。

②验证假设。推敲暴露与发病之间的关系。假设形成后要进行直观的分析和检验,必要时还要进行实验检验和统计分析。

(8)提出预防控制措施建议并分析评价措施效果。在假设形成的同时,调查者还应提出合理的防控措施建议,以保护未感染动物和控制疫病继续发展,通过评价措施实施后的效果,反过来验证调查分析所得结论是否正确。

(9)调查结果的交流。采用不同的形式形成流行病学调查报告、业务总结报告、行政汇报材料、学术论文、新闻媒体的稿件等,及时进行交流和沟通,以求达到最大的效应。

(三)抽样调查

抽样调查是在短时间内通过对部分动物的调查来了解某病在全部畜群中的分布情况,即从部分估计总体患病情况,是流行病学调查最常用的方法。

(四)普查

普查是为了了解一个国家或某一地区某种疾病(或某些疾病)的发病情况,或畜群的健康状况,而在特定时间内对特定范围的全部畜群进行的调查,这是一种有组织的大范围流行病学数据收集活动,包括所有关于疾病的资料、数据的收集整理工作,以及对兽医实践中的各种数据进行记录和解释。

二、疫情处理

(1)及时诊断和上报疫情并通知邻近单位做好预防工作。发现畜禽传染病或疑似传染病时,必须立即报告当地畜禽疾病预防与控制中心,特别是怀疑为重要传染病时,一定要迅速向上级有关领导机关报告,并通知邻近单位及有关部门注意预防。

(2)隔离和紧急消毒。将患病动物隔离在不易散播病原体、消毒方便的场所或畜禽舍中。注意严密消毒,加强卫生和护理,并有专人看管。隔离场所禁止闲杂人畜出入和接近。对一些危害性大的传染病,应采取封锁措施。污染的环境、用具、饮水等紧急消毒。

(3)紧急免疫接种,及时治疗。在疫区内使用疫(菌)苗进行紧急免疫接种,是迅速控制和扑灭疫病流行的有效方法。患病动物不能再接种疫苗,因为可能会加重原有病情,应在严格消毒的情况下立即隔离可疑动物。每种传染病的潜伏期不同,根据潜伏期的长短,确定紧急接种动物的观察期限。

(4)感染动物及其尸体的处理。常用的处理方法有防疫消毒、无害化处理和销毁等。销毁是指深埋、焚烧、化制等。当发生一类疫病、外来疫病和人兽共患病时,其疫点内的所有易感动物,无论其是否实施过免疫接种,按照防疫要求应一律宰杀,动物尸体通过焚烧或深埋销毁。

(李林)

第十八节　治疗方法

一、化学药物疗法

病原体(微生物、寄生虫、恶性肿瘤细胞)所致疾病的药物治疗称为化学治疗(简称化疗)。用于化学治疗的药物即化疗药物,包括抗微生物药、抗寄生虫药和抗肿瘤药。抗微生物药是一类对病原微生物具有抑制和杀灭作用,用于治疗病原微生物感染性疾病的药物,本节仅对抗微生物药的临床应用做一介绍。

(一)抗菌药物合理应用的意义

抗菌药物虽可防病治病,但也可引起各种不良反应。使用合理即为"药",用得不恰当反成"毒",可导致毒性反应、变态反应、二重感染等。

不合理使用抗菌药物有下列几种情况:选用对病原体无效或疗效不强的药物;剂量不足或过大;用于无细菌并发症的病毒感染;病原体产生耐药性后继续用药;过早停药或感染已控制而不及时停药;产生耐药菌二重感染时未改用其他药物;给药途径不正确;发生严重毒性或过敏反应时继续用药;应用不恰当的抗菌药物组合;过分依赖抗菌药物的防治作用而忽略必要的外科处理。

合理使用抗菌药物是指在明确指征下选用适宜的抗菌药物,并采用适当的剂量和疗程,以达到杀灭致病微生物和控制感染的目的;同时采取相应措施以增强患畜免疫力和防止各种不良反应的发生。为此重点介绍临床应用抗菌药物的基本原则和抗菌药物的治疗性应用。

(二)临床应用抗菌药物的基本原则

1.严格掌握适应症

正确诊断是合理使用抗菌药物的前提,有了确切的诊断,才能明确病原菌,从而选择对病原菌高度敏感的药物。发生疾病时应尽可能做病原学检验,在分离和鉴定病原菌后,进行细菌的药敏试验,针对病原菌选择作用强、疗效好、不良反应少的药物。同时应尽力避免对无指征或指征不强的疾病使用抗菌药,例如对病毒性和真菌性感染不宜选用抗菌药。当畜禽发生细菌性疾病而暂时没条件做药敏试验时,应尽量选用不常使用的药物。

2.制定合理的给药方案

抗微生物药的药效有赖于药物在动物体内的有效血药浓度,用药时要考虑药物在体内的半衰期,选择合理的给药方案,维持有效血药浓度,才能彻底杀灭病原菌。通常以有效血药浓度作为衡量药物剂量是否适宜的指标,其浓度应至少大于最小抑菌浓度(MIC),一般对轻、中度感染,最大稳态血药浓度宜超过 MIC 的 $4\sim8$ 倍,而重度感染则应在 8 倍以上。同时,有效血药浓度维持时间受药物在体内的吸收、分布、代谢和排泄的影响。因此,应根据各药的药动学、药效学特征,结合畜禽的病情和体况,制定合理的给药方案,包括药物品种、给药途径、剂量、间隔时间及疗程等。对毒性较大、用药时间较长的药物,应监测血药浓度,作为用药参考,以保证药物疗效,减少不良反应的发生。

3.避免耐药性的产生

随着抗菌药物的广泛应用,细菌耐药性问题日益严重,其中以金黄色葡萄球菌、大肠杆菌、铜绿假单胞菌、痢疾杆菌和分枝杆菌最易产生耐药性。耐药菌可通过食物链转移到人体,导致人类疾病治疗的失败。为了防止耐药菌株的产生,应注意以下几点:a.严格掌握适应症,不一定要用的尽量不用,用单一药物有效的不采用联合用药。禁止将兽医临床治疗用的抗菌药用作动物促生长剂。b.严格掌握用药指征,剂量要够,疗程要恰当。c.尽可能避免局部用药,杜绝不必要的预防应用。d.病因不明者,不轻易使用抗菌药。e.发现耐药菌株感染,应改用对病原菌敏感的药物或采取联合用药。f.尽量减少长期用药,要交替使用不同种类或不同作用机理的抗菌药。

4.防止药物的不良反应

应用抗菌药治疗畜禽疾病时,要注意可能出现的不良反应,一经发现应及时停药、更换药物和采取相应解救措施。对有肝或肾功能不全的病畜,易引起由肝脏代谢(如红霉素、氟苯尼考等)或肾脏清除(如 β-内酰胺类、氨基糖苷类、四环素类、磺胺类、氟喹诺酮类等)的药物蓄积,应调整给药剂量或延长给药间隔时间,避免药物蓄积中毒。营养不良、体质衰弱的动物和新生仔畜、幼龄动物、老龄动物、孕畜对药物的敏感性较高,容易产生不良反应。

5.抗菌药物的联合应用

联合用药是指同时或短期内先后应用 2 种或 2 种以上药物(抗菌药物不宜超过 3 种),目的在于扩大抗菌谱、增强疗效、减少用量、降低或避免毒副作用,减少或延缓耐药菌株的产生。多数细菌性感染只需用一种抗菌药物进行治疗,即使细菌的合并感染,目前也有多种广谱抗菌药可供选择。联合使用抗菌药物必须有明确的指征,如病因未明的严重感染、单一抗菌药物不能控制的严重感染、免疫缺陷者伴发严重感染、多种细菌引起的混合感染、较长期用药细菌可能产生耐药性等。为了合理而有效地联合用药,最好在临床治疗选药前,采用棋盘法进行联合药敏试验,以部分抑菌浓度指数作为判定依据,并以此作为临床联合选用抗菌药物治疗的参考。

(三)抗菌药物的治疗性应用

抗菌药物的治疗性应用必须有明确的适应症,即需有较肯定的临床诊断和病原微生物的证实。

1.经验性治疗

在病原菌未分离出来或药敏结果未知晓前,先根据临床诊断考虑最可能的病原菌,可先进行经验性治疗。药敏结果获知后是否调整用药应以经验治疗后的临床效果为主要依据。下列情况须尽快治疗:a.感染直接威胁生命时;b.如果延迟到获得病原菌培养结果后再进行治疗,感染可能会加剧;c.致病菌可预测到,即使治疗失败,所引起的危险性不大。但由于经验性治疗不具有肯定性,因而对重症病例一般采用广谱抗菌药物,以覆盖较多的病原菌,如能获得良好的临床效果,可继续进行治疗。依据体外抗菌活性、临床应用效果等,将抗菌药物分为不同病原微生物感染性疾病的首选药物和次选药物,这里仅对常见致病微生物所致感染的抗菌药物选用作一简介(表 7.4)。

表 7.4 抗微生物药的临床选用

（陈杖榴,兽医药理学,2009;陈桂先,兽医临床用药速览,2011;中华人民共和国兽药典,2011）

病原微生物		所致主要疾病	首选药物	次选药物
革兰氏阳性细菌	金黄色葡萄球菌	化脓创、蜂窝织炎、关节炎、败血症、呼吸道或消化道感染、心内膜炎、乳腺炎等	青霉素 G、头孢菌素类	半合成青霉素、红霉素、林可霉素、磺胺类、万古霉素
	耐青霉素金黄色葡萄球菌	化脓创、蜂窝织炎、关节炎、败血症、呼吸道或消化道感染、心内膜炎、乳腺炎等	耐青霉素酶的半合成青霉素	红霉素、头孢菌素类、林可霉素、杆菌肽、万古霉素
	溶血性链球菌	猪、羊、鸡链球病	青霉素 G、头孢菌素类	大环内酯类、磺胺类
	化脓性链球菌	化脓创、肺炎、心内膜炎、乳腺炎等	青霉素 G、头孢菌素类	四环素类、大环内酯类、磺胺类
	马腺疫链球菌	马腺疫、乳腺炎等	青霉素 G	磺胺类
	肺炎双球菌	肺炎	青霉素 G	红霉素、四环素类、头孢菌素类、庆大霉素
	炭疽杆菌	炭疽病	青霉素 G	四环素类、红霉素、头孢菌素类、磺胺类
	破伤风梭菌	破伤风	青霉素 G	四环素类、磺胺类、林可霉素
	猪丹毒杆菌	猪丹毒、关节炎、感染创等	青霉素 G	红霉素
	气肿疽梭菌	气肿疽	青霉素 G	四环素类、红霉素、磺胺类
	产气荚膜梭菌	气性坏疽、败血症等	青霉素 G	四环素类、红霉素
	结核杆菌	各种结核病	链霉素、异烟肼	卡那霉素、对氨基水杨酸、利福平、乙胺丁醇
	李氏杆菌	李氏杆菌病	四环素类	红霉素、青霉素、磺胺类
革兰氏阴性细菌	大肠杆菌	幼畜白痢、呼吸道感染、败血症、腹膜炎、泌尿道感染	氟喹诺酮类、氟苯尼考	庆大霉素、卡那霉素、磺胺类、多黏菌素、链霉素、四环素类
	沙门氏菌	肠炎、下痢、败血症、马副伤寒性流产、幼畜副伤寒	氟喹诺酮类、氟苯尼考	磺胺类、羧苄西林、四环素类、氨基糖苷类
	绿脓杆菌	烧伤创面感染、泌尿道感染、呼吸道感染、败血症、乳腺炎、脓肿等	羧苄西林	妥布霉素、庆大霉素、阿米卡星、多黏菌素 B
	坏死杆菌	坏死杆菌病、腐蹄病、脓肿、溃疡、乳腺炎、肾炎、坏死性肠炎、肠道溃疡等	磺胺类	四环素类、庆大霉素
	巴氏杆菌	禽霍乱、猪肺疫、出血性败血症、运输热、肺炎等	链霉素	磺胺类、四环素类、氟喹诺酮类、阿米卡星
	鼻疽杆菌	马鼻疽	土霉素	磺胺类、链霉素
	布鲁氏菌	布鲁氏菌病、流产	四环素＋链霉素	磺胺类、多黏菌素、氟喹诺酮类、卡那霉素、庆大霉素
	嗜血杆菌	肺炎、胸膜肺炎等	四环素类、氨苄西林	庆大霉素、头孢菌素、氟喹诺酮类
	土拉杆菌	野兔热	链霉素	卡那霉素、庆大霉素
	胎儿杆菌	流产	链霉素	青霉素＋链霉素、四环素

续表7.4

病原微生物		所致主要疾病	首选药物	次选药物
螺旋体及支原体	钩端螺旋体	钩端螺旋体病	青霉素G、链霉素	四环素、多西环素、庆大霉素、红霉素
	猪痢疾密螺旋体	猪痢疾	乙酰甲喹	泰乐菌素、红霉素、林可霉素、泰妙菌素
	猪肺炎支原体	猪支原体肺炎	泰乐菌素	大环内酯类、氟喹诺酮类、卡那霉素、四环素类、林可霉素、泰妙菌素
	牛肺疫丝状支原体	牛肺疫	泰乐菌素	大环内酯类、泰妙菌素、氟喹诺酮类、四环素类、链霉素、新胂凡纳明
	山羊传染性胸膜肺炎支原体	山羊传染性胸膜肺炎	泰乐菌素	大环内酯类、四环素类、氟喹诺酮类、新胂凡纳明
	鸡败血支原体	鸡呼吸道病、传染性窦炎（火鸡）	泰乐菌素、泰妙菌素	大环内酯类、氟喹诺酮类、四环素类、链霉素
	鸡滑液囊支原体	鸡滑液囊炎	泰乐菌素	泰妙菌素、红霉素、氟喹诺酮类、四环素类、卡那霉素、链霉素、氟苯尼考
放线菌及真菌	放线菌	放线菌肿	青霉素G	链霉素
	烟曲霉菌	雏鸡烟曲霉菌性肺炎	制霉菌素	克霉唑、两性霉素B、灰黄霉素
	白色念珠菌	念珠菌病、鹅口疮	两性霉素B	制霉菌素、克霉唑
	囊球菌	流行性淋巴管炎	制霉菌素	四环素类、克霉唑、两性霉素B、新胂凡纳明
	毛癣菌	毛癣	灰黄霉素	克霉唑、制霉菌素
	小孢霉	毛癣	灰黄霉素	克霉唑、制霉菌素

2.特定性治疗

当感染类型已确定,病原菌及其药敏试验已获结果,即可选择抗菌药物进行特定性治疗。这种治疗方案具有肯定性,能够获得较好的临床效果。如果病情严重,或混合感染,则应采用联合抗菌治疗。

3.综合性治疗

在治疗细菌感染时,须充分认识到机体免疫力的重要性,过分依赖抗菌药物的疗效而忽视机体的抵抗力是抗菌药物治疗失败的重要原因之一。在应用抗菌药物的同时,应尽可能使机体全身状况得到改善,及时采取综合性措施如纠正水、电解质和酸碱平衡失调,补充血容量,处理局部病灶等。

（李琳）

二、输液疗法

（一）水、电解质紊乱与纠正

1. 脱水的临床指征

详见第五章第一节"十七、脱水"。

2. 水、电解质紊乱的检测指标

（1）血液常规检查。PCV、Hb、红细胞测定有助于水代谢紊乱的诊断。测定结果主要与血液浓缩或稀释有关。一般情况下没有必要同时测定上述 3 个指标，选其一即可，临床常用 PCV 作为判定水代谢紊乱的指标。

（2）血清电解质测定。常规检测的电解质主要有钾、钠和氯。钠主要存在于细胞外液，测定血浆或血清钠可代表体内钠的状态。钾主要存在于细胞内液，测定血清或血浆钾不能直接反映细胞内液钾的浓度或全身钾的状态。对血浆或血清钾浓度测定结果的评价应与酸碱平衡和临床资料综合加以分析。

血浆或血清氯的浓度通常反映钠和碳酸氢盐浓度的改变，与钠浓度呈正相改变，与碳酸氢盐呈反相改变。在低氯血症时不伴有相应的低钠血症，表明机体盐酸（胃酸）丧失而不是氯化钠丧失。

3. 水、电解质紊乱的临床常见类型及纠正方法

构成输液疗法的要素主要有：输液途径、输液量、输液速度、输液时机及液体种类等。输液疗法的选择主要是依据脱水的种类和程度及电解质紊乱的状态。

（1）脱水。脱水包括水与电解质的共同丢失，按细胞外液的渗透压不同分为 3 种类型，症状详见第五章第一节"十七、脱水"。在消除发病原因的基础上，不同类型的脱水治疗方法如下：

①等渗性脱水。给予平衡盐溶液或等渗盐水。常用制剂有生理盐水注射液、复方氯化钠注射液（林格氏液）、口服补液盐、葡萄糖氯化钠注射液。输液剂量可按以下公式计算：

$$平衡盐溶液的补充量（mL）= \frac{PCV\ 测定值 - PCV\ 正常值}{PCV\ 正常值} \times 体重（kg） \times 0.25^{*} \times 1\,000$$

（*动物细胞外液以 25% 计算）

注意事项：生理盐水中钠离子和氯离子浓度均为 154 mmol/L，氯离子浓度比血浆高出 50%，大量使用会使血氯增高，为此，宜使用复方氯化钠溶液。估算出需要补充的液体量后，一般当天只补 1/2～2/3，根据具体情况再决定是否输入其余的液体。补充液体后，尿量增加会使钾排出增多，应适时给予补钾。当尿量达到或超过 40 mL/h 时，即应在补液中加入氯化钾溶液，缓慢静脉滴注。严重脱水病畜伴有代谢性酸中毒时，必须在补充的液体中添加适量碳酸氢钠。

②高渗性脱水。即失水大于失钠。血浆 $Na^{+} > 150$ mmol/L，渗透压 > 310 mOsm/L，PCV、血浆总蛋白、尿素氮及尿比重升高，中心静脉压（CVP）下降。对有饮欲的病畜，可给予大量饮水或低渗盐溶液（含 0.45% 氯化钠）口服，对无饮食欲的病畜应静脉输入 5% 葡萄糖溶液，或二份葡萄糖氯化钠注射液与一份生理盐水的混合溶液。补液剂量为：

体重×缺水量占体重百分比

③低渗性脱水。患病动物血浆 Na^+ <130 mmol/L,渗透压<280 mOsm/L。补充含盐溶液或高渗盐水,以纠正低渗状态,补充血容量。常用制剂有 10%氯化钠注射液、葡萄糖氯化钠溶液。补充的钠盐剂量可按以下公式计算:

补充的钠盐量(mmol/L)=(正常血钠值-病畜血钠值)(mmol/L)×体重(kg)×20%

(2)水中毒。患病动物血浆 Na^+、Cl^-、渗透压、PCV、总蛋白浓度降低,CVP 升高,并呈现肺水肿、脑水肿及血红蛋白血症和血红蛋白尿症的症状。水中毒常见于抗利尿激素分泌过多、肾上腺皮质机能低下、肾脏泌尿功能障碍及低渗性脱水后期等。治疗时立即限制动物饮水,或采取少量多次饮水,同时配合对症治疗,强心、利尿等。

(3)低钾血症。即血浆 K^+ 浓度低于正常范围,主要见于长期采食低钾饲料、慢性饥饿或食欲废绝等原因引起的钾摄入不足;呕吐、腹泻、机械性肠阻塞等原因引起的消化道失钾过多;肾上腺皮质机能亢进、慢性肾炎及长期使用钾利尿剂导致肾排钾过多;大量输入葡萄糖或使用胰岛素及代谢性碱中毒时,血钾转入细胞内。高脂血症亦可引发低钾血症。血浆 K^+ 浓度低于 3 mmol/L 时即可引起临床异常,主要表现为嗜眠,厌食,呕吐,肌肉无力,肠弛缓,心律失常,尿比重下降等症状。

在治疗原发病的同时给动物补钾。对存在饮欲的动物,可在饮水中加入 1%~2%氯化钾溶液,让其自饮。对无饮欲或吸收功能障碍的病畜以及有典型低钾血症心电图的病畜以静脉滴注氯化钾溶液最适宜。补钾剂量可按以下公式计算:

补充钾量(mmol/L)=(血浆正常钾值-病畜血浆钾值)(mmol/L)×体重(kg)×60%

注意事项:静脉滴注用的氯化钾溶液浓度不能大于 0.3%,滴注速度应低于 80 滴/min,绝对禁止将氯化钾溶液直接静脉内推注,否则易发生严重的心律失常,甚至心脏骤停、突然死亡。肾功能严重减退者尿少时慎用氯化钾溶液。对于脱水病例一般应先给不含钾的液体,待排尿后再补钾,以防引起高钾血症。使用钾含量低的复方氯化钾注射液不会引起高钾血症,同时具有纠正酸中毒的功效。静脉滴注补钾时,一般先输给计算剂量的 1/3,并随时检查心率和心律,出现心率减慢、心律失常时应停止输液。

(4)高钾血症。即血浆 K^+ 浓度高于正常范围,主要见于急性或慢性肾功能衰竭、肾上腺皮质机能低下使肾排钾减少;输入钾过多或过快;大面积烧伤、溶血、代谢性酸中毒,钾从细胞内移至细胞外液。临床主要表现为,厌食、呕吐、虚弱无力、嗜眠、心率缓慢及心电图异常。

除停用含钾溶液,治疗原发病以外,可选用以下药液治疗。静脉输入 5%碳酸氢钠溶液,一方面可纠正酸中毒,另一方面有降低血钾作用。25%葡萄糖溶液 20.0 mL,加入普通胰岛素 10~20 U,静脉滴注,可使血钾浓度暂时降低,经 3~4 h 重复注射一次。胰岛素可使 K^+ 进入细胞内,而葡萄糖又能刺激胰岛素的分泌,两者结合应用,有协同功效。对于肾功能衰竭的高钾血症病畜,可采用腹膜透析疗法。

高钾血症的病因复杂,除给予大量含钾溶液以外,绝大多数是继发性的,因此,应针对不同病因,采用相应的输液疗法和其他治疗方法。

(5)氯代谢紊乱。一般情况下,Cl^- 伴随 Na^+ 平行增高或降低,其病因和输液治疗方法与脱水相同。

(6)钙代谢紊乱。钙代谢紊乱能引起佝偻病、骨软症、纤维性骨营养不良、生产瘫痪等多种疾病。可口服钙、磷和维生素 D,也可静脉注射 10%葡萄糖酸钙注射液或 5%、10%氯化钙注射液,但氯化钙注射液的刺激性较大,应用时应谨慎小心。

(7)镁代谢紊乱。动物最常见的镁代谢紊乱是反刍动物低血镁搐搦,是因血镁浓度下降所致的疾病。牧草尤其是青草中镁含量低下(<0.2%)是导致本病的主要原因。胃肠疾病、甲状腺机能紊乱都能促进本病的发生。临床症状表现为兴奋不安、阵发性或强直性痉挛、惊厥、呼吸困难,个别最急性病例常突然死亡。血浆镁离子浓度下降,血浆钙离子浓度也低于 2.0 mmol/L,但血镁浓度的下降幅度大于血钙。

同时补充镁制剂(25%硫酸镁注射液)和钙制剂(25%硼葡萄糖酸钙注射液、10%葡萄糖酸钙注射液)有良好效果。对有狂躁不安症状的病畜,可先应用氯丙嗪等镇静药。钙镁注射液或钙镁葡萄糖注射液缓慢静脉注射。

(二)酸碱平衡紊乱与纠正

1.评价酸碱平衡的指标

为了正确评价酸碱平衡状况,最好同时测定血液 pH 以及反映呼吸和代谢因素的各项指标。反映呼吸因素的指标主要是 $PaCO_2$,反映代谢因素的指标包括实际碳酸氢盐、标准碳酸氢盐、缓冲碱、剩余碱或碱缺乏、二氧化碳总量和二氧化碳结合力(carbon dioxide combining power,CO_2CP),多采用血气分析仪测定。

2.酸碱平衡紊乱的诊断

临床上要对患病动物酸碱状态做出正确的判断,除主要依据酸碱分析结果外,还必须结合病史,临床体征,电解质和阴离子隙(anion gap,AG)检测数据,并检索有关酸碱平衡诊断图表,进行综合分析。

(1)分析酸碱检测结果。其中血液 pH 可作为评价血液酸碱度的指标,$PaCO_2$ 可作为判定呼吸性酸碱失衡的指标,剩余碱(BE)或实际碳酸氢根(AB)可作为判定代谢性酸碱失衡的指标,然后,依据这三项指标的改变,按下述程序进行分析评价。

有无酸碱失衡:首先看 pH 是否有改变,pH<7.35 为酸血症,pH>7.35 为碱血症。但是,pH 正常亦不能排除酸碱失衡,因为在代偿性酸、碱中毒和混合性酸、碱中毒时,pH 可在正常范围之内。此时,应依据呼吸性和/或代谢性指标的改变加以判定。

是呼吸性还是代谢性酸碱失衡:如 $PaCO_2$>5.3 kPa 为呼吸性酸中毒,$PaCO_2$<5.3 kPa 为呼吸性碱中毒;如 HCO_3^-<24 mmol/L 为代谢性酸中毒,HCO_3^->24 mmol/L 为代谢性碱中毒。

是原发性还是继发性酸碱失衡:一般而言,单纯性酸碱失衡的 pH 是由于原发性酸碱失衡决定的,pH 改变的方向与原发性紊乱一致,原发性紊乱的改变大于代偿性改变。

是代偿性还是失代偿性酸碱紊乱:一般而言,代谢性酸中毒的呼吸代偿可即刻发生,1 d 就可达最大限度;代谢性碱中毒要经 1 d 才发挥作用,3~5 d 达最大限度,代偿作用不如代谢性酸中毒完全;呼吸性酸中毒的代谢性代偿要在 1 d 后才能开始,5~7 d 达最大限度;呼吸性碱中毒的代谢性代偿 6~18 h 开始,3 d 可达最大限度。

是单纯性还是混合性酸碱失衡:无论是代谢性还是呼吸性酸、碱中毒,凡其代偿指标($PaCO_2$ 或 BE)在代偿预计范围之上或之下的,在排除由于时间短尚未达到最大代偿之后,可诊断为混合性酸碱失衡。

(2)结合病史和临床体征。在了解病史和现症的基础上,对患病动物可能存在的酸碱失衡做出推断,是酸中毒还是碱中毒,是代谢性的还是呼吸性的;根据病情、病程估计酸碱失衡的持续时间,是急性的还是慢性的;根据肺、肾功能判断代偿机能是否正常。

(3)参照电解质和AG。低钾或低氯血症指示可能存在代谢性碱中毒,高血钾或高血氯指示可能存在代谢性酸中毒。AG升高指示存在代谢性酸中毒,AG降低指示存在代谢性碱中毒。

3.酸碱平衡紊乱的类型

(1)代谢性酸中毒。凡能引起体内固定酸积聚或碱性物质耗损的疾病,均可产生代谢性酸中毒(详见第五章第一节"十九、酸中毒")。

(2)代谢性碱中毒。凡引起体液氢离子丢失或碳酸氢盐浓度增加的疾病均可引起代谢性碱中毒。

(3)呼吸性酸中毒。基于肺排出CO_2障碍的酸碱平衡紊乱。其临床特征是呼吸困难,血液$PaCO_2$升高和pH下降(详见第五章第一节"十九、酸中毒")。

(4)呼吸性碱中毒。基于肺换气过度,CO_2排出过多的酸碱平衡紊乱。

(5)混合型酸碱平衡紊乱。混合型酸碱失衡,即同时存在两种以上原发性酸碱紊乱,其中之一可能是主要的。

4.酸碱平衡紊乱的纠正

(1)代谢性酸中毒。治疗原则是除去病因,治疗原发病;纠正水、电解质失衡;补碱抗酸。轻症病例经病因处理后多不需要碱性药物治疗,可自行纠正。对于体内调节机能不足以恢复酸碱平衡的病畜,必须静脉输注碱性溶液。

①补碱量的确定。病畜需要补充的碱量可用下述任一公式计算:

$$所需碱液的量(mmol)=BE×30\%×体重(kg)$$
$$所需碱液的量(mmol)=(24-病畜 HCO_3^-)×60\%×体重(kg)$$
$$所需碱液的量(mmol)=\frac{50-CO_2CP(mL\%)}{2.24}×60\%×体重(kg)$$

②补碱速度。快速输入计算碱量的1/2,然后再根据临床表现及酸碱平衡指标,决定另1/2输入量的增减及速度。对较重的酸中毒只允许在几小时内提高HCO_3^- 4~6 mmol/L,以防治疗后呼吸性碱中毒的发生。

③碱性药物的选择。碳酸氢钠为纠正酸中毒的首选药物。乳酸钠对纠正除乳酸酸中毒以外的代谢性酸中毒也有效。

(2)代谢性碱中毒。治疗原则是除去病因,治疗原发病;补酸抗碱,纠正碱中毒。

对于轻症病例只要积极治疗原发病,消除引起碱中毒的致病因素,无须补酸抗碱,碱中毒即自行纠正。对低氯性碱中毒,静脉注射生理盐水或5%葡萄糖生理盐水亦可收效,因为盐水中Cl^-的含量较血清高1/3。重症病例可给予一定量的酸性药物,如0.9%NH_4Cl,0.1 mol/L盐酸葡萄糖液。补酸量通常按CO_2CP、BE或Cl^-与正常的差值计算。计算方法如下:

$$补酸量(mmol)=(病畜 CO_2CP-正常 CO_2CP)(mmol/L)×0.3×体重(kg)$$

对低钾性碱中毒,还应补充适量钾盐。

（3）呼吸性酸中毒。治疗原则是治疗原发病，缓解气道阻塞；补碱抗酸，纠正酸中毒。

①治疗原发病，缓解气道阻塞。应针对病因进行有的放矢地治疗，例如呼吸道阻塞应用支气管扩张药，呼吸中枢抑制应用兴奋呼吸中枢的药物。

②补碱抗酸，纠正酸中毒。对重症病例可用碱性药物拮抗酸中毒，一般认为碳酸氢钠在体内靠释放 CO_2 来升高 pH，故注射后会使 $PaCO_2$ 明显升高，甚至引起脑水肿。对伴有低氧血症的呼吸性酸中毒，实施给氧要低流量、低浓度。

（4）呼吸性碱中毒。轻症病例，针对其呼吸过程的病因进行治疗，即减少 CO_2 的排出。在人医临床上对重症呼吸性碱中毒病人采用吸入含 5% CO_2 的混合气体，或用一纸袋盖在鼻、口部，使患者重新吸入呼出的气体。

（李林）

三、输血疗法

输血疗法是输入正常生理机能血液的一种治疗措施，具有刺激造血，补充循环血量，增加血液渗透压，提高血液携氧能力及血凝功能，止血，解毒，抗休克等重要作用。

（一）适应症

输血疗法适用于手术、创伤、疾病所致急性失血，贫血，血液蛋白过量丢失，血小板及凝血因子缺乏，溶血性输血反应，一氧化碳及化学物质中毒。

（二）供血动物应满足的条件

体格健壮、无传染病与寄生虫病的同种动物作为供血动物。犬体重 10～20 kg，猫 2 kg 左右，年龄 2～8 岁，完成免疫注射。特别应注意供血犬猫不可有受血经历。

（三）采血与配血

大动物一次可采集 2 000～3 000 mL，犬每次 20 mL/kg，猫 20 mL/kg。将采集的抗凝血立即注入盛有生理盐水或糖盐水的 100～200 mL 瓶内，轻摇并加入 5～10 mL 地塞米松注射液即可输血。如存放在 4～8℃ 冰箱中，24 h 内仍可使用。常用的抗凝剂及保存液有：38～40 g/L 柠檬酸钠溶液；100 g/L 氯化钙溶液；CPD（柠檬酸-磷酸盐-葡萄糖）保存液；ACD（柠檬酸-柠檬酸三钠-葡萄糖）保存液；肝素。

理论上，输血时应给予受血动物同型或相合的血液，否则会发生输血反应，但实践证明，紧急情况下，各种家畜首次输血都可选用同种家畜血液，而不管血型是否相同。但小动物的血型是否匹配很重要，如犬有 8 种血型，其中 DEA 1.1、DEA 1.2、DEA 7 因子是重要的红细胞抗原，能在无红细胞抗原的受血犬体内产生同种抗体，破坏红细胞，所以，这三种因子阴性的供血犬是最好的选择。猫的血型有 A、B 和 AB 型。B 型血的血清中有抗 A 型血抗体，当把 A 型血输给 B 型血的猫时会发生严重的抗原抗体反应，导致溶血甚至死亡。而同血型的猫之间很少出现输血反应。动物首次输入异型血后，都能在 3～6 d 产生抗体，如果此期间又用同一家畜供血，就会产生输血反应。重复输血前必须进行交叉配血试验。

a. 供血者和受血者各采集 2 mL 血液，置于 EDTA 试管内；b. 以 3 000 r/min 离心除去血浆;c.将红细胞重新悬浮于生理盐水中,离心除去上清液,重复 3 次;d.用 0.02 mL 洗涤后的 RBC 加上 0.98 mL 生理盐水制备成 2%的 RBC 悬浮液;e.主侧交叉配血:2 滴供血者 RBC 悬浮液＋2 滴受血者血浆;f.次侧交叉配血:2 滴受血者 RBC 悬浮液＋2 滴供血者血浆;g.对照: 2 滴供血者 RBC 悬浮液＋2 滴供血者血浆;h.在 25℃下培养主侧、次侧和对照样本 30 min; i.以 3 000 r/min 离心所有试管;j.出现凝集为阳性结果。

如主侧配血和次侧配血都为阳性,或主侧配血阳性,则供血动物的血液不能用;如果主侧 为阴性,而次侧为阳性,则供血动物的血液应慎用;如果主侧和次侧配血均为阴性,则供血动物 血液可以输给受血犬。

(四)输血方法

(1)输血途径。临床上以静脉输血最好。输血中要间歇地晃动输血瓶,防止红细胞沉降堵 塞针孔。

(2)输血量。根据病情需要和体重确定输血量。研究表明,每千克体重输 2.2 g 全血或 1 mL 红细胞可使 PCV 升高 1%。输血过量可增加心血管负担,引起肺水肿和急性充血性心 力衰竭。

(3)输血速度。输血速度与疾病种类、心肺功能状态密切相关。一般情况下,输血速度不 宜太快,尤其在输血的前 15 min 内速度应缓慢,并观察受血动物,如果开始张口喘气、流涎、呼 吸心跳加快,应立即停止输血。

(五)血液的选择

(1)全血输血。全血是指血液的全部成分,包括血细胞及血浆中各种成分。全血的类 型有:

①新鲜全血。采集后不超过 8 h 的全血称为新鲜全血,各种成分的有效存活率在 70%以 上。②保存全血。将血液采集后加入含有保存剂的容器后,在 4℃冰箱保存。

全血的适应症:大出血,如急性失血、产后大出血、大手术等;体外循环;换血疗法,如溶血 性疾病;血液病,如再生障碍性贫血、白血病等。

(2)血液成分输血。血液成分输血是将全血制备成各种不同成分,供不同用途使用的一种 输血方法。成分输血由于没有血浆成分存在,减少了对心血管系统的负担,对高度贫血、心肺 疾病、老龄及衰竭的动物具有较高的安全性。既能提高血液使用的合理性,减少不良反应,又 节约血液资源。

(六)输血不良反应的诊断和治疗

(1)发热反应。在输血期间及输血后 1～2 h 内体温升高 1℃以上并有发热症状称为发热 反应。其主要原因是由于抗凝剂或输血器械含有致热原所致。动物表现为发热、震颤、不安、 心音亢进等。处理方法:严格执行无热原技术和无菌操作技术,可在每 100 mL 血液中加入 5 mL 地塞米松。反应严重时应立即停止输血并肌肉注射盐酸氯丙嗪,同时对症治疗。

(2)过敏反应。多因输入血液中含有致敏原所致。动物表现为呼吸急促,痉挛,皮肤出现 荨麻疹块等症状,甚至发生过敏性休克。处理方法:立即停止输血,给予抗组胺药,如盐酸苯海 拉明、扑尔敏、钙制剂等,并进行对症治疗。

（3）溶血反应。因输入错误血型或配伍禁忌的血液，或因血液在输血前处理不当所致。动物在输血过程中突然表现不安，呼吸和脉搏频数，肌肉震颤，不时排粪排尿，出现血红蛋白尿，可视黏膜发绀或休克。处理方法：立即停止输血，改注0.9％生理盐水或5％～10％葡萄糖液，并碱化尿液，静脉注射5％碳酸氢钠。皮下注射肾上腺素，并使用强心利尿剂进行抢救。

（七）输血注意事项

（1）必须按照无菌要求进行操作，以减少输血感染的风险。

（2）注意抗凝剂的用量，并在采血过程中充分混合均匀，以免形成血凝块，造成血管栓塞。随时观察动物状况，发现异常，立即停止输血，及时对症处理。用柠檬酸钠做抗凝剂进行大量输血后，应立即补充钙制剂，否则会因血钙骤降导致心肌功能障碍，重则发生心跳骤停而死亡。

（3）一般情况下，血液不需加温。在输冷藏血或寒冷情况下加温时，把输血导管通过温水即可，其温度不能高于37℃，过热会造成血浆中的蛋白质凝固，红细胞黏附、变性、溶血，这种血液进入机体后会立即造成不良后果。

（4）禁用输血法的疾病不得使用输血疗法。

（5）血液被污染、溶血时应丢弃，储存不当或储存时间过长的血液禁用。

（6）当发生输血反应时应立即停止输血或减慢输血速度，增加晶体液（乳酸林格液等）输入的速度，使用抗组胺药、皮质类固醇类药物、肾上腺素等。为维持血压可使用多巴胺或间羟胺。

（7）当输血速度太快或循环血容量过多时，会发生呕吐。当给血容量正常的动物输全血而不是红细胞时，很可能发生血容量过多。

（8）不应将含钙的晶体液和血液通过相同的静脉输入。含钙溶液可使血液中抗血凝剂的作用失效。

（9）0.9％氯化钠溶液常作为伴随红细胞输入的液体。

（10）输血过程中，要不断轻轻晃动贮血瓶，以避免红细胞与血浆分离，给输入带来困难。

（11）动物有肺水肿、肾脏或心脏疾病时，要少输、慢输或不输。

（韩博）

四、给氧疗法

给氧疗法的目的在于增加动脉血氧张力，或者在未取得治疗效果前控制病情的恶化或不可抢救的危险发生。动物短时间内缺氧就会使大脑产生不可恢复的病理变化，严重缺氧可危及生命。不同生理状态的动物对缺氧的耐受性不同。以犬为例，妊娠母犬和胎犬对缺氧最为敏感，给氧疗法常用于使用麻醉药过量而引起犬的呼吸困难、心力衰竭以及各种紧急情况。输氧后，呼吸困难缓解，心率下降，紫绀减轻，则表示纠正缺氧有效。若呼吸过缓，则应进行辅助呼吸和使用呼吸兴奋剂。

（一）给氧方法

（1）给鼻孔安上一根导管，用或者不用面罩罩住鼻子和嘴巴（一般来说，这不是一种好方法）。

（2）导管插入咽部。

（3）气管内插管（管内充气或不充气）。

（4）经气管切开术插入气管导管。

（5）把病畜的头或整个病畜放进氧气室内。

（二）使用气体

（1）纯氧可以气泡状输入或与气体麻醉药混合，以加速其挥发，但输入时间不能超过12 h，否则可引起氧中毒或"氧烧伤"，使肺泡膜受刺激和变厚，从而削弱氧和二氧化碳的正常弥散作用。因纯氧可使黏膜干燥，一般使氧气先通过一个盛有 1/2 或 2/3 水的瓶中。

（2）氧以不同浓度与室内空气混合，含氧量为 $50\%\sim95\%$。

（3）氧气加喷雾药，如新霉素和多黏菌素 B，或溶黏液剂，如 10% 或 20% 的乙酰半胱氨酸（又名痰易净，可以通过气雾或局部滴入）。

（4）氧气与气体麻醉剂，如氟烷或一氧化二氮混合。

（三）注意事项

（1）氧气能强烈助燃。应避免吸烟、点火，输电线或加热器垫应远离任何浓度的氧气。氧气与环丙烷和油类结合时易燃，所以有氧气通过的阀门或任何导管及仪器都不应该上油。

（2）氧气筒内有高压氧气，必须小心处理。不得使用废旧或临时凑合的调节器。当用新的氧气筒时，必须慢慢松开阀门，人和家畜应远离。

（3）氧气装置要有专人看管，随时注意观察输入量。给氧导管必须严密。氧气瓶内的氧气不要用尽，保留量不应少于 5 L，以防杂质混入。

（韩博）

【本章小结】

兽医临床基本技术主要包括动物保定、消毒技术、投药技术、注射技术、穿刺技术、灌肠技术、洗涤技术、导尿技术、驱虫技术、止血法、病料采集与送检技术、动物剖检技术、实验室常用检验技术、特殊诊疗技术、助产技术、流行病学调查与疫情处理、治疗方法等，涵盖了基础兽医学、预防兽医学和临床兽医学的主要实践环节，既有传统经典的临床诊疗技术，又有近年来临床诊疗的新技术、新成果。通过专业实习，熟练掌握不同动物的保定方法、不同类型疾病诊断的病料采集方法、动物传染性疾病的疫情处理方法及传染病检验技术、寄生虫病诊断技术、常见毒物分析技术、疫区消毒和临床消毒技术、外科手术的麻醉和止血方法；掌握血常规、尿常规、粪便检查、生化检查等各项实验室检查方法；熟悉B超检查、X线检查、心电图检查、内窥镜检查技术；能熟练运用投药、注射、穿刺、洗涤、导尿、驱虫、助产等方法对疾病进行治疗。总之，能基本胜任门诊室、化验室、仪器诊断室、治疗处置室、手术室等岗位的兽医诊疗工作。

第八章　兽医学写作

【本章导读】

　　熟练撰写兽医学领域的各类专业性文件(临床病例报告和分析、专业调查报告和试验报告等)和学术论文(公开发表的学术论文和学位论文)是兽医专业高级人才的必备能力。专业写作是应用创造性思维对语言、专业知识进行提炼、整理、加工的一种综合性的复杂脑力劳动过程。把写作基本知识与专业知识结合起来,既是学生兽医专业实习中一个重要内容,也是学生应该持久努力、不断提高的终身目标。

第一节　兽医学写作的概念及意义

　　兽医学写作是以兽医科学为主要内容的写作,是兽医学教育、科研、疾病诊疗和兽医医政管理等必不可少的手段。无论是刚刚涉足兽医学的学生,还是德高望重的兽医界泰斗;不管是从事兽医学的教育者、科研人员,还是各级行政管理人员或从事兽医临床诊疗工作的人员及兽医医药的生产者、经营者,都必须经常进行写作。如兽医临床医生要书写病历、病例报告;兽医学教师要撰写讲稿、编写教案;兽医科技工作者要写文献综述、开题报告、项目建议书和可行性论证报告及实验设计、实验记录、阶段小结、结题总结、论文、技术鉴定书等;技术行政管理部门要写工作规划、管理细则、工作总结、典型经验总结等。事实上,兽医学写作已经成为兽医工作不可分割的一部分,成为培养学生能力、提高其素质的重要途径之一。另外,兽医学写作所产生的文献资料,是促进畜牧兽医科学不断发展,将畜牧兽医科学技术转化为社会效益、推动社会生产力发展的重要手段。

第二节　兽医学写作的分类

　　1.兽医学学术文献

　　以兽医学领域内具有创新意义的成果为主要内容;以很强的兽医学专业学术性为主要特征。包括兽医科学论文、兽医科技报告、兽医科技情报、兽医学术专著、兽医专业教材。

　　2.兽医学应用文

　　以很强的实用性为特征,以动物疾病诊疗、临床工作管理及科研中的事务工作为其主要内容。包括：

(1)兽医学科技应用文。如科研项目申请书、科研设计书、技术鉴定书、成果申报书、专利申请书等。

(2)兽医医务应用文。如病历记录、病程记录、手术记录、病理剖检记录等。

(3)兽医医政应用文。兽医临床工作及兽医人员管理工作中的计划、总结、简报、会议纪要、文件、规章制度等。

3.兽医学科技新闻

兽医学新闻以近期在兽医学领域中发生的事件为主要内容，如通讯、消息、特写、调查报告等。

4.兽医学科普作品

向广大人民群众普及禽畜卫生保健常识及疾病预防措施为主要内容的文字作品。

(1)兽医学说明文。如兽医学知识说明文、兽医学技术说明文等。

(2)兽医学文艺。如兽医学科普故事、兽医学小品、兽医学科教影视剧本等。

第三节 病例报告

病例是某种疾病的例子。某一动物患了某种疾病，就是这种疾病的病例。兽医工作者对某个病例的诊断、治疗记录称为病案或病历。对某一或某些病历，在客观、系统记录基础上，进行科学的总结并做必要的理论分析，即形成病例报告和病例分析。

病例报告是报道具有特别意义的个别病例的一种兽医科技写作形式。通常以一个或数个病例为素材。作为病例报告素材的病历，必须是兽医临床上极为罕见，容易造成误诊的病例，或在诊断、治疗过程中产生某些罕见反应或特殊现象的病例。

1.病例报告的意义

(1)报道罕见、容易造成误诊的病例，可引起同行的注意，避免误诊、误治。

(2)报道兽医临床诊断、治疗过程中出现的罕见反应或特殊现象，可为其他兽医工作者提供经验，以便利用或避免这些反应和现象。

(3)通过个别病例特殊本质的报道，为研究某一疾病、某一治疗药物（或疗法）的共同本质提供素材。

2.病例报告的格式和要求

(1)题名。要简明、具体、直截了当，使人一目了然。可直接写"××病一例报告"或"××药治疗××病引起××的×例报告"。如《中西医结合治疗大熊猫角膜翳一例报告》、《小型狮子犬膀胱结石一例报告》。

(2)作者及工作单位。

(3)正文及讨论。病例报告的正文，通常开门见山直接介绍病例，内容包括：病例的一般情况，病畜性别、年龄、品种、畜名、营养状况等，主诉，简要病史，阳性体征，具有鉴别诊断意义的阴性体征，主要的实验室诊断和特殊诊断结果，诊断，治疗方案，治疗过程及机体的反应，预后和转归，病理剖检（有资料时）。

讨论,在正文对病例介绍以后,要进行针对性的讨论,以阐明作者的观点,在诊断和治疗过程中的经验体会。

(秦顺义)

第四节 病例分析

病例分析,是以同一疾病的一组病例为基础,进行统计分析、对照比较、寻找规律、总结经验的一种兽医科技写作形式。

用作病例分析的病案,在筛选整理时要注意以下三点。首先,要有代表性,因为针对一组缺乏代表性病案的分析结论往往是片面的,例如选择新生畜黄疸的病案作为某种药物治疗黄疸的疗效分析就缺乏代表性;其次,要有一定的数量,病历数量不足,难以反映客观实际,价值不大,具体数量要求视病类不同而异,如常见多发病,几百例不算多,罕见病例有十几例就足够了;第三,要尽可能缩小抽样误差,使病例分析能客观反映某一疾病的临床表现规律,或真实地总结出治疗经验。

1.病例分析的分类

(1)回顾性病例分析。系兽医临床上最常用的一种。是指事先未进行设计,对分析的项目既未事先做出计划也未确定指标,只是根据若干年来积累的病历资料,进行总结分析。回顾性病例分析的优点是容易获得病历资料;缺点是事前缺乏设计,往往资料不齐全,资料之间的可比性差,因而科学价值不如前瞻性病例分析。这里为兽医临床工作者提出一个问题,为了能够不断地总结技术工作中的经验,而有所发现、有所进步,就必须在日常的业务工作中,按畜禽疾病诊疗工作的要求,规范化地进行检查、记录和填写病历。

(2)前瞻性病例分析。是指事先根据某一研究目的,规定分析项目,设计原始记录表,逐一填写清楚,而后进行汇总、比较、分析,撰写的病例分析报告。其优点,病历资料齐全,项目、指标清楚,资料的可比性、科学性较强;缺点是从设计到积累足够的病例,往往要花费较长的时间和较多的精力。

2.病例分析的基本格式和写作要求

(1)题名。要求简短明了,紧扣主题。可以直接写"××病××例分析",如《水牛难产23例诊疗分析》、《35例母猪产死胎的诊断分析》、《牛氟乙酰胺中毒245例分析》等。

(2)作者及工作单位。

(3)前言。简要介绍本病例分析的目的意义及资料来源。

(4)主体部分。因病例分析的主要内容不同而有所差异,如有的侧重于疾病诊断,有的侧重于治疗,也有的重点总结疾病的病理变化或理化学指标等。但一般病例分析包括以下各项。

①一般资料。如病畜性别、年龄,发病季节,流行特点等。

②临床表现。不同病程、病情的临床症状。

③实验室检查。只列出与本病例分析有关的检查项目。

④各有关项目的分析、对比、归纳。将数十例或数百个病例放在一起,将其相关项目汇总、对比、归纳、分析,以便寻找规律。为了便于分析,使内容更加直观,可采用各种特别设计的统

计表或统计图,但图表设计、采用应恰当,图表已表达的内容不要再用文字重复叙述。

⑤结果或结论。在上述分析、对比、归纳的基础上,得出共同的规律和特征。

(5)总结。根据以上取得的结果或结论,概括地阐明值得吸取的经验和教训,与进行本项病例分析的目的意义首尾相互呼应。

(6)参考文献。

(赵洪进)

第五节　病历的撰写

病历是临床兽医人员,对患病动物的发病情况、诊断及治疗情况的文字记录。它不仅是临床诊断和治疗的根据,还是临床教学、动物医学科研和司法诉讼工作的宝贵资料。病历是医疗质量和学术水平的重要标志,又体现了临床兽医工作者的能力和水平,病历的书写是兽医专业学生和临床兽医必须掌握的一项基本技能。

1.撰写病历的基本要求

一个好病历要具备以下基本条件:时间概念清楚,病史内容真实,症状描述得当,专业术语应用正确,逻辑思维严密,诊断与病史、临床特征统一,语言表达简练、准确等,具体要求如下。

(1)按门诊病历、住院病历的格式书写。

(2)各种症状的描述均应应用专业术语,不得使用俗语。

(3)所有记录一律用蓝或黑墨水书写,字迹清楚,用字规范,标点正确,书面整洁。遇有药物过敏的,必须用红笔标明。

(4)简化字应按国务院公布的《简化字总表》的规定书写,外文缩写应按人民卫生出版社出版的《英汉医学词汇》书写,疾病名称要规范,切忌自造病名。药物名称可用中文、英文、拉丁文,不得用化学分子式。

(5)度量衡单位要用法定计量单位,书写各种计量单位一律采用国际符号。

(6)病历中的诊断或其他记录内容需要更改时,可将更改内容写入病程记录并作说明,不得将原记录随意更改、剪贴。

(7)实习医生的病历记录,应请主治兽医师红笔修正并签名。

2.病历的格式及要求

(1)一般情况。包括畜主姓名、住址(详细住址、电话号码)、畜别、畜名、性别、年龄、门诊日期(年、月、日、时、分)、住院日期(年、月、日、时、分)。

(2)病史。

①主诉。记录畜主介绍的病畜的主要临床表现及持续时间。不能用诊断或检查结果代替主诉症状;主诉应简洁,主诉的主要症状多于一项时,应按发生时间先后次序分别列出。如发热、咳嗽、喘息 3 d,食量减少、腹泻、消瘦 2 个月等。

②既往病史。包括动物以往健康情况和疾病情况。按发病先后记录各种疾病的诱因、症状、病程、治疗经过,有无继发病或后遗症。既往史还包括:以往健康状况;有无急慢性传染病史及传染病接触史,预防接种史,外伤及手术史,药物过敏史及长期用药史。

— 201 —

③现病史。围绕主诉详细记录从起病到就诊时,疾病的发生发展经过和诊疗情况。内容包括:起病情况,何时、何地、如何起病,起病的缓急情况,发病可能的原因和诱因。主要症状的发生发展情况,可按主要症状发生的先后详细描述,包括症状的性质、部位、程度、持续时间、缓解或加剧的因素及伴随症状等。诊治经过,曾在何时何地诊治,诊断为什么病,做过何种检查,经过何种治疗,效果如何,有无不良反应等,应重点扼要地加以记录。发病前后的饲养管理和使役情况,有无突然更换饲料,使役情况有无改变等。

(3)现症检查。临床检查项目和内容因病类及动物种类不同均有不同要求。可参见有关教材。

(4)实验室及其他检查。根据需要和可能,进行血、尿、粪常规检查,肝、肾功能检查,X线摄片、心电图、超声波检查等。

(5)诊断。分初步诊断和最后诊断。列出诊断依据,提出诊断病名。

(苏旭功)

第六节　兽医学调查报告

调查报告,是畜牧兽医工作者是对兽医学某一问题进行分析研究的书面表达形式。

1. 兽医学调查报告的特点

(1)针对性。兽医学调查报告是针对某一实际问题而作,如探索某鸡场某一次急性饲料中毒的病因,检测某地区成年黄牛血清轮状病毒抗体水平等。一篇调查报告回答一个实际问题,有很强的针对性。一般说来,针对性越强,说明调查报告的质量越高。

(2)客观性和现实性。调查报告是客观现实的反映。它是以客观现实为基础,通过调查研究、分析综合,寻找事物内部的相互联系和规律,以解决动物疾病的预防和诊断等实际问题。因此,调查报告必须尊重事实,不能主观臆断,更不能无中生有。

(3)时效性。兽医学调查报告有较强的时效性。例如某些急性传染病的疫源调查,某些急性传染病的流行病学调查,某些急性中毒病的病因学调查等,都应该调查迅速,报道及时,以便有关部门制定相应的防治措施,争取迅速、有效地控制或消灭该病。

2. 撰写兽医学调查报告的步骤

(1)调查研究。

①设计调查方案。确定调查对象、范围、项目、方法和具体实施程序。

②确定调查工具和手段。如设计调查表格、调查问卷、采样种类和方法等。

③现场调查。深入现场,细致调查,搜集第一手资料,如实记录各种结果,若有与主观愿望相违背的结果更应详细记录,以便分析时有更充分的客观材料依据。

(2)分析结果。对结果进行认真的分析研究,对数据进行统计学处理,形成调查报告的基本素材。

(3)撰写调查报告。整理、归纳基本素材,以表达观点,形成结论,揭露事物本质。

3. 调查报告的基本格式及撰写要求

(1)题名。调查报告的题名是对调查对象及内容的简要表述,如《犊牛硒缺乏症的调查》、

《犬体寄生蜱的调查》、《秦皇岛和唐山两地区黄牛腹腔丝虫的调查》、《皖北、豫东黄犊牛腹泻症的调查》、《淮北地区幼犬腹泻症病因学调查》等。读者顾名思义，从题名即可获知调查的对象及中心内容。

（2）署名。

（3）引言。简要介绍调查动机和试图解决的问题，引导读者阅读全文。

（4）正文。

①调查对象。简要介绍调查对象及其数量、来源、构成及确定对象的方法。如《犬体寄生蜱的调查》一文中，调查对象写为"以华东地区某养犬场的 4 个队 67 间犬房和 80 头犬为调查对象"，调查对象的构成确定则为"发现有蜱的卵、幼虫、若虫或成虫存在或寄生者，即为感染"。有些调查报告，对调查对象的构成如畜龄、性别分布情况也要做出介绍。

②调查方法。调查方法要科学，并要有明确具体的介绍，如《皖北、豫东黄犊牛腹泻症的调查》采用问卷式现场调查与回顾性调查相结合的方法。

③资料处理。主要介绍如何处理调查得来的资料，是手工操作进行某项统计学处理，还是用微机处理，应用何种软件进行数据处理等。

④结果。是对经过整理、归纳的调查材料和经过统计学处理的调查数据的系统介绍。除了首先介绍调查对象的一般资料外，通常根据调查目的，分若干小标题，使结果的表述更加具体、深刻，层次分明；对数据资料，常采用统计表的方式进行表述，有时也可用统计图，使结果表述更加形象和直观。

⑤讨论。用公认的理论、国内外有关学者的见解以及作者本人的意见，对调查结果进行评定，以表明观点，提出建议和对策。评述要简明扼要，一般通过引用文献来提供论据，不作理论上的推导和引申。

（5）结论。是对引言的呼应，以简练的语言，总结本调查报告所解决的问题。如果在"讨论"中已有结论性的评价，"结论"部分可省去。

（6）参考文献。

（潘家强）

第七节　科技实验报告

兽医科技实验，是为了在兽医学领域内检验某一理论或假设，或解决某一悬而未决的问题所进行的实验研究工作。

科技实验报告是描述实验过程、记录实验结果的文章，是科技人员向社会公布自己的实验成果的一种形式。实验报告可再重复前人工作的记述，可以不要求明确的结论。不论实验结果是否达到预期的目的，不论取得的是正结果还是负结果，都可写成报告，对科学研究都有重要的参考价值。

1. 实验报告的特点

（1）纪实性。纪实性是实验报告最突出的特征。实验报告对实验的全过程都必须如实记录，对实验过程的各种现象和结果都要仔细地观察，准确地记录，不能舍弃或修改不符合主观意愿的结果。因为一些"反常"的"不理想"的结果，常可引发新的突破、新的发现。有时通过多次的实验,在这些"反常"的结果中,有可能找到新的、有规律的东西。

(2)确证性。确证性是实验报告的生命。"确证"包含"符合事实"和"能被证明"两层意思,即实验报告所记述的现象和结果既符合事实又经得起别人的重复验证。只有别人能够重复出相同的现象和结果的实验,才能获得社会的公认。

(3)可操作性。可操作性是纪实性和确证性的补充。实验报告对实验的各个环节均有明确的记录,使人能够重复进行操作,达到取得相同结果的目的。

2. 实验报告的基本格式及撰写要求

实验报告一般包括以下 6 个部分。

(1)实验名称。实验名称要能够明确表达实验的内容。例如,为验证"草食兽胃肠弛缓"这一新病理学概念可把实验名称定为反刍兽胃肠弛缓动物模型的建立及治疗实验。

(2)实验目的。要说明为什么要进行这个实验,解决什么问题,具有什么意义。如上述"反刍兽胃肠弛缓动物模型的建立及治疗实验"的实验目的,可写成:"①掌握复制胃肠弛缓动物模型的方法;②观察瘤胃内环境参数、植物神经调控状态与胃肠弛缓的关系;③观察碳酸盐缓冲合剂对胃肠机能的影响。"

(3)实验器材。实验用的所有仪器、材料应介绍齐全,包括名称、型号、规格、数量。

(4)实验步骤。实验步骤一般按时间顺序,说明实验的操作过程。可用序号列出每一步操作,使人能按次序一步步做下去;可采用操作流程图,上一项操作与下一项操作之间用"—"标示,达到按图索骥的目的。

(5)实验结果。实验结果,是在实验过程产生的现象和数据的原始记录基础上,经过科学加工而成的资料。原始记录是实验结果的根据,在实验过程中,必须随时在记录本上详尽地进行记录,除记录实验过程及其产生的现象和数据外,还应记录实验的日期、时间、环境条件(温度、湿度或其他特殊条件)。在实验完成之后,应对原始记录进行认真核对、系统分析,对数据进行统计学处理,形成实验结果。

(6)实验结论。实验结论,是根据在实验中观察到的现象和测得的数据等感性材料,进行理论上的分析、推理而产生的理性认识的客观表述。实验结论不是实验结果的简单重复。如果所得的实验结果未能说明问题,就不要勉强做出结论。实验报告一般要求写到实验结果为止。

3. 注意事项

(1)撰写实验报告应突出纪实性、确证性和可操作性。

(2)撰写实验报告应采用专业书面语言,可用通用符号代替文字概念,力求简明、确切。

(3)可采用示意图等图解的形式,弥补文字叙述上的不足。因为,实验过程的某些环节,单靠文字表达,常常难以做到清晰明白,而且要花较大的篇幅。但图、表的设计要简明、易懂、规范化。表内不用斜线和纵线,少用横线,一般用三线表。

(4)撰写实验报告时,有关字、词、计量单位及统计学符号等的书写规定,与其他兽医学论文的要求完全一致。

①简化字按国务院 1986 年 10 月 15 日在《人民日报》上重新发表的《简化字总表》的规定。不要用已经简化了的繁体字,也不要自己杜撰简化字。

②医学名词应以 1989 年科学出版社出版的《医学词汇》为准,尚未被收录的医学名词,可

参照人民卫生出版社出版的《英汉医学词汇》。

③应按国家标准局发布的《统计名词及符号》的规定:样本的算术平均数用英文小斜体 x 不用大斜体 X 或 M;标准差用英文小斜体 s 不用 SD;标准误用英文大斜体 S 加下角小斜体,即 S_x,不用 SE 或 SEM;t 检验用英文小斜体 t;F 检验用英文大斜体 F;卡方检验用希腊文小写斜体 χ^2;相关系数用英文小斜体 r;概率用英文大斜体 P;样本用英文小斜体 n。

④计量单位。采用 1984 年国务院发布的《中华人民共和国法定计量单位》。计量单位一律使用符号,如时间单位使用 s(秒)、min(分)、h(小时)、d(天、日);物质的浓度单位使用 mol/L(摩尔/升),禁止用 M(克分子浓度)、N(当量浓度);rpm 应写为 r/min。

⑤数字的表示,按国家标准《出版物上数字用法》(GB/T 15835—2001)。如 4 位或 4 位以上的数字,采用三位分节法,节与节之间空半个阿拉伯数字的位置。如 4 000,10 000 等,不能用“,”号分节。

⑥正文各层次一律用阿拉伯数字连续编码,不同层次的数字之间用下圆点“.”相隔,最末数字后面不加标点,如“1”,“1.1”,“3.2.1”。阿拉伯数字连续编码一律左顶格,后空一格写标题。正文层次不宜过多。

(李玉)

第八节 兽医专业学士学位论文的撰写

1.学士学位论文的基本框架结构

根据国际标准化组织(ISO)《文献工作—科学报告编写格式》(1983 年)、《学位论文的编写规则》(GB 7713.1—2006)、《文献编写规则》(GB 6447—1986)和《信息与文献参考文献著录规则》(GB/T 7714—2015),学位论文的基本框架结构由前置部分和主体部分构成。

前置部分:题名(中英文)、作者(姓名)、指导教师(姓名)(以上为封页)、目录(中英文)、摘要(中英文)、关键词(中英文)、缩略语中英文对照表。

主体部分:引言、材料与方法、结果、讨论、结论、致谢词、参考文献、附录。

2.论文题目

论文题目应能准确反映研究的中心内容,特别是特色和创新点,做到点明主题,文题相符,一目了然。论文题目所用词语还要有助于选定关键词和编制题录、索引等二次文献,以便为检索提供特定的实用信息,有利于流通和传播。此外,题目一般不宜超过 25 字。

在撰写论文题目时切忌使用笼统的、泛指性很强的词语和华丽不实的辞藻,忌空谈无物与包罗万象,还应避免使用非公知公用的缩略词、字符、代号等。尽量不用副题,不用标点。中外文题目应一致。题目应是一个短语而不是一个句子,多用名词、词组,应选用规范化术语,不用疑问句、宣传鼓动语句,避免使用“初探”、“浅析”、“一点体会”,摒弃“……研究”(Study of)、“……观察”(Investigation of)及“……的报告”(Report of)等无实质性内容的标题格式。

3.摘要

学位论文的摘要是对论文研究内容的高度概括,具有独立性、自明性。撰写时要求简明、准确地表述研究的关键内容。字数一般不超过 800 字;作为一篇完整的短文,不分段。

摘要中包括研究目的、方法、结果和结论四方面内容,缺一不可;必须言简意赅,重点突出,主题鲜明。

目的:说明研究和撰写论文缘由,简述背景和要解决的关键科学问题。

方法:简述在解决科学问题中所应用的关键性试验设计或技术。

结果:表述研究结果,并予以简明扼要的科学分析。

结论:阐明研究结果的科学结论和意义。

在撰写摘要时,一般用第三人称,不加注释和评论,不宜举例,不用引文,不与其他研究工作比较,不应用图表、公式、化学结构式等。在表述文献的性质和文献主题时采用记述性词汇。名词术语、语言文字和标点符号等必须规范,不用非公知公用的符号和术语。新术语或尚无合适汉文术语的,可用原文或译出后加括号注明原文。缩略语、略称、代号,一般在首次出现时必须予以全称注明。必须使用法定计量单位。

论文应附有相应的英文题目和英文摘要,其内容必须与中文摘要一致。英文摘要一般在中文摘要之后。

4. 关键词

关键词属于主题词中的一类。主题词除关键词外,还包含有单元词、标题词的叙词。关键词有利于读者及图书、档案部门查文献及编索引,是为了满足文献标引或检索工作的需要而从论文中选取出的用以表示全文主题内容信息的词或词组。每篇论文中应列出反映论文主题内容的 3~8 个关键词。关键词作为论文的一个组成部分,列于摘要之后。

关键词是定型名词,多为单词和词组,原形而非缩略语;无检索价值的词语(如"技术"、"应用"、"观察"、"调查"等)、化学分子式、未被普遍采用或在论文中未出现的缩写词以及未被专业公认的缩写词等均不能作为关键词;论文中提到的常规技术,内容为大家所熟知但未予探讨和改进的,也不能作为关键词。此外,还应列出与中文一致的英文关键词。

5. 引言(前言)

引言(前言)表述论文的研究背景(研究领域的进展和存在的问题)和拟研究解决的科学问题及其意义。学士学位论文的引言(前言)主要反映学生对该研究领域的了解状况。引言是为论文主要内容服务的,为读者理解、领会全文做铺垫和引导,所以不能离题和堆砌与研究内容关系不密切的文献资料。引言字数一般不超过全文的 1/4,以表述清楚为原则,避免与讨论内容重复。

在引言中不要介绍人所共知的普通专业知识或教科书上的内容,不要推导基本公式,不要自我评论和夸大其词,比如:"填补了一项空白","达到了××级先进水平","前人从未研究过"等,避免使用诸如"才疏学浅,疏漏谬误之处,恳请指教","不妥之处还望多提宝贵意见"等客套话。

6. 正文

正文是论文的核心内容,一般包括材料与方法、结果(与分析)、讨论和结论。

(1)材料与方法。

①材料。试验对象(动物、植物、微生物、寄生虫、细胞等),药品与试剂(标明制造厂商或提供单位和个人、规格等),仪器设备(标明制造厂商、出厂年份、型号,甚至主要性能),饲料或饲料原料。对材料的性质、质量、来源、材料的选取与处理等加以详细说明,以方便兽医同行重复

实验,对论文结果加以验证。

②方法。试验设计和所应用的技术。

试验设计包括分组、试验因子、剂量、试验时间等,遵循随机化、对照、重复和均衡性原则,调查研究项目包括观察或调查目的、调查数量、时间、地点、方式、方法;动物饲养管理条件;样品的采集、预处理与检测方法,如血液的采集与血液常规检验;数据统计分析方法,要注明各相关数据处理的统计学方法和应用软件。

(2)结果。以文字、表和图等经处理的数据来表述研究或观察结果。图表具有直观形象特征。结果的表述可根据内容的逻辑有层次地分段落,并示以小标题来突出要点。

研究结果的表述要简明扼要,层次分明。文字表达要思路清晰、合乎逻辑,简洁、准确和流畅,避免与图表中注解文字重复。实验结果中的数值不是原始实验数据,而是经加工或统计处理的。对研究结果可做简明的逻辑推理和分析,但不能加以评论、评价。

(3)讨论。讨论是论文中最有创造性见解、最严格的部分,是对实验、调查和观察结果从理论上进行分析、比较、阐述、推理和展望,通过逻辑推理、理论分析提出科学结论。

讨论的内容主要是对实验或观察结果做出理论解释和分析,也可以与过去及其他研究结果(不同时间、不同地点、相同或不同的研究对象中的研究结果)相比较,分析异同,解释产生差别的可能原因,并根据自己或他人的文献资料,提出自己的见解,实事求是、有凭有据地提出研究中发现的新问题和取得的新成果。同时对研究中存在的不足,可以分析可能的原因,提出今后急需研究的方向和设想。

讨论要突出重点,围绕关键点,一般不使用插图与表格;讨论不宜过长,通常不超过全文的1/3。

(4)结论。结论是总结概括整个研究工作,在试验结果和理论分析的基础上,经过严密的逻辑推理,更深入地归纳文中反映事物本质的规律和观念,得出有指导性、创造性、经验性的结论。结论是从实验或观察结果中抽象概括出来的一个判断。它要回答原建立的假设是否正确,从而对该研究所提出的问题作出解答。

结论要简明扼要,精练完整,每条自成段落;观点鲜明,用肯定的证据和可靠的数据写作,最好不用"可能"、"大概"等模棱两可之词;字数控制在 100～300 字之内。

(5)正文中图和表的制作。

①图。包括图序、图题、图线、图注等,图要精选,具有自明性,美观匀称。图序以阿拉伯数字连续编号;图题在图序之后空 2 格书写在图的下方居中位置;如为坐标图,图线应光滑均匀,主辅线分明,图中的量和单位要齐全,注明纵横坐标轴的意义;如为示意图,各部分的规格、名称等要注明;如为照片,应注明比例、拍摄参数等。绘图需用绘图纸,提倡学生用计算机绘图。

图表可直接置放于论文中,也可以放在附录中,然而必须注意的是图表的描述必须前后一致,也就是说当以 Fig.1 来描述图 1 时,不能在描述图 2 的时候变成 Figure 2,这两种写法在文章当中会被认为是前后不一致,因此图表的描述必须自始至终,完全一致,要用缩写的就从头到尾都缩写,如 Fig.1,Fig.2,…,Fig.10,或者从头到尾都不缩写,如 Figure 1,Figure 2,…,Figure 10。此外,描述图表的文句不能有句点,因为它不是一句完整的句子。

②表。包括表序、表题、表头、表身、表注等,表应具有自明性,简洁。表序以阿拉伯数字连续编号;表题在表序之后空 2 格书写在表的上方中间位置,其后不加标点。表头指第一行或第

一列的项目栏,应简短明确。表身采用三线表,必要时可加辅助线;表中参数应注明量和单位,如所有栏或大部分栏的单位相同,可将单位标注在表的右上角,其余单位标注在相应的栏内;表中需要说明的事项,可用简练的文字附注于表的底线下方。一个表应尽量打印在一页上,小五号字。

(6)正确表示数字和计量单位。

数字:凡是需要使用阿拉伯数字的地方,必须用阿拉伯数字表示。

计量单位:一律采用中华人民共和国法定的计量单位,避免发生常识性错误,例如把表示"秒、分钟、小时和天"的"s、min、h 和 d"写成"sec、m、hr 和 da";把表示"转/分钟"的"r/min"写成"rpm";把"μg/kg"写成"ppm";把表示微克、微升的"μg、μL"写成"ug、uL"等。

(7)正确应用汉字和标点。

汉字和标点的使用要严格执行国家有关规定。用字要规范,标点要适当。特别注意英语标点符号和汉语标点符号不能混用。

7. 致谢辞

致谢辞置于学士学位论文的正文之后,用以表示对导师,对在试验过程中提供帮助的老师和同学,对本研究直接提供过资金、设备、人力等支持和帮助的团体和个人对参考的文献资料的作者表示感谢。致谢辞内容既要朴实、中肯,又要尊重单位和个人隐私。

8. 参考文献

参考文献是学士学位论文不可缺少的组成部分,反映了论文取材的来源、广博程度和可靠程度。选择最新发表和有价值的参考文献是重要的。

参考文献体现了科学的继承性,是评估学术水平和读者查阅的依据。选录参考文献的原则是作者亲自阅读过、与论文内容相关且已公开发表、出版的学术论文、专著等。

参考文献按照国家标准 GB/T 7714—2015《信息与文献 参考文献著录规则》规定著录,可采用"顺序编码制"或"著者-出版年制"。

顺序编码制:顺序编码制是按正文中引用的文献出现的先后顺序连续编码,并将序号置于方括号中的学术论文参考文献标注方法。在论文中的引用处以右上标(小四宋体)加方括号的方式表示。参考文献根据其在整个论文中出现的次序用[1]、[2]、[3]……形式统一排序、依次列出。不得标注在各级标题之上。

著者-出版年制:论文引用的文献采用"著者-出版年"制时,各篇文献的标注内容由著者姓氏与出版年构成。集体著者著述的文献可标注机关团体名称。

参考文献表采用"著者-出版年"制组织时,参考文献表中的各篇文献首先按文种集中,可分为中文、日文、西文、俄文、其他文种五部分,然后按著者字顺和出版年排列。中文文献可以按著者汉语拼音字顺排列,也可以按著者的笔画笔顺排列。

9. 附录

附录置于学士学位论文的结尾,用于在正文中无法或者不合适呈现的内容,如在正文中无法列出的试验数据表格、各种图片,改良的试验方法和步骤,问卷调查使用的题目等。如附录内容较多,可用附录一、附录二等表示。

（朱连勤）

【本章小结】

　　兽医学写作是衡量学生素质的重要指标,也是从事兽医学教育、科研、疾病诊疗和兽医医政管理等的基础性工作技能。兽医学写作主要包括临床病例报告和分析、专业调查报告、试验报告和学术论文(公开发表的学术论文和学位论文)。尽管这些专业型文件的作用和读者不同,其格式也完全不一,但是均属科学文件,必须以科学的态度认真对待,一丝不苟地遵循以下原则:首先,必须严守规范性,按规定的格式要求撰写。其次,必须严守真实性,实事求是地记录、处理和分析获得的数据(现象)。最后,努力培育创新性,学会应用创新思维,通过现象看本质,从所见现象和所获得的数据提炼新成果。

参考文献

[1] 张德群.兽医专业实习指南[M].北京:中国农业大学出版社,2004.

[2] 王喆.畜牧兽医法规与行政执法[M].3版.北京:中国农业大学出版社,2014.

[3] 赵玉军.国家法定禽病诊断与防制[M].北京:中国轻工业出版社,2005.

[4] 郭定宗.兽医内科学[M].2版.北京:高等教育出版社,2010.

[5] 郭定宗,邓干臻.兽医临床诊疗技术[M].北京:中国农业出版社,2008.

[6] 张新,何素云.对畜牧兽医专业学生总体培养目标体系及教学体系的设想[J].职业,2011, 14:123-124.

[7] 赵涛,肖金华,王长义,等.新兽医体制下的兽医高等职业教育目标[J].中国动物检疫, 2014,2:32-35.

[8] 李毓义,杨宜林.动物普通病学[M].长春:吉林科学技术出版社,1994.

[9] 李毓义,张乃生.动物群体病症状鉴别诊断学[M].北京:中国农业出版社,2003.

[10] 张乃生,李毓义.动物普通病学[M].2版.北京:中国农业出版社,2011.

[11] 李毓义.动物血液病[M].北京:农业出版社,1988.

[12] 李毓义,李彦舫.动物遗传·免疫病学-医学自发模型[M].北京:科学出版社,2001.

[13] 侯加法.小动物疾病学[M].北京:中国农业出版社,2010.

[14] 王小龙.兽医内科学[M].北京:中国农业大学出版社,2004.

[15] 刘建柱.动物临床诊断学[M].北京:中国林业出版社,2013.

[16] 张德群.动物疾病速查速治手册[M].合肥:安徽科技出版社,2003.

[17] 辛格.实验室最佳操作规范及相关准则质量手册[M].北京:中国标准出版社,2008.

[18] 陈怀涛,许乐仁.兽医病理学[M].北京:中国农业出版社,2005.

[19] 王建华.兽医内科学[M].4版.北京:中国农业出版社,2010.

[20] 陈焕春.兽医手册[M].北京:中国农业出版社,2013.

[21] 袁慧.饲料毒物与卫生学[M].长沙:湖南科学技术出版社,1993.

[22] 郭定宗.兽医临床检验技术[M].北京:化学工业出版社,2006.

[23] 高丰,贺文琦,赵魁.动物病理解剖学[M].2版.北京:科学出版社,2013.

[24] 陈怀涛,赵德明.兽医病理学[M].2版.北京:中国农业出版社,2013.

[25] 高丰,贺文琦.动物疾病病理诊断学[M].北京:科学出版社,2010.

[26] 李培英,魏建忠.动物医学实验教程:临床兽医学分册[M].北京:中国农业大学出版社,2010.

[27] 付浩,周蓉,周全,等.脉冲磁场杀菌技术研究进展[J].江西科学,2014,32(1):86-92.

[28] 陈杖榴.兽医药理学[M].3版.北京:中国农业出版社,2009.

[29] 邱立军,孙开英,李景琴,等.百乐净纯中药消毒剂杀菌性能的实验室观察[J].中国消毒学杂志,1998,15(1):38-40.

[30] 李颖.洁净手术室特殊感染手术管理方法分析[J].临床合理用药,2014,7(16):188.

[31] 李云章.兽医专业毕业实习指导[M].北京:中国农业出版社,2013.

[32] 唐兆新.兽医临床治疗学[M].北京:中国农业出版社,2002.

[33] 王书林.兽医临床诊断学实验指导[M].北京:中国农业出版社,2003.

[34] 中村良一.临床家畜内科治疗学[M].丁岚峰,杨本善译.哈尔滨:黑龙江人民出版社,1987.

[35] 唐兆新.兽医内科学实验教程[M].北京:中国农业大学出版社,2006.

[36] 林德贵.兽医外科手术学[M].5版.北京:中国农业出版社,2011:83-88.

[37] 中华人民共和国卫生部.GB 5009.33—2010 食品中亚硝酸盐与硝酸盐的测定[S].北京:中国标准出版社,2010.

[38] 李光,赵建民,高中灿.亚硝酸盐食物中毒快速测定方法[J].中国卫生检疫杂志,2009,19(10):2417-2418.

[39] 路浩.兽医常见毒物检验技术[M].西安:西北农林科技大学出版社,2010.

[40] 陈笑笑,桑丽雅,李康,等.一种快速检测食用油中黄曲霉毒素 B1 的胶体金试剂板的研制[J].中国粮油学报,2013,28(7):99-103.

[41] 徐虹,宋寅生,曹文婷,等.氰化物中毒应急检测方法的研究[J].中国卫生检疫杂志,2015,6(11):1705-1707.

[42] 陈明,梁春穗,李少霞,等.蔬菜水果中有机磷农药残留测定的 GC 和 GC-MS 分析技术研究[J].中国卫生检验杂志,2009,19(1):83-85.

[43] 赵亚华.毒鼠强和氟乙酰胺快速检测技术研究进展[J].中国卫生检验杂志,2008,18(6):1219-1221.

[44] 王秀茹.预防医学微生物学及检验技术[M].北京:人民卫生出版社,2002.

[45] 严杰,钱利生,余传霖.临床医学分子细菌学[M].北京:人民卫生出版社,2005.

[46] 于善谦,王洪海,朱乃硕,等.免疫学导论[M].2版.北京:高等教育出版社,2007.

[47] 朱庆义.现代分子生物学技术在病原微生物快速诊断中的应用[J].中华检验医学杂志,2003,26(12):737-740.

[48] 崔言顺,焦新安.人畜共患病[M].北京:中国农业大学出版社,2008.

[49] 秦建华,李国清.动物寄生虫病学实验教程[M].北京:中国农业大学出版社,2005.

[50] 李培英,魏建忠.动物医学实验教程:预防兽医学分册[M].北京:中国农业大学出版社,2010.

[51] 汪明.兽医寄生虫学[M].3版.北京:中国农业出版社,2009.

[52] 孔繁瑶.家畜寄生虫学:第二版修订版[M].北京:中国农业大学出版社,2010.

[53] 张雷,刘云.犬椎间盘疾病[J].现代畜牧兽医,2005(8):33-35.

[54] 周庆国,邓富文,何锐灵,等.犬消化道与泌尿道 X 线造影方法探讨[J].动物医学进展,2004,4(3):41-42.

[55] 张信军,李建基,杨跃飞,等.犬猫消化道异物梗阻的 X 线诊断与治疗体会[J].畜牧与兽医,2010,42(10):3-5.

[56] 陆钢,刘钟杰,汤小朋.针刺治疗犬椎间盘疾病[J].中国兽医杂志,2000,26(12):40-41.

[57] 杨德吉,杨明印,徐在品,等.犬腮腺 X 射线造影解剖学研究[J].中国兽医杂志,1995,21(6):12.

[58] 张立教.家畜解剖学概要:上册[M].哈尔滨:东北农学院印刷厂,1986.

[59] 胡延春,邓俊良,左之才,等.犬胃炎病理模型复制及纤维胃镜诊断与治疗[A].中国畜牧兽医学会家畜内科学分会 2009 年学术研讨会论文集[C].中国畜牧兽医学会家畜内科学分会,青岛,2009:373-377.

[60] 李林,董婧,范宏刚,等.内窥镜及其在小动物临床上的应用[J].中国兽医杂志,2007,43(1):72.

[61] 赵书景,贺绍君,毛献灵,等.B 型超声诊断技术在兽医临床上的应用[J].中国畜牧兽医,2007,36(11):173-175.

[62] 郭东升.超声影像技术在奶牛繁殖疾病诊断中的应用[J].河南科技学院学报,2006,34(4):27-29.

[63] 赵凯,田文儒,刘焕奇.超声诊断技术在兽医产科上的应用[J].黑龙江畜牧兽医,2009,(9):39-40.

[64] 刘志学,赵凯,王玉珠.心电图在动物疾病与麻醉中的应用[J].畜牧兽医科技信息,2005(1):63-64.

[65] 郭定宗.兽医实验室诊断指南[M].北京:中国农业出版社,2013.

[66] 高得仪,韩博.小动物疾病临床检查和诊断[M].北京:中国农业大学出版社,2013.

[67] 朱金凤,赵跃,陈文钦.兽医临床诊疗技术[M].郑州:河南科学技术出版社,2012.

[68] Hendrix M,Sirois M.兽医临床实验室检验手册[M].北京:中国农业大学出版社,2010.

[69] 倪耀娣.新编兽医临床诊疗学[M].北京:中国农业科学技术出版社,2012.

[70] 刘成玉,罗春丽.临床检验基础[M].5 版.北京:人民卫生出版社,2012.

[71] 刘建柱,卞建春,朱连勤,等.动物临床诊断学[M].北京:中国林业出版社,2013.

[72] 何玉英,陈江楠,夏兆飞.动物医院临床血气分析的质量控制[J].中国兽医杂志,2012,48(11):70-72.

[73] 黄保续.兽医流行病学[M].北京:中国农业出版社,2010.

[74] 陈桂先.兽医临床用药速览[M].北京:化学工业出版社,2011.

[75] 中国兽药典委员会.中华人民共和国兽药典(2010 年版):二部[M].北京:中国农业出版社,2011.

[76] 李金龙,徐世文.应用自体输血治疗犬急性出血[J].畜牧与兽医,2003,35(10):31-32.

[77] 肖啸,程玮,于恒智,等.输血疗法治疗犬黄疸型肝炎[J].上海畜牧兽医通讯,2008(12):88-89.

[78] 宋春青,张学昆,霍自田,等.输血疗法对犬瘟热的治疗[J].经济动物,2006(5):85.

[79] 张方林,徐晓花.输血治疗在犬细小病毒病的应用[J].养犬,2003,1(2):20-21.

[80] 陈小伍,于新发,田兆嵩.输血治疗学[M].北京:科学出版社,2012.

[81] 蔡杰.浅谈临床输血疗法的副作用[J].汕头大学医学院学报,2000,2(13):61.

[82] 曹金盛,邹宜昌.现代医学写作教程[M].上海:第二军医大学出版社,1999.

[83] GB/T 7713—1987 科学技术报告、学位论文和学术论文的编写格式[S].

[84] 王俊东,刘宗平.兽医临床诊断学[M].北京:中国农业出版社,2004.

[85] 丁宜宝.兽用疫苗学[M].北京:中国农业大学出版社,2008.

附录 1　兽医临床常用检验项目及其正常值

1.1　健康动物正常体温、脉搏和呼吸数

动物	体温(肛温)/℃	脉搏/(次/min)	呼吸数/(次/min)
猪	38.0~40.0	60~80	10~20
牛	37.5~39.5	60~80	10~30
羊	38.0~40.0	70~80	12~20
马	37.5~38.5	26~42	8~16
骡	38.0~39.0	42~54	8~16
驴	37.0~38.0	40~50	8~16
犬	37.5~38.5	70~120	10~30
猫	38.0~39.5	110~120	20~30
兔	38.5~39.5	120~140	50~60
骆驼	36.5~38.5	32~52	5~12
鹿	38.0~39.0	30~60	15~25
水貂	39.5~40.5	90~150	40~70
鸡	40.0~42.5	120~200	15~30
鸭	41.0~42.5	140~200	16~28
鸽	41.0~43.0	180~250	20~35
鹅	39.5~41.5	120~160	12~20
银狐	38.7~40.7	80~140	14~30
貉	37.1~39.1	180~190	21~43

1.2　各种动物的正常血沉值

动物	血沉值/mm				测定方法
	15 min	30 min	45 min	60 min	
马	20.70	70.70	95.00	115.60	魏氏法
骡	23.00	47.00	52.00	54.00	六五型
驴	32.00	75.00	96.70	110.70	魏氏法
牛	0.10	0.25	0.40	0.58	六五型
黄牛	0.15	0.63	1.10	1.40	魏氏法
奶牛	0.30	0.70	0.75	1.20	魏氏法
水牛	9.80	30.80	65.00	91.60	魏氏法
绵羊	0.20	0.40	0.60	0.80	六五型
山羊	0.00	0.50	1.60	4.20	魏氏法,倾斜 60°
驯鹿	0.70	3.25	4.90	6.20	魏氏法
猪	3.80	8.40	20.00	30.00	魏氏法
犬	0.20	0.90	1.20	2.50	魏氏法
猫	0.10	0.70	0.80	3.00	魏氏法
兔	0.00	0.30	0.90	1.50	魏氏法
水貂	0.20	0.50	1.25	1.90	魏氏法
紫貂	0.50	1.50	2.00	2.70	魏氏法
北极狐	0.58	0.80	1.20	2.00	魏氏法
银黑狐	0.92	1.51	2.10	3.36	魏氏法
貉				2.50	魏氏法

1.3　各种家畜血浆二氧化碳结合力的正常值

mmol/L

畜别	平均值	变动范围	畜别	平均值	变动范围
黄牛	24.00	±2.51	骡	27.39	±6.86
奶牛	26.73	±3.09	山羊	25.15	±2.13
水牛	25.46	±4.31	奶山羊	25.22	±3.46
马	26.31	±5.20	绵羊	22.00	±3.03
驴	24.04	±6.38	兔	17.86	±3.26

1.4　健康动物(除家禽)的血液学参数

动物	红细胞平均值(变动范围)/(10¹²/L)	红细胞压积(平均值±标准差)(变动范围)	血红蛋白平均值(变动范围)	白细胞平均值(变动范围)/(10⁹/L)
猫	7.40(6.60~9.70)		65(47~83)	12.0(5.0~15.0)
马	7.95(5.13~10.70)	0.354 4±0.036 0	80(50~110)	9.5(5.4~13.5)
骡	7.55(4.95~10.20)	0.395 0±0.031 9		8.7(6.7~13.4)
驴	5.50(5.00~7.00)	0.370 0		8.0(7.0~9.0)
牛	6.00(5.50~7.20)		65(56~74)	8.0(6.8~9.4)
奶牛		0.370 4±0.027 8		
黄牛		0.360 1±0.045 5		
水牛		0.387 0±0.035 6	49(28~70)	
牦牛			57(36~78)	
绵羊	9.40(8.80~11.20)	0.317 0±0.009 2	68(54~80)	8.2(6.4~10.2)
山羊	13.10(10.30~18.80)	0.330 0±0.019 0	63(45~81)	9.6(4.3~14.7)
猪	5.70(3.40~7.90)	0.425 2±0.024 4	67(55~79)	14.8(10.2~21.2)
骆驼	3.80~12.6		90(66~114)	
犬	6.70(5.00~8.70)	0.540 0(0.470 0~0.590 0)	80(65~90)	9.4(6.8~11.8)
兔	6.90(5.50~7.70)	0.410 0(0.310 0~0.500 0)	69(51~87)	8.0(7.0~9.0)
水貂	10.20(7.70~13.10)		99(78~115)	9.1(8.0~10.0)
北极狐	8.60(4.90~11.40)		84(53~100)	5.8(4.7~6.9)
银黑狐	9.70(5.20~13.60)		83(66~109)	7.0(5.6~8.4)
鹿	10.00(8.50~10.50)		(80~105)(g/L)	8.8(7.0~10.7)
貉	5.54(8.50~10.50)		102(90~113)(g/L)	16.6(12.0~20.0)

1.5　家禽的血液学参数

禽别	红细胞/(10¹²/L)	红细胞压积	血红蛋白/(g/L)	白细胞总数/(10⁹/L)	异嗜性白细胞/%	淋巴细胞/%	单核细胞/%	嗜酸性粒细胞/%	嗜碱性粒细胞/%
鸡									
雄	3.23	0.41	117.6	19	25~30	55~60	10	5~8	1~4
雌	2.72	0.26	91.1						
鸭	3.06		156.0	23	24	61	10	2	2
北京鸭									
雄	2.71	0.42							
雌	2.46	0.44							
鹅	2.71	0.39	149.0	30	36	53	4	4	2
鸽									
雄	3.23		159.7						
雌	3.10		147.2						

1.6 健康动物各种白细胞分类比值*

动物	嗜碱性粒细胞	嗜酸性粒细胞	中性粒细胞			淋巴细胞	单核细胞	其他细胞
			幼稚型	杆状型	分叶型			
马	0.005	0.045	0.005	0.040	0.540	0.340	0.025	0.000
牛	0.005	0.040	0.005	0.030	0.330	0.570	0.020	0.000
羊	0.005	0.045		0.030	0.330	0.555	0.035	0.000
猪	0.005	0.025	0.010	0.055	0.320	0.550	0.035	0.000
犬	少见	0.040	0.000	0.008	0.700	0.200	0.050	0.000
骆驼	0.005	0.080	0.01	0.065 0	0.470	0.350	0.020	
水牛	0.000 3	0.007 6	0.00	0.038 5	0.397	0.527	0.030	
鹿	0.01	0.03~0.04	0~0.005	0.026~0.11	0.35~0.64	0.275~0.400	0.015~0.100	
水貂	0~0.01	0~0.01	0~0.01	0~0.09	0.18~0.75	0.18~0.77	0~0.15	
北极狐	0~0.03	0~0.03		0~0.08	0.23~0.70	0.18~0.65	0~0.15	
银黑狐	0~0.07	0~0.13		0~0.08	0.16~0.68	0.22~0.81	0~0.15	
貉	0~0.01	0.02~0.08	0~0.005	0.02~0.04	0.45~0.63	0.25~0.45	0.01~0.04	
猫	0.045	0~0.25	0~0.250	0.045	0.635	0.258	0.012	

* 表内数字是以白细胞总数为 1 表示的。

1.7 部分野生动物的血液学参数

动物	红细胞/(10^{12}/L)	红细胞压积/%	血红蛋白/(g/L)	血沉/(mm/h)	白细胞总数/(10^9/L)	中性粒细胞/%	淋巴细胞/%	单核细胞/%	嗜酸性粒细胞/%	嗜碱性粒细胞/%
长臂猿	—	45~50	—	—	8~11	55	35	5	0	5
大猩猩	4.56	39~50	125~152	—	7.5~13.5	55~80	12~36	3~7	0~2	0~1
黑猩猩	5.19	49.5	158	—	10.4	55	38	5	0~2	0~1
猩猩	4.42	41~46	134~152	—	10.9~14.6	68~83	10~22	3~8	0~4	0~1
美洲黑熊	6.33~9.30	40~58	116~188	—	8.3~24.3	70	25	3	0~2	0~1
阿拉斯加棕熊	5.20~7.05	42~65	149~224	—	8.3~16.6	60	35	4	0~1	0~1
北极熊	5.43~7.69	46~56	158~193	—	6.3~13.9	75	12	7	0~1	0~6
亚洲黑熊	5.40~6.85	33~55	118~191	—	7.5~17.9	—	—	—	—	—
眼镜熊	6.94~7.50	41~44	138~145	—	5.7~6.2	—	—	—	—	—
马来熊	4.62~6.78	35~53	111~168	—	11.2~23.2	—	—	—	—	—
懒熊	5.86~6.55	52~54	164~174	—	10.7~11.1	—	—	—	—	—
小熊猫	6.5~8.5		100~140	—	5~7	38~62	25~52	1	2	0
非洲狮	7.0~8.0	35~40	80~120	0~5	10~15	63	30	5	2	0
孟加拉虎	6.0~8.0	35~45	90~140	0~5	10~15	63	30	5	2	0
美洲豹	6.0~8.0	35~45	80~130	0~5	10~14	63	30	5	2	0
美洲狮	7.0~8.0	35~40	100~180	0~4	8~12	63	32	2	3	0
虎猫	7.0~8.0	35~40	100~180	0~8	8~13	65	33	1	1	0
长尾猫	7.0~8.0	35~40	80~130	0~8	8~13	65	33	1	1	0
猎豹	6.0~8.0	35~40	80~130	0~5	10~14	63	30	5	2	0
细腰猫	7.0~8.0	35~40	100~150	0~5	8~13	65	33	1	1	0
豹	6.0~8.0	35~40	80~130	0~5	10~14	63	30	5	2	0
金猫	6.2	26~45	110~145	—	5.2~14	52~75	27~37	0~4	0~1	0
南美林猫	5.0~8.0	25~35.5	105~120	—	8~15	50~70	22~30	0~1	1	0
云豹	3.8~5.0	37~42	85~145	—	5~15.5	60~70	14~25	0~3	0~5	0~1

(赵洪进)

附录 2　常用生物制剂及免疫程序

(丁宜宝,兽用疫苗学,2008)

2.1　常用家畜活疫苗

疫苗名称	用途	接种年龄	免疫期
猪瘟兔化弱毒苗	预防猪瘟	21～30 日龄和 65 日龄各接种一次	1～1.5 年
猪伪狂犬病弱毒苗	预防猪伪狂犬病	3 月龄以上仔猪和架子猪各接种一次	1 年
猪繁殖与呼吸综合征弱毒苗	预防猪繁殖与呼吸综合征	21～28 日龄	1 年
猪流行性腹泻和传染性胃肠炎二联活疫苗	预防猪流行性腹泻和传染性胃肠炎	妊娠母猪于产仔前 20～30 d 接种,其所产仔猪于断奶前 7～10 d 接种;对未免疫母猪所产仔猪 3 日龄内接种;育成猪也需接种	6 个月
猪多杀性巴氏杆菌病活疫苗	预防猪多杀性巴氏杆菌病	每年免疫一次	1 年
猪败血性链球菌病活疫苗	预防猪败血性链球菌病	每年免疫一次	6 个月
猪丹毒弱毒活疫苗	预防猪丹毒,供断奶后猪使用	每年免疫一次	6 个月
仔猪副伤寒活疫苗	预防仔猪副伤寒	1 月龄以上仔猪接种,每年免疫一次	9 个月
猪气喘病活疫苗	预防猪气喘病	每年免疫一次	6 个月
猪瘟、猪丹毒、猪多杀性巴氏杆菌病三联活疫苗	预防猪瘟、猪丹毒、猪多杀性巴氏杆菌病	仔猪断奶前 15 d 和断奶后 2 个月各接种一次	6 个月至 1 年
马传染性贫血活疫苗	预防马、驴、骡传染性贫血	成年马、驴、骡每年接种一次	2 年
羊口疮活疫苗	预防绵羊和山羊的羊口疮	绵羊和山羊每年接种一次	5 个月
小反刍兽疫活疫苗	预防小反刍兽疫	绵羊和山羊每年接种一次	3 年

续表

疫苗名称	用途	接种年龄	免疫期
犬狂犬病、犬瘟热、犬副流感、犬腺病毒和细小病毒五联活疫苗	预防犬狂犬病、犬瘟热、犬副流感、犬腺病毒病和细小病毒病	断奶幼犬以 21 d 的间隔，连续免疫 3 次；成犬每年免疫 2 次，间隔 21 d	1 年
卫佳® 伍犬四联苗	预防犬瘟热、犬腺病毒Ⅱ型感染、犬副流感及犬细小病毒病等病毒性传染病	幼犬首免时小于 3 月龄（可提前至 45 日龄），首免后以 21 d 的间隔，再连续免疫 2 次；成年犬每年免疫一次	1 年
卫佳捌 Vanguard® Plus 5/CV-L	预防犬瘟热、犬腺病毒Ⅱ型感染、犬副流感、犬细小病毒病、犬钩端螺旋体病（犬型、黄疸出血型）、犬冠状病毒病等病毒性传染病	接种年龄同卫佳®伍犬四联苗	1 年
妙三多® 猫鼻气管炎、嵌杯病毒病、泛白细胞减少症三联灭活疫苗	预防猫鼻气管炎、嵌杯病毒病、泛白细胞减少症	首免时幼猫大于 8 周龄，首免后以 4 周的间隔，再连续免疫 2 次；对于未免疫的成年猫，需要免疫接种 2 次，间隔 3 周；免疫过的成年猫，每年免疫一次	1 年
狂犬病灭活疫苗（HCP-SAD 株）瑞比克	预防犬、猫和马的狂犬病	3 月龄以上犬和猫接种一次，1 年后加强免疫，此后每 3 年接种一次 3 月龄以上马接种一次，1 年后加强免疫，此后每年接种一次	犬和猫 3 年，马 1 年
狂犬病灭活疫苗（PV2061 株）	预防犬狂犬病	3 月龄以上犬接种一次，此后每年接种一次	1 年
无毒炭疽芽孢苗	预防猪、马、牛、羊炭疽	每年免疫一次	1 年
Ⅱ号炭疽芽孢苗	预防猪、马、牛、羊炭疽	每年免疫一次	山羊为 6 个月，其他动物为 1 年

2.2　常用家畜灭活疫苗

疫苗名称	用途	接种年龄	免疫期
仔猪腹泻基因工程双价灭活苗	预防仔猪大肠杆菌病	临产前 21 d 左右怀孕母猪的耳根皮下接种	获母源抗体保护
猪细小病毒灭活苗	预防猪细小病毒病	每年免疫一次	6 个月
猪伪狂犬病灭活苗	预防猪伪狂犬病	育肥用断奶仔猪每年接种一次；种用仔猪断奶时接种，间隔 4～6 周后加强免疫一次，以后每隔 6 个月注射一次。流行地区妊娠母猪产前 1 个月加强免疫一次	6 个月
猪流行性乙型脑炎灭活苗	预防猪流行性乙型脑炎	种猪于 6～7 月龄或蚊虫出现前 20～30 d 注射疫苗两次（间隔 10～15 d），经产母猪及成年公猪每年注射一次	获母源抗体保护
猪丹毒、猪多杀性巴氏杆菌病二联灭活苗	预防猪丹毒、猪多杀性巴氏杆菌病	断奶前和断奶后 1 个月各接种一次	6 个月
猪传染性胃肠炎、猪流行性腹泻二联灭活苗	预防猪传染性胃肠炎和流行性腹泻	妊娠母猪产仔前 20～30 d 接种，其所产仔猪于断奶后 7 d 内接种	6 个月
副猪嗜血杆菌病灭活疫苗	预防副猪嗜血杆菌病	种公猪每 6 个月接种一次；后备母猪产前 8～9 周首免，3 周后二免，以后每胎产前 4～5 周免疫一次；仔猪在 2 周龄首免，3 周后二免	6 个月
口蹄疫 O 型、A 型双价灭活苗	预防猪、牛、羊 O 型和 A 型口蹄疫	每年免疫一次	6 个月
口蹄疫 O 型灭活疫苗	预防猪、牛、羊 O 型口蹄疫	每年免疫一次	6 个月
羊梭菌病多联干粉灭活苗	预防羊梭菌病	每年免疫一次	1 年
兔病毒性出血症、多杀性巴氏杆菌病二联干粉灭活苗	预防兔病毒性出血症和多杀性巴氏杆菌病	每年免疫一次	6 个月

2.3 常用家禽活疫苗

疫苗名称	用途	接种年龄	免疫期
Ⅰ系疫苗及其 CS2 株活疫苗	预防鸡新城疫	2 月龄以上鸡接种,每只 1 mL	1 年
鸡新城疫弱毒活疫苗	预防鸡新城疫	每年免疫一次	3~5 个月
鸡马立克氏病病毒血清Ⅰ型疫苗	预防鸡马立克氏病	1 日龄雏鸡肌肉或皮下注射 0.2 mL	18 个月
鸡传染性支气管炎活疫苗(W93 株)	预防嗜肾性鸡传染性支气管炎	首免 4~7 日龄,二免 25~30 日龄	6 个月
鸡传染性法氏囊病中等毒力活疫苗	预防雏鸡传染性法氏囊病	各日龄雏鸡,每羽 0.03 mL	6 个月
鸡传染性喉气管炎活疫苗	预防鸡传染性喉气管炎	5 周龄以上鸡接种,蛋鸡在 3 周龄第一次接种,产蛋前再接种一次	6 个月
鸡新城疫、鸡传染性支气管炎和鸡痘三联活疫苗	预防鸡新城疫、鸡传染性支气管炎和鸡痘	7 日龄以上雏鸡接种,隔 20 d 再免疫一次	不定
鸡新城疫、鸡传染性支气管炎和传染性法氏囊病三联活疫苗	预防鸡新城疫、鸡传染性支气管炎和传染性法氏囊病	7 日龄以上雏鸡接种	不定
小鹅瘟弱毒疫苗	预防小鹅瘟	产蛋前 20~30 d 接种	获母源抗体保护
鸭瘟活疫苗	预防鸭瘟	每年免疫一次	2~6 个月
鸭病毒性肝炎活疫苗(A66 株)	预防鸭病毒性肝炎	1~3 日龄雏鸭接种,每羽 0.5 mL	至少 2 个月

2.4 常用家禽灭活疫苗

疫苗名称	用途	接种年龄	免疫期
鸡新城疫油乳剂灭活苗	预防鸡新城疫	与 LaSota 株活苗连用,每年免疫一次	70~120 d
禽流感(H5+H9)二价灭活苗	预防鸡 H5 和 H9 亚型禽流感	每年免疫一次	5 个月
鸡产蛋下降综合征灭活苗	预防鸡产蛋下降综合征	开产前 14~28 d 免疫	1 年
鸡新支减三联灭活苗	预防鸡新城疫、传染性支气管炎和产蛋下降综合征	开产前 14~28 d 免疫	1 年
鸡新支法三联灭活苗	预防鸡新城疫、传染性支气管炎和传染性法氏囊病	开产前 14~28 d 免疫	6 个月
禽霍乱油乳剂灭活苗	预防鸡、鸭禽霍乱	2 月龄以上鸡或鸭	6~9 个月

2.5 商品蛋鸡免疫程序(仅供参考)

日龄	疾病名称	疫苗	使用方法
1	鸡马立克氏病	MD-CVI988 液氮苗	皮下注射
5～7	鸡新城疫和传染性支气管炎	新城疫、肾传支弱毒苗,新城疫-支气管炎多价油佐剂灭活苗	冻干苗滴鼻或点眼,油苗皮下或肌肉注射
11～13	鸡传染性法氏囊病	法氏囊弱毒疫苗	滴口
19	鸡新城疫、传染性支气管炎和大肠杆菌病	复合新支大灭活苗	肌肉注射
26～28	鸡传染性法氏囊病	传染性法氏囊中等毒力疫苗	饮水
35	鸡新城疫、传染性支气管炎和禽流感	新城疫Ⅳ系、传支 H52 二联弱毒苗,同时用禽流感油佐剂灭活苗	弱毒苗饮水,灭活苗肌肉注射
42～45	鸡传染性喉气管炎	传染性喉气管炎弱毒苗	点眼
55	鸡新城疫	新城疫Ⅰ系中等毒力苗,同时用新城疫油苗	肌肉注射
65～70	禽流感	禽流感油佐剂灭活苗	肌肉注射
90	鸡传染性喉气管炎	传染性喉气管炎弱毒苗	点眼
120	禽流感	禽流感油佐剂灭活苗	肌肉注射
160～180	鸡新城疫	新城疫克隆-30 弱毒苗	饮水免疫
260	鸡新城疫和禽流感	新城疫、禽流感二联油苗	肌肉注射
300	鸡新城疫	新城疫Ⅳ系活疫苗	饮水免疫

2.6 商品代肉鸡免疫程序(仅供参考)

日龄	疾病名称	疫苗	使用方法
1	鸡马立克氏病、传染性法氏囊病	MD-CVI988 液氮苗加法氏囊病 S706	皮下注射
5	鸡新城疫和传染性支气管炎	新城疫-传染性支气管炎二联苗	点眼
12	禽流感、鸡新城疫	禽流感、新城疫重组二联苗	肌肉注射
19	鸡传染性法氏囊病	传染性法氏囊病三价活疫苗	饮水
25	鸡新城疫	新城疫多价弱毒疫苗	饮水
32	鸡传染性支气管炎	传染性支气管炎活疫苗	饮水

2.7 种母猪免疫程序(仅供参考)

日龄	疾病名称	疫苗	使用方法
5～7	猪气喘病	猪气喘病活疫苗	胸腔注射
20～25	猪瘟	猪瘟弱毒疫苗	肌肉注射
30	口蹄疫	猪口蹄疫 O 型灭活疫苗	肌肉注射
	仔猪副伤寒	仔猪副伤寒活疫苗	肌肉注射
50～60	猪瘟	猪瘟弱毒疫苗	肌肉注射
	猪丹毒、猪巴氏杆菌病	猪丹毒、猪多杀性巴氏杆菌病二联活疫苗	肌肉注射
150	猪伪狂犬病	猪伪狂犬病三基因缺失苗	肌肉注射
220	猪伪狂犬病	猪伪狂犬病三基因缺失苗	肌肉注射
初产母猪配种前	猪细小病毒病	猪细小病毒灭活苗	肌肉注射
分娩前 40～45 d	猪传染性胃肠炎和流行性腹泻	猪传染性胃肠炎、流行性腹泻二联弱毒苗	后海穴注射
	猪大肠杆菌病	猪大肠杆菌基因工程苗	肌肉注射
分娩前 13 d	猪伪狂犬病	猪伪狂犬病灭活苗	肌肉注射

2.8　商品猪免疫程序(仅供参考)

日龄	疾病名称	疫苗	使用方法
1	猪瘟	猪瘟弱毒疫苗	肌肉注射
5～7	猪气喘病	猪气喘病活疫苗	胸腔注射
20	猪瘟	猪瘟弱毒疫苗	肌肉注射
21	猪气喘病	猪气喘病灭活苗	肌肉注射
23～25	高致病性猪蓝耳病	高致病性猪蓝耳病灭活苗	肌肉注射
30	口蹄疫 仔猪副伤寒	猪口蹄疫 O 型灭活疫苗 仔猪副伤寒活疫苗	颈部肌肉注射 肌肉注射
70	猪丹毒、猪巴氏杆菌病	猪丹毒、猪巴氏杆菌病二联活疫苗	肌肉注射

（李槿年）

附录3 兽医临床常用药物

3.1 抗微生物药

（1）抗生素类

①青霉素类

药名	作用特点
青霉素	对多数革兰氏阳性菌和部分革兰氏阴性菌，以及放线菌和螺旋体有强大的抗菌作用。主要用于对青霉素敏感的病原菌引起的感染，如猪丹毒、炭疽、气肿疽、破伤风、呼吸道感染、乳腺炎、子宫炎、放线菌病、螺旋体病、脓肿、蜂窝织炎等
苯唑西林	耐酸、耐酶。主要用于耐药金黄色葡萄球菌引起的感染
氯唑西林	耐酸、耐酶。主要用于耐青霉素的葡萄球菌感染，如乳腺炎、皮肤和软组织感染等
氨苄西林	耐酸、广谱。用于敏感菌引起的肺部、肠道和尿路感染及败血症
阿莫西林	抗菌谱与氨苄西林相似，但杀菌作用快而强，内服吸收好。临床上对呼吸道、泌尿道、皮肤、软组织及肝胆系统等感染疗效好，如与强的松等合用治疗猪乳腺炎、子宫内膜炎、无乳综合征疗效极佳

②头孢菌素类（先锋霉素类）

药名	作用特点
头孢氨苄	对革兰氏阳性菌的抗菌活性较强，肠球菌除外。对部分大肠杆菌、克雷伯菌、沙门氏菌、志贺菌有抗菌作用，但铜绿假单胞菌耐药。主要用于耐药金黄色葡萄球菌及某些革兰氏阴性菌引起的消化道、呼吸道、泌尿生殖道感染，牛乳腺炎等
头孢唑啉	对革兰氏阴性菌作用较强，主要用于敏感菌所致呼吸道、泌尿道、皮肤及软组织等的感染
头孢拉啶	耐酸、可口服，对耐药金黄色葡萄球菌及其他对广谱抗生素耐药的杆菌等有迅速而可靠的杀菌作用。临床主要用于呼吸道、泌尿道、皮肤和软组织等的感染
头孢噻呋	对革兰氏阳性菌、革兰氏阴性菌及厌氧菌均有强大的抗菌活性。适用于各种敏感菌引起的呼吸道、泌尿道等感染，尤其用于防治大肠杆菌、沙门氏菌、绿脓杆菌、葡萄球菌等引起的鸡苗早期死亡，仔猪黄痢及剪脐、打耳号、剪齿、剪尾等引起的伤口感染，以及猪传染性胸膜肺炎等
头孢喹诺	抗菌谱广，抗菌活性强，对革兰氏阳性菌、阴性菌均有强大的杀灭作用。主要用于巴氏杆菌引起的呼吸道感染，急性大肠杆菌性乳房炎、趾部皮炎、传染性坏死、急性趾间坏死杆菌病（蹄腐烂），犊牛大肠杆菌性败血症，母猪子宫炎-乳房炎-无乳综合征等

③氨基糖苷类

药名	作用特点
链霉素	抗结核杆菌作用突出,对多种肠道革兰氏阴性杆菌有效,临床用于敏感菌引起的急性感染,还用于控制牛结核病的急性发作,鱼类结节病、疖疮病、弧菌病,鳖的赤斑病等
庆大霉素	用于治疗多种革兰氏阴性菌感染,是抗绿脓杆菌感染的重要药物,对金黄色葡萄球菌也有高效。主要用于治疗敏感菌引起的感染,如呼吸道、肠道、泌尿道感染,败血症,乳腺炎等
安普霉素	抗菌谱广,对多数革兰氏阴性菌及葡萄球菌和支原体均有较强的抗菌活性。主要用于治疗畜禽革兰氏阴性敏感菌感染,如仔猪黄白痢、大肠杆菌病、副伤寒、鸡白痢等

④大环内酯类

药名	作用特点
红霉素	抗菌谱较青霉素广。临床上主要用于耐青霉素金黄色葡萄球菌、溶血性链球菌的严重感染(如肺炎、败血症、子宫内膜炎等)
泰乐菌素	畜禽专用抗生素。主要对革兰氏阳性菌和一些阴性菌、螺旋体有抑制作用,对支原体属有特效,也可用于治疗各种敏感菌所致的感染,如肠炎、肺炎、乳腺炎和螺旋体病
替米考星	畜禽专用抗生素。有广谱抗菌作用。主要用于防治家畜肺炎(由胸膜肺炎放线菌、巴氏杆菌、支原体等感染引起)、禽支原体病及泌乳动物的乳腺炎

⑤四环素类

药名	作用特点
土霉素、金霉素、四环素	广谱抗生素,除对大多数革兰氏阳性菌和阴性菌有抑菌作用外,对衣原体、支原体、立克次体、螺旋体、放线菌和某些原虫都有抑制作用,较高浓度时也有杀菌作用。适用于幼畜副伤寒,猪气喘病,牛出血性败血症,猪肺疫,犊、仔猪和雏鸡白痢,炭疽,青霉素治疗无效的急性呼吸道感染,牛布鲁氏菌病等,也可局部应用治疗马、牛子宫炎,坏死杆菌病。此外,对泰勒焦虫病、放线菌病、钩端螺旋体病等也有一定疗效
多西环素	长效、高效、广谱的半合成抗生素,抗菌作用较四环素强2~8倍。可用于呼吸系统、泌尿系统、生殖系统和胆道感染,对革兰氏阴性菌引起的泌尿系统感染比四环素、金霉素、磺胺类更有效

⑥酰胺醇类

药名	作用特点
甲砜霉素	广谱抑菌性抗生素。对革兰氏阳性菌和阴性菌都有作用,但对阴性菌的作用较阳性菌强。对衣原体、钩端螺旋体及立克次体也有一定作用,但对绿脓杆菌无效。主要用于肠道感染,特别是沙门氏菌感染,如仔猪副伤寒、禽副伤寒、雏鸡白痢、仔猪黄白痢等
氟苯尼考	动物专用抗生素。具有广谱、高效、低毒和无潜在致再生障碍性贫血等特点,但有胚胎毒性,故妊娠动物禁用。主要用于牛、猪、鸡和鱼类细菌性疾病,如牛呼吸道感染,猪传染性胸膜肺炎,鸡大肠杆菌病、霍乱等

⑦多肽类

药名	作用特点
多黏菌素类	几乎对全部革兰氏阴性杆菌都有强大的抗菌作用,对绿脓杆菌尤为有效,但对变形杆菌不敏感。对其他革兰氏阴性球菌、革兰氏阳性菌、真菌、立克次体及病毒等都不敏感
杆菌肽	对各种革兰氏阳性菌有杀菌作用,对少数革兰氏阴性菌、螺旋体、放线菌也有效。常与链霉素、新霉素、多黏菌素 B 等合用,治疗家畜及幼畜的菌痢等肠道疾病

⑧其他抗生素类

药名	作用特点
林可霉素	主要用于革兰氏阳性菌引起的感染,特别用于耐青霉素、红霉素菌株的感染或对青霉素过敏的患畜,也可用于猪密螺旋体病和支原体感染引起的猪支原体肺炎
泰妙菌素	对多数革兰氏阴性菌和某些革兰氏阳性菌、猪痢疾密螺旋体、禽类支原体、禽球虫均有较强抑制作用。常用于猪痢疾、猪地方性肺炎和禽类支原体病的防治
利福平	高效、广谱抗生素。对革兰氏阳性菌和衣原体都有一定作用,且毒性低。用于结核杆菌、耐药金黄色葡萄球菌、肠杆菌等引起的各种感染,布鲁氏菌病,反刍兽伪结核病
黄霉素	多糖类窄谱抗生素。对革兰氏阳性菌如金黄色葡萄球菌、链球菌等作用较强,对革兰氏阴性菌作用很弱

(2)化学合成抗菌药

①磺胺类

a. 用于全身感染的磺胺药

药名	作用特点
磺胺嘧啶	是治疗脑部细菌感染的有效药物。常与抗菌增效剂(TMP)用于敏感菌引起的脑部、呼吸道、消化道感染,弓形虫病及全身感染等
磺胺异噁唑	对葡萄球菌和大肠杆菌的作用较为突出,是治疗泌尿道感染的首选药,也可用于防治鱼类弧菌病、竖鳞病、鲤科鱼类疖疮病及细菌性烂鳃病等
磺胺甲噁唑	抗菌作用较其他磺胺药强,疗效近似四环素、氨苄西林。用于敏感菌引起的全身感染,也可用于禽霍乱、禽副伤寒、禽慢性呼吸道病及水产动物多种细菌病

b. 用于肠道感染的磺胺药

药名	作用特点
磺胺脒	内服吸收少,主要用于肠道敏感菌引起的肠炎、腹泻等
酞磺胺噻唑	内服后吸收极少,在肠道内缓慢分解出磺胺噻唑而发挥其较强的抑菌作用,对革兰阳性菌和阴性菌均具抗菌作用。主要用于敏感菌所致肠道感染的治疗,也可用于肠道手术前后预防感染

c. 外用磺胺药

药名	作用特点
磺胺米隆	抗菌谱广,对多种革兰阴性及阳性菌都有效,对绿脓杆菌有较强作用。不受脓液、坏死组织、对氨基苯甲酸等的影响,迅速渗入创面及焦痂,局部用于烧伤感染及化脓创面治疗
磺胺嘧啶银	对绿脓杆菌和大肠杆菌具有强大抑制作用,并具有收敛作用,可使创面干燥、结痂,促进愈合。适用于烧伤创面治疗

②抗菌增效剂

药名	作用特点
三甲氧苄胺嘧啶(TMP)	口服或注射吸收迅速,常以 1:5 与磺胺药合用,用于治疗链球菌、葡萄球菌及革兰氏阳性杆菌引起的呼吸道、泌尿道感染,以及败血症、蜂窝织炎等
二甲氧苄胺嘧啶(DVD)	为畜禽专用药。对磺胺药有显著增效作用,内服吸收较少,做肠道抗菌增效剂较三甲氧苄胺嘧啶显著。以 1:5 与磺胺药合用,防治禽球虫病、禽霍乱、鸡白痢、猪弓形虫病等

③氟喹诺酮类

药名	作用特点
环丙沙星	抗菌谱广。对革兰氏阴性菌的抗菌活性强,对革兰氏阳性菌也有抗菌活性,对绿脓杆菌、支原体有较强作用。用于治疗全身各系统感染,如尿道、肠道、呼吸道、皮肤软组织感染
恩诺沙星	动物专用,抗菌谱广。内服、肌肉注射吸收迅速,利于全身及深部组织感染的治疗。用于细菌和支原体引起的消化道、呼吸道、泌尿生殖道及皮肤等的感染
沙拉沙星	动物专用。用于敏感菌引起的畜禽各种感染性疾病的治疗,如猪、鸡的大肠杆菌病、沙门氏菌病、支原体病和葡萄球菌感染等,也可用于鱼敏感菌感染性疾病

3.2 抗寄生虫药

(1)抗蠕虫药

①驱线虫药

药名	作用特点
阿维菌素	是畜禽广谱驱线虫药,并对畜禽体外寄生虫如蜱、螨、耳恙虫等有良好的驱杀作用
伊维菌素	对体内外寄生虫主要是体内线虫和节肢动物具有良好的驱杀作用,用于防治家畜线虫病、螨病等
阿苯达唑	具有广谱驱虫作用,线虫对其敏感,对绦虫、吸虫也有作用,但对血吸虫无效。对成虫、幼虫和虫卵均有作用
左旋咪唑	具有高效、低毒、广谱驱虫作用,对牛、羊主要消化道线虫和肺线虫有极佳的驱虫效果,对毛首线虫、古柏线虫幼虫有良好的驱除作用
哌嗪	主要对畜禽蛔虫,羊、猪食道口线虫,马蛲虫、毛线虫有效,主要用于畜禽蛔虫病

②驱绦虫药

药名	作用特点
吡喹酮	是广谱、高效、低毒的药物,主要用于治疗动物血吸虫病,也可用于绦虫病和囊尾蚴病
氯硝柳胺	是目前国内首选驱绦虫药,具有广谱、高效、低毒等特点,主要用于畜禽绦虫病,反刍动物前后盘吸虫病
羟溴柳胺	是反刍兽新驱虫药,对牛、羊莫尼茨绦虫驱虫效果显著,对前后盘吸虫及幼虫也有效

③驱吸虫药

药名	作用特点
三氯苯达唑	为广谱驱吸虫药。对肝片吸虫的成虫和童虫、巨片吸虫有很强的杀灭作用,是目前国内外杀肝片吸虫药物中最安全有效的药物之一,对牛、羊肝片吸虫有很好的驱虫效果
硝氯酚	具有高效、低毒、用量小、使用方便等特点。对牛、羊肝片吸虫成虫有很强的杀灭作用
硫双二氯酚	为广谱驱吸虫和绦虫药。主要对牛、羊肝片吸虫,前后盘吸虫,莫尼茨绦虫,猪姜片吸虫,犬、猫的卫氏肺吸虫,带状绦虫有效

④抗血吸虫药

药名	作用特点
吡喹酮	对埃及血吸虫、曼氏血吸虫、日本血吸虫均有强大杀灭作用。杀成虫作用强而迅速,对童虫也有效,对虫卵无杀灭作用。毒性小,使用安全

(2)抗原虫药

①抗锥虫药

药名	作用特点
萘磺苯酰脲	是防治各种家畜锥虫病的有效药,对牛泰勒焦虫也有疗效
喹嘧胺	抗锥虫范围较广,对伊氏锥虫作用明显。用于防治马、牛、骆驼伊氏锥虫病和马媾疫

②抗血孢子虫药

药名	作用特点
三氮脒	对家畜的锥虫、梨形虫及边虫均有一定的治疗作用
硫酸喹啉脲	主要用于马、牛、羊、猪、犬的巴贝斯焦虫病,发病初期疗效更好

③抗球虫药

药名	作用特点
莫能菌素	对 7 种鸡球虫都有效。毒性低,主要用于雏鸡、雏火鸡、犊牛、羔羊等。不可与泰乐菌素、竹桃霉素等合用,否则有中毒危险。产蛋鸡禁用
盐霉素	是广谱抗畜禽球虫药,对革兰氏阳性菌也有较强的抑制作用。主要用于雏鸡、兔、犊牛、羔羊球虫病的防治
地克珠利	为广谱抗球虫药,主要抑制子孢子和裂殖体增殖,用于预防禽、兔球虫病
托曲珠利	为广谱抗球虫药,作用于鸡、火鸡所有艾美耳球虫在机体细胞内的各个发育阶段,对鹅、鸽球虫也有效;对哺乳动物球虫、住肉孢子虫和弓形虫有效

(3)杀虫药

①有机磷杀虫药

药名	作用和应用
敌百虫	对畜禽外寄生虫有良好的杀灭作用,可用于杀灭蝇蛆、螨、蜱、蚤、虱等
敌敌畏	对畜禽的多种外寄生虫和马胃蝇、牛皮蝇、羊鼻蝇具有熏蒸、触杀和胃毒作用,是一种高效、速效和广谱的杀虫剂,杀虫效力比敌百虫强 8~10 倍
皮蝇磷	主要用于防治牛皮蝇、纹皮蝇等。能有效地杀灭各期牛皮蝇蛆,对胃肠道某些线虫也有驱杀作用。外用可杀灭虱、蜱、螨、臭虫、蟑螂等

②拟除虫菊酯类

药名	作用特点
氯菊酯	是高效、速效、无毒的广谱杀虫剂。对多种畜禽外寄生虫,如蚊、蝇、虱、蜱、螨等均有良好的杀灭作用
溴氰菊酯	对畜禽的螨、虱、蜱、蚊、蝇、虻等多种外寄生虫有很强的杀灭作用,常用于牛、羊体外寄生虫的治疗

(李琳)

附录 4 犬猫慎用/禁用药物及其不良反应

药物	不良反应
青霉素	毒性小,过敏犬猫禁用
头孢噻吩钠	过敏犬猫禁用
头孢氨苄	过敏犬猫禁用,对青霉素过敏犬猫慎用
头孢噻呋	肾毒性,肾功能不全犬猫慎用
头孢哌酮	剂量不明,犬猫慎用
头孢洛宁	毒性反应,禁用于犬猫
舒巴坦	对青霉素类过敏犬猫禁用
硫酸链霉素	猫敏感、易中毒,故禁用或慎用
卡那霉素	耳、肾脏毒性,犬猫慎用
阿米卡星	耳、肾脏毒性,肾功能不全犬猫禁用
硫酸新霉素	耳毒性、大量流涎,犬猫慎用
硫酸妥布霉素	猫敏感、易中毒,慎用
柳氮磺吡啶	猫易中毒,慎用
氟喹诺酮类	软骨毒性,妊娠、幼龄犬猫(尤其是犬)禁用
氟苯尼考	胚胎毒性,妊娠、疫苗注射期间的犬猫禁用
氯霉素	可抑制骨髓造血功能,慎用于幼犬猫
氨苯砜	神经毒性、贫血,禁用于犬猫
甲砜霉素	胚胎毒性,妊娠、哺乳期犬猫慎用
林可霉素	肾功能不全的犬猫减量用
磺胺嘧啶类	慎用于妊娠犬猫或幼犬猫
甲硝唑	妊娠、哺乳期犬猫禁用
酮康唑	肝毒和胚胎毒性,肝功能不全和妊娠犬猫禁用
灰黄霉素	肝功能不全和妊娠犬猫禁用
两性霉素 B	肾毒性,肾功能不全的犬猫禁用
阿司匹林/复方阿司匹林	对猫毒性大,猫不宜用;患胃肠炎症和溃疡犬猫禁用;妊娠和哺乳期犬猫慎用
水杨酸钠	耳毒、肾毒、凝血毒;猫敏感,慎用或禁用;患胃肠炎症、溃疡及组织出血的犬猫禁用
扑热息痛	猫极度敏感,易严重中毒(贫血、黄疸、发绀、脸部水肿等),禁用
黄连素	易引起猫剧烈呕吐,慎用
布洛芬	猫敏感,皮肤过敏,视力减退,慎用或禁用
保泰松(布他酮)	易引起猫中毒,慎用或禁用;患消化道溃疡的犬猫慎用
萘普生(消痛灵)	血毒、胃肠肾毒;犬敏感,慎用或禁用;患消化道溃疡的犬猫慎用

续表

药物	不良反应
甲氯芬那酸(抗炎酸钠)	患胃肠溃疡、组织出血、心肝肾疾病、脱水和过敏的犬猫禁用
氟尼辛葡甲胺(氟尼辛)	犬敏感,仅用一次;患胃肠溃疡、组织出血、心肝肾疾病、脱水和过敏的犬猫禁用
甲灭酸(扑湿痛)	妊娠和患胃肠溃疡、哮喘的犬猫禁用;肾功能不全的犬猫慎用
托芬那酸(特芬它)	有消化道出血和溃疡的犬猫禁用
美洛昔康(莫可比)	妊娠、哺乳、不足 6 月龄的犬猫慎用;心肝肾受损和出血以及高度过敏的犬猫禁用
吡罗昔康	猫用存争议,慎用
金诺芬	猫用剂量不明,慎用
安乃近/氨基比林/安替比林	猫易过敏、毒性反应,慎用
其他非类固醇/非甾体类抗炎药	猫代谢排除慢、易出现毒性反应,慎用
达卡巴嗪	骨髓抑制等,慎用于猫
顺铂	肺脏毒性,禁用于猫
硫唑嘌呤	免疫、骨髓抑制,猫慎用
氟脲嘧啶	致死性神经毒性,猫禁用
环磷酰胺	中毒性膀胱炎,慎用于猫
氯丙嗪/乙酰丙嗪	过敏犬猫慎用
苯妥英钠(抗癫痫)	胚胎毒性,妊娠与过敏犬猫禁用
苯巴比妥	敏感、呼吸抑制,猫慎用
阿扑吗啡/吗啡	猫易强烈兴奋,应慎用;肠阻塞和幼龄犬猫禁用;肝肾功能异常犬猫慎用
哌替啶(杜冷丁)	妊娠、产科手术、肺部患患、哮喘、严重肝功能不全的犬猫禁用
埃托啡	肝功能不全的犬猫禁用
曲马多	对阿片类药物过敏的犬猫慎用
扑米酮(抗癫痫)	毒性反应,不推荐用于猫
丙泊酚	贫血和心肺肝肾功能衰竭的犬猫慎用
水合氯醛	严重心、肝、肾疾患的犬猫禁用
速眠新(846 合剂)	严重心肺疾患的犬猫禁用,妊娠期慎用
溴苄胺(抗心律不整)	猫用剂量不明,慎用
盐酸甲苯胺(抗心律不整)	呕吐、神经毒性,猫用剂量不明
胺碘酮(抗心律不整)	有效剂量不明,慎用于猫
地高辛(强心药)	肥厚性心肌病犬猫禁用
洋地黄毒苷(强心药)	易中毒,猫用剂量不明,慎用;急性心脏病患犬猫禁用
非泼罗尼	禁用于 12 周龄以下的猫
左旋咪唑	3 周龄以下幼犬禁用,妊娠、虚弱犬猫慎用
氟哌啶-芬太尼	严重毒性反应,猫禁用
吡喹酮	4 周龄以内犬和 6 周龄以内的猫禁用
依西太尔(伊喹酮)	7 周龄以下犬猫禁用
阿苯达唑	胚胎毒性,易致畸胎,妊娠犬猫禁用
奥芬达唑	过敏犬禁用,肾功能不全犬慎用
伊维菌素	柯利犬及患心丝虫病犬慎用
多拉菌素	柯利血统犬(苏牧、喜乐蒂、边牧等)慎用

续表

药物	不良反应
阿维菌素	妊娠、哺乳和柯利血统犬禁用,肝肾功能异常和患心丝虫病犬慎用
美贝霉素肟	长毛牧羊犬慎用,4周龄以下和体重小于1 kg的幼犬禁用
哌嗪	慢性肝肾疾病的犬猫慎用
乙胺嗪	患心丝虫病犬禁用
氢溴酸槟榔碱	严重毒性反应,猫禁用
拟除虫菊酯类	易引起中毒,禁用于猫
阿米曲拉(双甲脒)	毒性反应,慎用于猫
甲氧氯普胺(止吐)	猫易产生过敏反应,慎用;妊娠期犬猫禁用
爱茂尔(止吐)	对溴米那普鲁卡因过敏的犬猫禁用
吗丁啉(止吐)	过敏犬猫禁用;孕期和心脏病患犬慎用
碱式水杨酸铋(止泻)	毒性反应,慎用于猫
印防己毒素	毒性反应,慎用于猫
东莨菪碱	过敏犬猫禁用
琥珀胆碱	老龄、体弱、营养不良及妊娠犬猫禁用
简箭毒碱	安全范围小,犬猫慎用
毛果芸香碱	妊娠、心肺疾患、肠便秘和体弱的犬猫禁用
氨甲酰胆碱	妊娠、心肺疾患、顽固性便秘、肠梗阻和老龄、体弱的犬猫禁用
甲硫酸新斯的明	患腹膜炎、肠道或尿道机械性阻塞及妊娠后期的犬猫禁用;患癫痫、哮喘的犬猫慎用
氢化可的松	孕期、肝功能不良、骨折创伤修复期、疫苗接种期的犬猫禁用
醋酸氟氢松	真菌性或病毒性皮肤病患犬猫禁用
甲基睾丸酮	孕期与哺乳期犬猫禁用;心功能不全及前列腺囊肿的犬猫慎用
地诺前列素	急性心血管、消化道、呼吸道疾病的犬猫禁用
催产素	产道阻塞、胎位不正、骨盆狭窄及子宫口尚未开张时的犬猫禁用
马来酸麦角新碱	胎儿未娩出前或胎盘未剥离排出前的犬猫禁用
米勃酮(抑制发情治疗假孕药)	易引起猫甲状腺功能障碍,禁用
注射用阿糖腺苷(抗病毒药)	神经毒性,剂量不明,猫慎用
环孢霉素(抗排斥药)	过敏、毒性反应,慎用/禁用于猫
硝酸士的宁(中枢兴奋药)	妊娠、肾功能不全和中枢兴奋的犬猫禁用
三磷酸腺苷(ATP)	抑制窦房结,慎用于心动过缓的猫
辅酶A	过敏和急性心肌梗死的犬猫禁用
肝泰乐	过敏犬猫禁用

附录5　药物配伍禁忌

（向瑞平）

说明

(1) "-"表示无可见的配伍禁忌（即溶液澄明，无外观变化）。

(2) "+"表示有浑浊或沉淀、变色等现象。

(3) "△"表示溶液虽澄明，但效价降低。

(4) "±"浓溶液配伍有浑浊或沉淀，但先将一种药物加入输液中稀释后，再加入另一种药物，溶液可澄明。或配伍量变更可得澄明者：青霉素类稀释至1万 U/mL，四环素类稀释至0.5 mg/mL；卡那霉素稀释至2%以下；氯霉素稀释至0.2%；氢化可的松稀释至0.5 mg/mL。

(5) 本表只表示配伍间的外观变化情况，除个别外，未表明效价变化。本表未表明配伍后的毒性变化情况。

(6) "/"表示没进行实验。

药物清单

```
 1  注射用青霉素G钠 (10万 U/mL) pH 5
 2  注射用青霉素G钾 (1万 U/mL) pH 5
 3  注射用氨苄青霉素钠 (2%) pH 8.2
 4  注射用羧苄青霉素 (2%) pH 6.5
 5  注射用硫酸链霉素 (5%) pH 5~7
 6  硫酸卡那霉素注射液 (25万 U/mL) pH 7.8
 7  氯霉素注射液 (125 mg/mL) pH 5.5
 8  注射用盐酸土霉素 (50 mg/mL) pH 2
 9  注射用盐酸金霉素 (0.2%) pH 3
10  注射用盐酸四环素 (50 mg/mL) pH 2
11  注射用乳糖酸红霉素 (50 mg/mL) pH 6.5
12  硫酸庆大霉素注射液 (2万 U/mL) pH 6
13  枸橼酸小檗碱注射液 (10 mg/mL) pH 4~6
14  磺胺嘧啶钠注射液 (20%) pH 9
15  毛花强心丙注射液 (0.2 mg/mL) pH 5.5
16  毒毛旋花子甙K注射液 (0.25 mg/mL) pH 5.5
17  毒毛旋花子甙G注射液 (0.25 mg/mL) pH 5.5
18  肾上腺素注射液 (0.1%) pH 3
19  重酒石酸去甲肾上腺素注射液 (1 mg/mL) pH 4.5
20  硫酸异丙肾上腺素注射液 (0.5 mg/mL) pH 4.5
21  盐酸利多卡因注射液 (赛罗卡因) (2%) pH 3.5~6
22  氨茶碱注射液 (2.5%) pH 9
23  盐酸山梗菜碱注射液 (洛贝林) (3 mg/mL) pH 4.5
24  戊四氮注射液 (10%) pH 7.6~8
25  尼可刹米注射液 (25%) pH 6.5
26  注射用三磷酸腺苷 (10 mg/mL) pH 4.5
27  注射用辅酶A (25 U/mL) pH 5.5
28  注射用细胞色素c (7.5 mg/mL) pH 5.5
29  维生素C注射液 (250 mg/mL) pH 6
30  右旋糖酐注射液 (6%含0.9% NaCl) pH 5.5
31  葡萄糖注射液 (5%) pH 5
32  氯化钠注射液 (0.9%) pH 5
33  葡萄糖氯化钠注射液 (5%) pH 5
34  复方氯化钠注射液 pH 5.5
35  氯化钾注射液 (10%) pH 5
36  氯化钙注射液 (5%) pH 5
37  葡萄糖酸钙注射液 (10%) pH 6
38  乳酸钠注射液 (11.2%) pH 6.5~7
39  碳酸氢钠注射液 (5%) pH 8.5
40  山梨醇注射液 (25%) pH 4.5~5
41  甘露醇注射液 (20%) pH 5
42  注射用促皮质素 (2 U/mL) pH 4.2
43  氢化可的松注射液 (5 mg/mL) pH 5.7
44  注射用氢化可的松琥珀酸钠 (10 mg/mL) pH 5~7
45  地塞米松磷酸钠注射液 (氟美松) (0.5%) pH 6.5~7
46  维生素K₃注射液 (4 mg/mL) pH 5.5
47  止血敏注射液 (25%) pH 4.5~5
48  6-氨基己酸注射液 (20%) pH 7.5
49  硫酸阿托品注射液 (0.5 mg/mL) pH 5
50  氢溴酸东莨菪碱注射液 (0.3 mg/mL) pH 5.5
51  杜冷丁注射液 (50 mg/mL) pH 5
52  注射用苯巴比妥钠 (2%) pH 9.6
53  注射用异戊巴比妥钠 (2%) pH 10.2
54  注射用硫喷妥钠 (2.5%) pH 10.8
55  硫酸镁注射液 pH 5.8
56  溴化钠注射液 (10%) pH 5.7
57  溴化钙注射液 (10%) pH 6.5~7
58  盐酸氯丙嗪注射液 (25 mg/mL) pH 5
59  盐酸异丙嗪注射液 (25 mg/mL) pH 5.5
60  盐酸苯海拉明注射液 (25 mg/mL) pH 5.5
61  脑垂体后叶注射液 (10 U/mL) pH 3.5
62  马来酸麦角新碱注射液 (0.2 mg/mL) pH 5
63  催产素注射液 (10 U/mL) pH 3.5
64  盐酸普鲁卡因注射液 (2%) pH 5
```